Arzneipflanzenkultur und Kräuterhandel

Rationelle Züchtung, Behandlung und
Verwertung der in Deutschland zu ziehenden
Arznei- und Gewürzpflanzen

Eine Anleitung für
Apotheker, Landwirte, Gärtner und Siedler

von

Th. Meyer
Apotheker in Colditz

Fünfte, verbesserte Auflage

Mit 23 Textabbildungen

Berlin
Verlag von Julius Springer
1934

ISBN-13:978-3-642-90108-9   e-ISBN-13:978-3-642-91965-7
DOI: 10.1007/978-3-642-91965-7

Alle Rechte, insbesondere das der Übersetzung
in fremde Sprachen, vorbehalten.

Softcover reprint of the hardcover 5th edition 1934

Vorwort.

Daß wiederum die Herausgabe einer neuen Auflage dieses Buches nötig wird, zeigt das große Interesse für den Arzneipflanzenbau, das nicht nur im ganzen deutschen Volk, sondern auch in den meisten anderen Ländern der Erde Wurzel geschlagen hat. Die jetzt zur Ausgabe gelangende fünfte Auflage steht unter einem besonders günstigen Stern, da die Regierung des neuen deutschen Volksstaates den nationalen Arbeitsdienst und das Siedlungswesen mit dem Arzneikräuterbau in Verbindung gebracht hat. Der Wunsch und das Bedürfnis nach einem praktischen Leitfaden der Arzneipflanzenkultur wird somit für die nächste Zukunft noch lebhafter, ihre Befriedigung noch wichtiger sein als bisher.

Ein praktischer Leitfaden soll das Buch sein für den, der sich diesem Gebiet zuwendet, wobei natürlich wissenschaftliche Fragen nicht unberührt bleiben konnten, soweit dies für das allgemeine Verständnis erforderlich ist.

Bei meinen eigenen praktischen Versuchen, die ich bereits vor 25 Jahren begonnen habe, konnte ich alle Vorgänge üben, die dieses umfangreiche Gebiet mit sich bringt, lernte alle die Schwierigkeiten und Hemmungen kennen, die überwunden werden müssen und hatte durch einen regen Schriftwechsel und persönlichen Verkehr mit vielen Interessenten des In- und Auslandes Gelegenheit, alle Zweifel, Bedenken und Wünsche, wie überhaupt die verschiedenartige Auffassung des ganzen Stoffes kennen zu lernen. Mit Aufmerksamkeit verfolgte ich stets die Entwicklung der einheimischen Heilkräuterproduktion und des Drogenmarktes, um ein getreues Spiegelbild der augenblicklichen Verhältnisse zu geben, sowie die Aussichten für die nächste Zukunft schildern zu können.

Es kann als Bestätigung meiner Grundanschauungen gelten, daß alle Erfahrungen der seit der letzten Auflage vergangenen 12 Jahre eine durchgreifende Änderung des Buches nicht erforderlich gemacht haben. In Einzelheiten aber hat das Buch natürlich doch manche Korrektur und vielfache Ergänzung erfahren. Die zur Zeit im Vordergrund stehenden Anlagen und Musterbetriebe wurden eingehend besprochen. Die Rentabilitätsberechnungen wurden auf die zur Zeit maßgeblichen Grundlagen gestellt. Wenn auch die teilweise ungünstige Entwicklung und Beeinflussung des

Drogenmarktes einer Kritik unterzogen worden ist, so geschah dies deshalb, um die Anbauer auch mit diesen Verhältnissen vertraut zu machen und sie zur Abhilfe anzuregen.

Der Schwerpunkt ist auch in dieser neuen Auflage auf eine leicht verständliche Erklärung der allgemeinen Gesichtspunkte gelegt und alles, was für jeden praktischen Arzneipflanzenbauer unbedingt wissenswert ist, also auf eine Erklärung der Anbaubedingungen, der Ernte, des Trockenprozesses, der Zerkleinerung und des Versandes. Wie in der vorigen Auflage, so sind auch in dieser den wichtigsten Pflanzen Einzelabhandlungen gewidmet, eine botanische Beschreibung, Anleitung zum Anbau und Angabe der Verwendungsmöglichkeit. Eine Trockenverlusttabelle, ein Sammelkalender für die wildwachsenden Pflanzen sowie eine Bezugsquellenangabe für Samen- und Pflanzenmaterial durften auch in dieser Auflage nicht fehlen.

Und so möge die neue Auflage wieder in die weite Welt wandern und gleich der alten viele Freunde und gütige Beurteilung finden. Möge das Buch recht vielen reichlichen Nutzen bringen!

Colditz, April 1934.

Der Verfasser.

Inhaltsverzeichnis.

Seite

Einleitung. 1

Über die Bedeutung des Arzneikräuterhandels und die Rentabilität der Kulturen 13

Allgemeine Kulturregeln 21

Fruchtwechsel und Düngung 26

Allgemeines über Ernte, Trocknen, Zerkleinern und Aufbewahrung . . 29

Zerkleinerung der Vegetabilien 34

Erste Abteilung.
Ein- und zweijährige medizinische Pflanzen 42

Zweite Abteilung.
Ausdauernde oder perennierende krautartige medizinische Pflanzen oder Stauden 86

Dritte Abteilung.
Holzartige medizinische Pflanzen 154

Anhang.
Trockenverlust frisch gesammelter Drogen und Vegetabilien 182

Bezugsquelle für Saatgut und Pflanzenmaterial 183

Blüten- und Sammelkalender 184

Inhaltsverzeichnis der lateinischen Namen 188

Inhaltsverzeichnis der deutschen Namen 189

Einleitung.

Die Geschichte der Arzneipflanzen ist uralt. Wir finden Anbauversuche schon bei den alten Ägyptern. Offenbar war es deren großer Bedarf an Balsamen, Harzen und allerlei aromatischen Stoffen zum Einbalsamieren der Mumien, was sie dazu getrieben hat. Arzneipflanzenkultur betrieben auch die alten Griechen und Römer; dem römischen Geschichtschreiber Plinius verdanken wir eine Reihe Kulturvorschriften für allerei Gartengewächse. Späterhin waren es die Araber, welche die Kunst, mit allerlei Pflanzenstoffen Krankheiten zu heilen, pflegten und zu diesem Zwecke sich des Arzneipflanzenanbaues befleißigten. Deutliche Spuren ihrer Anbautätigkeit finden wir noch heute in der Safrankultur Spaniens. Das ganze Mittelalter hindurch waren in Deutschland die Klöster und Burgen Pflanzstätten für heilsame Kräuter. Wir wissen ja, daß in den Händen der Klostergeistlichkeit im Mittelalter ein großer Teil der Gesundheitspflege lag. Man baute in den Klöstern die Pflanzen sowohl zur Belehrung als auch zur Bereitung von Arzneien und auch zum Verkauf im großen. Als um das 13. Jahrhundert sich die arzneibereitenden Apotheker von den arzneiverordnenden Ärzten schieden, waren es fortab die Apotheker, welche sich mit allem, was Anbau und Einsammeln von Arzneipflanzen betraf, befaßten. Allerorts entstanden die sog. ,,Apothekergärten" und ,,Bauerngärten", welche allmählich überleiteten zu einem feldmäßigen Anbau. Ein solcher kann in Deutschland bereits Ende des 18. Jahrhunderts nachgewiesen werden, und zwar in Thüringen in der Umgebung von Cölleda und Jenalöbnitz. Besonders waren es Baldrian, Angelika, Fenchel, Liebstöckel, Seifenwurz, Salbei und Melisse und vor allem Pfefferminze, die dort gezogen wurden. Wir verdanken die erste Übersicht über den Anbau der Arzneigewächse in Deutschland Tschirch aus dem Jahre 1890[1]. In Thüringen, Franken und der Provinz Sachsen betrieb man den Arzneikräuterbau mit Eifer und Geschick. Es seien besonders die Orte genannt: Erfurt, Weißenfels, Quedlinburg, Schweinfurt, Nürnberg, Schneeberg im sächsischen Erzgebirge und Makranstädt. Auch die noch heute bedeutenden Kulturen der bulgarischen Rose und allerlei an-

---

[1] Arch. der Pharm. 1890, S. 228.

derer Riechstoffpflanzen der Firma Schimmel in Miltitz waren schon damals bekannt. Ihren Höhepunkt erreichte die Arzneipflanzenkultur in Deutschland um die Mitte des 19. Jahrhunderts, von da an ging sie dauernd zurück und nahm im Jahre 1900 nur noch ungefähr 0,02% des gesamten deutschen Acker- und Gartenlandes ein[1].

Nachdem der Arzneipflanzenbau ein landwirtschaftlicher Betrieb geworden war, begannen die Apotheker sich davon immer mehr zurückzuziehen. Verschiedene Gründe veranlaßten sie dazu. Zunächst war es die Veränderung bzw. Umwälzung des ganzen Apothekenbetriebes durch die künstlichen chemischen sog. synthetischen Arzneimittel und das Hereinfluten der pharmazeutischen Spezialitäten, deren Studium, Verarbeitung und Vertrieb das Personal der Apotheken voll und ganz in Anspruch nahm. Das Interesse für den Kräuterbau und das Einsammeln wildwachsender Pflanzen mußte auch natürlicherweise schwinden bei der Beobachtung einer bedenklichen Abneigung der modernen Ärzte gegen pflanzliche Heilmittel im allgemeinen, besonders aber gegen die Drogen der Heimat und bei der immer mehr zunehmenden Vorliebe für neue Drogen fremder Länder. Vermutete man doch in jeder Pflanze aus dem fernen Westen oder Osten ganz besondere Heilkräfte. Schließlich kam noch dazu, daß von seiten der Schneideanstalten die Kräuter und Wurzeln in überraschend schönem Quadratschnitt angeboten wurden, so daß die alte Methode mit Hack- und Wiegemesser, welche mehr eine gefetzte Ware ergab, nicht mehr befriedigte. Die Anschaffung solcher Quadratschneidemaschinen war aber für die Apotheken zu kostspielig und nicht lohnend. Immer mehr ging man zum Kauf fertig geschnittener Vegetabilien über, die von allen Seiten in genügender Menge angeboten wurden. Trotz alledem gibt es immer noch Apotheken, besonders auf dem Lande gelegen, die sich schon seit vielen Jahren mit dem Aufkauf von in der Wildnis gesammelten Vegetabilien befassen, so besonders von Kamillen-, Linden-, Flieder-, Schafgarben-, Schleedorn und Taubnesselblüten, von Tollkirschenblättern, von Bilsenkraut und allerlei Früchten und Beeren, und zwar nicht nur zum eigenen Bedarf, sondern auch zur Versorgung der Großdrogenhandlungen. Einen besonders schweren Stoß übte natürlich der Weltkrieg aus; das Jahr 1915 bedeutet einen Wendepunkt in der Geschichte des Arzneipflanzenwesens. Was man vordem nicht für möglich gehalten hatte, war eingetreten, die Versorgung mit

---

[1] Jekusch: Arznei- und Spezereipflanzen. Sabalitschka: Bericht über die Notwendigkeit des Arzneipflanzenbaues in Deutschland, 1921.

Einleitung. 3

einheimischen Arzneidrogen war plötzlich ganz unzulänglich geworden, die Preise stiegen ins Unermeßliche. Ein überraschender, aber doch ganz natürlicher Vorgang! Infolge der von unseren Feinden verhängten Blockade kamen die so viel in den Apotheken verwandten ausländischen Drogen nicht mehr herein. Man glaubte einen Ausweg zu finden, indem man als Ersatz für Rhabarber die einheimische Faulbaumrinde heranzog, für Hydrastis Hirtentäschel, für Senega Seifenwurz, für Kanthariden Hirschbrunst usw.; aber auch damit war die Not nicht zu stillen. Die Gegenden, die uns bisher mit diesen einheimischen Drogen versorgt hatten, waren ebenfalls durch eine Zollschranke von uns getrennt. Österreich-Ungarn, die polnischen Gebiete und Rußland waren nämlich bisher die Hauptlieferanten dafür gewesen. Leicht erklärlich war ja wohl die Einschränkung des feldmäßigen Anbaues zur Kriegszeit, indem der Mangel an Nahrungsmitteln gebieterisch die Ausnützung auch der letzten Bodenfläche zur Beschaffung von Getreide und Viehfutter forderte; daß aber auch die Sammeltätigkeit für wildwachsende Arzneikräuter bei uns so zurückgegangen war, gab Anlaß zu tiefem Nachdenken. Die Hauptgründe dafür sind zu suchen in der Verbesserung der Land- und Forstwirtschaft und im Aussterben bzw. Abwandern der sog. Kräutler. Je mehr sich die Land- und Forstwirtschaft vervollkommnete, desto seltener wurden die einheimischen medizinischen Pflanzen. Die unbenutzten Brachfelder, worauf so manche Arzneipflanzen wuchsen, verschwanden, als die Landwirte rationell zu wirtschaften begannen. Durch den Anbau der Hackfrüchte, durch fleißiges Beackern, Behacken und Jäten wurden die Ackerunkräuter zerstört, deren Samen bei sorgfältiger Auswahl und Reinigung des Saatgutes gar nicht in das Feld gelangten. Immer seltener wurden Gräben, Schluchten, Schutthalden und Sümpfe. Dieselben wurden umgewandelt zu Obst- und Futterbau. Lückenhaften dünnen Waldungen mit holzentblößten Stellen, Flächen mit Ginster- und Wacholdergebüsch, Heiden und aufgeschwemmtem Uferboden ließ man nach allen Regeln der Kunst Feld- und Holzkultur angedeihen. Es verschwanden die verwilderten Hecken und Feldraine mit ihren Dornbüschen und Nesseln, zugleich mit ihnen aber auch die kräftigsten Arzneigewächse, die gerade dort vorzugsweise zu finden waren, und wo solche Pflanzen noch wären zu finden gewesen, da verbot das Wald- und Feldschutzgesetz das Sammeln. Wo an sandigen Stellen viele Tausende stattliche Königskerzen ihre gelbstrahlenden Blüten entfalteten, da brach der Pflug den Boden um, und im nächsten Jahre wuchs dort die Lupine, der die Kartoffel folgte. Wo auf den Schutthaufen vor den Toren der Stadt Stechapfel, Schierling und Bilsenkraut, oder wo in halbverschüttetem Stadtgraben an der verfallenen Stadtmauer Ysop und Sempervivum üppig gediehen, da sorgte der Verschönerungsverein für Ausfüllen des Grabens. Die alten Mauern fielen, und moderne Promenaden mit Kastanien, Ahorn und allerei Ziersträuchern wurden angelegt. Wo an der Dorfstraße der Wermut förmliche Gebüsche bildete, da kam die sehnlichst erwartete Chaussee und nahm seinen Standort für den Verkehr in Anspruch. So wurden die allermeisten Heilpflanzen von ihren natürlichen Standorten verdrängt. Aber auch die Schar der Sammler war immer mehr zusammengeschmolzen. Es lag doch das Geschäft der Kräutersammler das ganze Mittelalter hindurch bis in die neuere Zeit gleich einem Privilegium in den Händen einer ganz bestimmten Kategorie Menschen. Diese Leute, man nannte sie Kräutler, durchstreiften die Gegend meilenweit, sie hatten Kenntnis von allen heilsamen und schädlichen Pflanzen und wußten alle ihre Standorte. Sie waren im Besitz alter, von Geschlecht zu Geschlecht sich fortvererbender Kräuterbücher, worin die Wissenschaft der Heilkunde mit Zauberei und Hexerei eigenartig verknüpft war. Diese Leute genossen das höchste Vertrauen beim Volke, da sie Mittel gegen allerlei Krankheiten wußten, sie waren wegen ihrer Kunst geehrt und gefürchtet und viel in Anspruch genommen, sie taten sich auch ein Gütliches in der Kurpfuscherei. Unter dem Einfluß der Aufklärung ließ ihr Zulauf mit der Zeit allmählich nach. Das Kräutersammeln selbst war nicht mehr einträglich, die meisten Kräuter waren mit Einführung der Pharmakopöen obsolet geworden. Dazu kam, daß auch im Gebirge, wo die eigentliche Heimat der Kräutler zu finden war, diese eine geregeltere und lohnendere Beschäftigung in der Industrie fanden. Vielleicht, und das scheint durchaus nicht der unwichtigste Punkt zu sein, hat man den Sammlern noch vollends die Lust genommen dadurch, daß man ihnen die oft mühsam gesammelte Ware ganz unwürdig bezahlt hat.

Ist man sich also klar geworden über die Gründe für den Rückgang in der Produktion unserer einheimischen Arzneipflanzen, so ist zugleich der Weg vorgezeichnet, der aus der Not herausführen muß. Es gilt unter unserem Volk das Interesse und das Verständnis für die Einsammlung und den Anbau einheimischer Arzneikräuter zu wecken unter Darlegung aller Verhältnisse. Es muß für Heranzucht sachkundiger Sammler gesorgt werden und für umfangreichen Anbau aller jener Pflanzen, die infolge oben geschilderter Umstände von ihren natürlichen Standorten verdrängt worden sind, auf dem Acker gleichberechtigt neben den alten Kulturgewächsen. Die Arzneipflanzenkultur muß aber auch wissenschaftlich und nicht nur erfahrungsmäßig wie bisher betrieben werden. Denn nur wenn Botanik und Gartenbau, Chemie und Pharmakognosie Hand in Hand gehen, ist auf diesem Gebiete ein voller Erfolg zu erzielen[1].

Die natürlichen Standorte unserer einheimischen Arzneipflanzen zeigen uns, daß sich zu deren Anbau Plätze, welche wegen ihrer Lage und Bodenbeschaffenheit zum Feldbau nicht zu gebrauchen sind, recht wohl eignen. Die Böschungen an den Eisenbahnen und Chausseen, Hohlwege, Grabenränder, Sandflächen, dürre Berge, Lehden, steinige Felder, Waldränder, angeschwemmte Kiesbänke, verlassene Tongruben, ja selbst Mauern und Teiche können zu solchem Anbau benutzt und so ertragsfähig umgestaltet werden. Man wolle durchaus nicht etwa daraus den Schluß ziehen, weil wir Arzneipflanzen unter den oben geschilderten Verhältnissen vorfinden, sei für sie der schlechteste Boden gerade gut genug, ja sogar vielleicht Bedingung; keineswegs! Ich selbst habe gerade nach dieser Richtung hin Vergleiche angestellt und z. B. konstatiert, daß Königskerzen in einem Haferfeld sich ganz bedeutend üppiger entwickelten als auf einer daneben befindlichen Schutthalde. Die Blätter waren viel größer; kurz, der ganze Habitus der Pflanze war gesünder und kräftiger. Die in wildem Zustand scheinbar anspruchslosen Pflanzen sind für zweckentsprechende Düngung recht dankbar, und muß es daher unser Ziel sein, die Pflanzen hinaufzukultivieren, so daß sie den höchsten Gehalt und die besten Erträge liefern. Das wird erreicht durch geeignete Düngung, durch Auslese des Samens und Kreuzung der besten hochprozentigen Individuen sowie durch Reinhaltung der Anlage. Ebenso wie unsere wertvollen Nahrungs- und Genußmittel durch Veredelung wertloser Pflanzen entstanden sind, wird auch eine Arzneipflanze durch die Kultur nur gewinnen[2].

Die Medizinalbehörden haben sich zwar lange gegen die Verwendung der kultivierten Arzneipflanzen in den Apotheken gesträubt in der Annahme, daß dieselben nicht die Wirksamkeit der wilden hätten und deshalb zu verwerfen seien. Allerdings verändern sich die Eigenschaften vieler Pflanzen je nach der Bodenart; viele verlieren z. B. in nahrungsreichen Gartenböden an Wirksamkeit, wie beispielsweise der Eisenhut, der hier seine Giftigkeit einbüßt. Bei den meisten Pflanzen treten aber Veränderungen in

---

[1] Tschirch: Vortrag vor der Berner Pharmazeutenschaft, 24. November 1921.
[2] Tschirch: Über die Kultur der Arzneipflanzen und die Versuche, ihren Gehalt an wirksamen Bestandteilen zu erhöhen, Vortrag vor der Berner Pharmazeutenschaft, gehalten 24. November 1921.

dieser Richtung nicht ein, vielmehr gewinnen viele sogar in ihrer Wirksamkeit durch die Kultur, wie z. B. Estragon, die Minzarten u. a. m. Einige aromatische Kräuter erreichen ihre größte Wirksamkeit allerdings auf steinigem, trocken-sonnigem Boden, wie Pfefferminze und Krauseminze, Melisse, Thymian, Salbei, Lavendel u. a.; allein diese Pflanzen sind überhaupt nur in kultivierter Form zu haben, da sie wild bei uns kaum mehr vorkommen. So vermehrt sich die Zahl der kultivierten Arzneipflanzen von Jahr zu Jahr, und das amtliche Arzneibuch zeigt von Ausgabe zu Ausgabe immer größere Nachgiebigkeit. Die Medizinalkollegien haben nichts dagegen einzuwenden, weil es keine wilden Pflanzen gibt, und die Zahlen für die Ausbeute, die uns ätherische Ölfabriken z. B. angeben, sind ganz respektabel.

Sollte es aber tatsächlich vorkommen, daß eine Pflanze in der Kultur in ihrem Werte hinter ihren Schwestern in der Wildnis zurückbleibt, so wäre es eben die Aufgabe des Kultivierenden, die Bedingungen zu erforschen, welche die Pflanze erfordert. Die Wissenschaft wird ihm dabei zu Hilfe kommen. Schon heute bestehen mehrere Auskunftstellen, Versuchsanstalten, Versuchsgärten u. dgl., deren befruchtender Einfluß auf das Arzneipflanzenwesen sich deutlich bemerkbar macht. Es gibt Probleme zu lösen, die zu lösen der einzelne nicht imstande ist und die somit vorbehalten sind entweder staatlichen oder genossenschaftlichen Instituten, denen genügende Mittel zur Verfügung stehen, um eine uneigennützige Tätigkeit zum Nutzen der Allgemeinheit zu entfalten, Institute, an denen Männer der Wissenschaft und der Praxis nebeneinander arbeiten. Es bleibt für den einzelnen fast unmöglich die einwandfreie Prüfung der Samen auf Keimfähigkeit, die Erforschung der Keimdauer und der Dauer der Keimfähigkeit, ferner die Ermittlung der geeigneten Düngung, besonders auch der künstlichen Düngung, die Bekämpfung von Schädlingen und Pilzkrankheiten usw. Auch die Einführung überseeischer Pflanzen begegnet für den einzelnen meist unüberwindlichen Schwierigkeiten und allzu hohen Geldopfern. Hohe Verdienste hat sich um das Arzneipflanzenwesen das pharmazeutische Institut der Universität Berlin erworben unter Leitung von Professor Thoms durch großzügige Versuche, Verbesserungen in der einheimischen Drogenerzeugung zu erzielen. Vor allem bemühte sich Thoms sehr um die Opiumgewinnung in Deutschland. Er stellte durch seine Versuche mit Sicherheit fest, daß Klima und Bodenverhältnisse in Nord- und Süddeutschland sowohl für den Anbau als auch für die Gewinnung morphinreichen Opiums wohl geeignet sind, und stellte auch eine diesbezügliche Rentabilitätsrechnung auf, die durchaus nicht ungünstig erscheint[1]. Auch über die japanische Pfefferminze verdanken wir Thoms hochbedeutsame Forschungsergebnisse. Ein weiteres solches Unternehmen finden wir in Miltitz bei Leipzig. Die Firma Schimmel & Co. unterhält dort ausgedehnte Anlagen zur Erbauung von allerlei Riechstoffpflanzen, besonders auch der bulgarischen Rose. In Verbindung mit diesen musterhaft bewirtschafteten praktischen Anlagen steht ein wissenschaftliches Institut. Die Jahresberichte jenes stolzen Werkes verkünden uns erstaunliche Fortschritte in der Erkenntnis der Produkte und liefern unschätzbare Handelsberichte und Beiträge zur Chemie der Öle. Einen ganz besonders glücklichen Gedanken hatte man in München. Im Jahre 1917 sahen wir die Hortus-Gesellschaft entstehen. Ihr Streben zielte dahin, einen Mittelpunkt zu schaffen für die Zusammenfassung aller gleichgerichteten Bestrebungen. Sie bildet eine sachverständige Beratungsstelle, eine Sammelstelle für die Erfahrung der einzelnen, will diese der Allgemeinheit nutzbar machen und die auftauchenden wissenschaftlichen und praktischen Fragen der planmäßigen Bearbeitung zuführen, Anregungen geben, die praktischen Maßnahmen vorbereiten, organisieren und im Dienste der Sache den Vermittler zwischen allen beteiligten Stellen bilden. Die Hortus-Gesellschaft hat neben einem Presseausschuß eine Reihe von Arbeitsausschüssen gebildet für Botanik, Chemie, praktische Medizin, Sammeltätigkeit, Drogengewinnung im Forstwesen, Anbau und Züchtung, industrielle Verwertung und für Schaffung von Arbeitsgelegenheit für Kriegsbeschädigte. Allmonatlich kommt zum Versand die Zeitschrift „Heil- und Gewürzpflanzen". Dies bedeutet einen großen Fortschritt, denn die Vielseitigkeit des Arzneipflanzenwesens erfordert unbedingt ein Organ, welches dauernd berichtet über den Stand der Anlagen, die Anbauwürdigkeit der einzelnen Pflanzen, das alle praktischen Erfahrungen zusammenfaßt, Erfolge sowohl als Mißerfolge, Ratschläge erteilt über die Bekämpfung von Schädlingen, das Auswahl bietet von Maschinen und technischen Hilfsmitteln, Nachfragen und Angebote von Samen- und Pflanzenmaterial sowie auch fertiger Erzeugnisse, endlich auch von Zeit zu Zeit Marktberichte bekanntgibt. Bedeutende Männer der Naturwissenschaften stellten sich in den Dienst der Hortus-Gesellschaft. Den ersten Vorsitz führt Apothekendirektor L. Kroeber, ein bewährter Fachmann mit eingehenden Spezialkenntnissen auf pharmakochemischem Gebiete. Selbstverständlich unterhält die Hortus-Gesellschaft auch ausgedehnte Anlagen, welche von Jahr zu Jahr erweitert werden.

Zweifelsohne ist von der Hortus-Gesellschaft seit deren Be-

---

[1] Arb. a. d. pharmazeut. Institut d. Univ. Berlin II. 1904.

stehen ein segensreicher Einfluß auf das ganze Gebiet des Arzneipflanzenwesens ergangen. Allein der Pfefferminzanbau in der Pfalz dehnt sich heute auf 184 Morgen aus und die Qualität hat sich als recht gut erwiesen. Die Pfalz hat das größte Anbaugebiet Thüringen bereits eingeholt. Von der Pfefferminzernte 1933 wurden dem Lager in Speyer 800 Ztr. zugeführt, der Gesamtertrag wird auf 1200 Ztr. geschätzt. Wenn trotzdem von einer Notlage der Pfälzer Anbauern ebenso wie auch in Württemberg die Rede ist, so trug daran die Schuld der wilde Hausierhandel und allerlei Quertreiberei von Seiten gewissenloser Geschäftemacher. Den Bemühungen der Bayrischen und Württembergischen Landwirtschaftskammer ist es gelungen, einen wirtschaftlichen Zusammenschluß aller Bauern in einem Verband herbeizuführen unter Anschluß an den Reichsverband Deutscher Arzneipflanzenanbauer, dessen Sitz zur Zeit in München ist. Dadurch dürfte vor allem einem wilden Spekulantentum ein Riegel vorgeschoben sein.

Ein Auftrieb von weittragender Bedeutung steht dem gesamten Arzneipflanzenwesen bevor durch die verständnisvolle Unterstützung der Regierung, indem man eine Organisation „Deutscher Siedler Heil- und Gewürzpflanzen-Anbau" ins Leben gerufen hat. Mit Errichtung von vorstädtischen Kleinsiedlungen, womit man eine Auflockerung der Großstädte und Rückführung des deutschen Arbeiters zur Scholle anstrebt, will man den Siedlern eine günstige Möglichkeit bieten zur Erzielung eines baren Nebenverdienstes durch den Anbau von Heil- und Gewürzpflanzen. Um die Siedler dafür heranzubilden, d. h. sie in der Praxis mit allen den erforderlichen Kultur-, Ernte- und Aufbereitungsarbeiten bekannt zu machen, ist man allerorts dabei, Musterbetriebe zu gründen. Eine solche Musteranlage finden wir z. B. in Stöhna bei Leipzig, angelegt von der Akademischen Selbsthilfe nach Angaben des Saatzuchtinspektors Heeger in Böhlen bei Leipzig[1]. Außerdem sollen auch Pläne vorliegen, den Leipziger Palmengarten zu einem Lehr- und Mustergarten für Heilpflanzenbau umzuformen. Im Frühjahr 1932 wurde mit den Versuchen in Stöhna begonnen, wobei besonders Jungakademiker, Pharmazeuten und Landwirte tätig waren, indem sie ihre botanischen Kenntnisse und landwirtschaftlichen Erfahrungen austauschten und gegenseitig ergänzten, so daß schon heute ein recht respektabler Erfolg vorliegt, der zu den besten Hoffnungen berechtigt. Man hat in Stöhna die Versuche auf 84 Arten von Heilpflanzen ausgedehnt, in den benachbarten städtischen Kleinsiedlungen Eythra, Großpösna und Zwenkau auf je

---

[1] Bezugnahme auf einen Vortrag d. E. F. Heeger, gehalten in Leipzig, September 1933 vor dem Kuratorium der Akadem. Selbsthilfe.

20 Arten. In diesen Musteranstalten also werden die Siedler in Praxis und Theorie für den Heilkräuterbau geschult. Sie hören Vorträge und haben Gelegenheit, alle praktischen Arbeiten, also besonders auch den Trockenprozeß sowie die Aufarbeitung der verschiedenen Drogen zu üben, was man als das wichtigste Moment einschätzen muß, denn gerade an der Unkenntnis bezüglich dieser Verfahren war meistens der Grund zu finden für das Mißlingen der ganzen Sache.

Man darf wohl hoffen, daß noch recht viele solcher Einrichtungen entstehen, welche unbedingt nötig sind, um das Arzneipflanzenwesen auf die gewünschte Höhe zu bringen. Tatsache ist, daß wir heute eine Menge Arzneidrogen falsch bekommen, und zwar teils absichtlich, teils unabsichtlich; letzteres ist wohl das gewöhnlichste. Sind doch die sachkundigen Kräutersammler, wie eingangs geschildert, ausgestorben und müssen solche erst wieder ausgebildet werden, welchen Zweck die vom Berliner Gesundheitsamt bearbeiteten, in Gemeinschaft mit dem Arzneipflanzen-Ausschuß der pharmaz. Gesellschaft Berlin-Dahlem herausgegebenen Arzneipflanzen-Merkblätter mit prächtigen Abbildungen in hervorragender Weise befolgen[1]. Es darf nicht wundernehmen, daß bei dem Einsammeln der Kräuter ab und zu Verwechslungen vorkommen, die sich beim Ankauf (meist in getrocknetem Zustand) nur schwer und selten bemerken lassen. Anzunehmen ist schließlich, daß oft auch absichtliche Fälschungen vorkommen, sofern an echten Pflanzen Mangel ist. Unverkennbar und einleuchtend sind wohl von diesem Gesichtspunkt aus betrachtet die Vorzüge der aus Kulturen hervorgegangenen Arzneipflanzen. Unbedingt erforderlich ist natürlich das wissenschaftliche Gutachten über die Echtheit der zu kultivierenden Pflanze. Der Vorteil, daß man in diesem Falle jedes Zweifels über die Echtheit der Ware enthoben ist, läßt die von der Pharmakopöe-Kommission erhobenen Einwände gegen den Gebrauch von kultivierten Pflanzen verschwindend erscheinen.

Ein weiterer Vorteil des Anbaues ist ferner der, daß man jederzeit die gewünschte Pflanze zur entsprechenden Zeit in jedem Stadium ihrer Wachstumsperiode auch grün haben kann. Eine ganze Reihe von galenischen Präparaten erfordert zur Herstellung die Pflanzen in frischem Zustand, so die narkotischen Fluidextrakte (Extr. Belladonna — Digitalis — Hyoscyam. usw.). Das deutsche Arzneibuch läßt allerdings jetzt diese Extrakte aus den getrockneten Pflanzen herstellen, während für die Homöopathie ausschließlich die frischen Pflanzen in Betracht kommen. Viele

---

[1] Verlag von Julius Springer, Berlin.

Kräuter, Wurzeln und Samen dürfen nicht über ein Jahr alt sein, müssen mit ganz besonderer Vorsicht gesammelt, getrocknet und aufbewahrt werden. Wenn sich das Alter bei den aus Vegetabilienhandlungen bezogenen Pflanzen auch in gewissen Fällen feststellen läßt, so ist das doch nicht immer der Fall. Nur wo derartige Kräuter aus erster Hand kommen, ist man jedes Zweifels enthoben.

So ließe sich noch mancher andere Vorteil des Anbaues solcher Pflanzen vom medizinisch-pharmazeutischen Standpunkt aus anführen, doch es mag genügen. Ein österreichischer Gewährsmann auf diesem Gebiet sagt wörtlich: ,,Selbst anbauen, selbst verarbeiten, selbst verkaufen, das ist das richtige."

Der Anbau von Arzneigewächsen eignet sich seiner ganzen Art nach mehr für den kleinen als für den großen Grundbesitzer. Der große Grundbesitzer kann sich nur mit solchen Kulturen befassen, wovon größere Mengen gebaut werden, wobei alle Handarbeit möglichst vermieden wird. Er ist voll beschäftigt mit dem Anbau seiner Körnerfrüchte und Futterpflanzen sowie mit der Bewirtschaftung seiner Wiesen. Seine Berechnung wird dahin zielen, einen seinem Viehstand entsprechenden Futteranbau zu treiben und seinen Stalldünger möglichst gut zu verwerten. Er wird versuchen, seiner Scholle soviel als möglich an Getreide und Futtermitteln abzuringen, um umgekehrt seinen Viehstand und seine Viehzucht entsprechend vergrößern zu können. Er hat beim Verkauf von seinen Produkten keine Not, die Arbeiter sind allenthalben in den erforderlichen Arbeiten geschult, und somit glaube ich kaum, daß vorderhand die großen Grundbesitzer für die Arzneipflanzenkultur so leicht interessiert werden können.

Anders liegt es beim kleinen Bauern. Seine kleinen Felder genügen vollständig zu einer Kultur mit Arzneipflanzen. Er braucht sich nicht um teure Maschinen zu sorgen, ohne die es heutzutage kaum mehr geht in der Landwirtschaft, wie Säe-, Mäh- und Dreschmaschinen usw. Lediglich mit Hacke, Spaten und Harke, d. h. den bekannten Gartengeräten wird er zu hantieren haben, bei größeren Anlagen höchstens mit einem leichten Pflug. Er ist nicht gezwungen, lediglich des Düngers wegen sich einen bestimmten Viehstand zu halten, was meistens über seine pekuniären Verhältnisse hinausgeht. Er kann seine Familienglieder beschäftigen mit den vielerlei Handarbeiten; Frauen, sogar Kinder genügen für die leichte Arbeit, so daß hohe Arbeitslöhne nicht in Betracht kommen.

Ebenso liegen die Verhältnisse bei den Gärtnern. Beobachten wir nicht in den meisten Gärtnereien öde Streifen Landes oder doch solche mit wertlosem Gemüse oder Blumen bepflanzt, die oft kaum geerntet werden wegen ihres geringen Wertes? Mit welchem Fleiß betreibt so mancher Gärtner die mühsame und schwierige Zucht von allerlei Raritäten. Er übernimmt dabei ein großes Risiko, und oft fehlt es ihm an Absatz, so daß er seine große Mühe kaum bezahlt bekommt. Wir fragen uns, warum haben die Gärtner die Kultur der Arzneipflanzen noch nicht in ihr Programm aufgenommen? Sie würden doch sicherlich bei ihrer Erfahrung in der Anzucht und Behandlung der Pflanzen sowie bei ihren physiologischen Pflanzenkenntnissen die Sache zur höchsten Vollkommenheit bringen können, wenigstens was die Reinzucht von Pflanzen- und Samenmaterial zu Neuanlagen betrifft, wenn auch nicht den Kräuterbau in seinem ganzen Umfange.

Des weiteren gedenke ich der Besitzer von Landhäusern. Wer dem Getriebe der Großstadt entflohen ist und sich als Wohnsitz ein Landhaus erkoren hat, bei dem dürfen wir wohl fast stets eine besondere Vorliebe zur Natur voraussetzen. Meist schließt sich unmittelbar ein größerer oder kleinerer Garten an, und bietet die Bearbeitung dieses Gartens die hauptsächlichste Beschäftigung der Bewohner. Teils wegen der gesunden Bewegung in der freien Luft, teils auch, um das Grundstück nach Möglichkeit auszunutzen und rentabel zu gestalten, baut man allerlei Gemüse, Beerenobst, Luxusblumen u. dgl. an; doch der Verkauf dieser Produkte ist nicht immer leicht. Würde man sich anstatt dessen mit der Kultur von Arzneipflanzen befassen, so wäre der Absatz und Gewinn zweifellos aussichtsreicher, und was die Schönheit und Farbenpracht der Pflanzen betrifft, so wolle man einmal einen Vergleich anstellen zwischen einem Spalier mit schwarzen Malven und einem solchen von Stangenbohnen. Die gefüllten rosengroßen, tief schwarzvioletten Malvenblüten verdienen die Bezeichnung der prächtigsten Zierblumen, desgleichen die großblumigen Königskerzen mit ihren meterhoch, dicht mit sattgelben Blüten besetzten Blütenschaft. Wie nüchtern dagegen sieht ein Bohnenspalier aus mit den unscheinbaren Blüten in den wild durcheinander geflochtenen Ranken!

Die Kultur von Arzneipflanzen erfordert, wie schon erwähnt, eine große Summe kleinlicher Handarbeiten. Je sorgfältiger man verfährt, desto besser wird auch der Ertrag sein, und zwar nicht nur quantitativ, sondern auch qualitativ. Gerade die Qualität spielt die Hauptrolle. Ein und dasselbe Kraut, z. B. Pfefferminze, figuriert in den Preislisten von Vegetabilienhandlungen mindestens in drei verschiedenen Qualitäten. Eine prima Qualität wird stets um das Doppelte oder Dreifache besser bezahlt als eine geringe. Man bedenke also wohl, bevor man ein größeres Stück Land in Bearbeitung nimmt, ob alles in entsprechendem Verhältnis vorhanden ist, um die Sache konsequent durchzuführen, nämlich Zeit, Hilfskräfte, eventuell, wenn die Ernte nicht in frischem Zustand abgesetzt werden kann, die nötige Trockenvorrichtung, Zerkleinerungsmaschinen und Aufbewahrungsbehälter; denn die Kulturergebnisse werden durch die Art der Behandlung und Konservierung ganz gewaltig beeinflußt. Ich mache mich anheischig zu behaupten, daß in allen Fällen, wo die Arzneipflanzenkultur aufgegeben worden ist mit der Begründung, dieselbe sei nicht lukrativ, es stets an einem der von mir oben angeführten Kardinalpunkte gefehlt hat. Nach einigen ungünstigen Erfahrungen wird manchmal schon die Flinte ins Korn geworfen; in allen solchen Fällen war wohl Mangel an praktischer Erfahrung zu verzeichnen. Daß dadurch recht pessimistische Anschauungen über die Rentabilität derartiger Kulturen bei den Landwirten Verbreitung fanden, kann nicht verwundern.

Ich möchte ausdrücklich davor warnen, auf das Geratewohl übermäßig große Kulturen in Angriff zu nehmen. Es könnte dabei zu den verschiedenartigsten Enttäuschungen kommen. Selbstverständlich muß eine zehnmal größere Fläche auch einen zehnmal größeren Gewinn abwerfen, unter Umständen sogar noch viel mehr, doch ohne weiteres ist das nicht immer der Fall. Bei Arzneipflanzenkulturen sprechen so viele Einzelheiten mit, daß es unbedingt nötig ist, im kleinsten Maßstabe zu beginnen und ganz sukzessive vorzugehen. Man muß erst durch Versuche sich genaue Kenntnis von der Beschaffenheit des zu verwendenden Bodens verschaffen, man muß die der Pflanze zusagende Düngung ergründen, alle die verschiedenen Arbeiten als Aussäen, Auspflanzen, Ernten, Trocknen, Konservieren usw. in der Praxis versuchen, man muß sich Hilfskräfte heranziehen und muß auch vor allem sich ein bestimmtes Absatzgebiet mit der Zeit sichern, bevor man die Sache in größerem Maßstabe unternimmt. In gleicher Weise, wie dies in den landwirtschaftlichen Betrieben der Fall ist, muß man sich einen Wirtschaftsplan ausarbeiten. Will man mit der Zeit den Betrieb vergrößern, so darf dies nicht einseitig geschehen. Ich möchte den Arzneikräuterbau vergleichen mit einer Kette aus lauter gleichen Gliedern, von denen eines zum andern genau passen muß, wenn die ganze Kette brauchbar sein soll. Man wird also in demselben Maße, wie man die Bodenanlage vergrößert, auch den Personalstand, die Trocken- und Schneidevorrichtungen usw. erweitern müssen, und das geschieht am besten Schritt für Schritt. Man wird den Betrieb mit der Zeit so einzurichten suchen, daß eine möglichst gleichmäßige Arbeitsverteilung stattfindet, d. h. man wird nebeneinander solche Pflanzen bauen, deren Ernte nicht zusammenfällt.

Dadurch wird ermöglicht, dauernd Personal halten zu können, und hat man nicht nötig, für eine kurze Zeit zu einer bestimmten Tätigkeit Aushilfsarbeiter einzustellen. Solche meist nach der Stunde zu bezahlenden Aushilfskräfte kommen um vieles teurer als regelmäßige usw. Man wird Erweiterungen der Anlagen nur mit selbstgezüchteten Pflanzen vornehmen. Mentha z. B. wuchert so sehr, daß man schon nach einem Jahr genügend Senker übrig hat, um die Anlage ums Drei- bis Fünffache und noch Mehrfache zu vergrößern; somit wäre es höchst unrationell, wollte man gleich von vornherein Senker für viele Hundert von Quadratmetern kaufen. Alles das sind wichtige Punkte, die bei der Rentabilität mitsprechen, die ein Anfänger nicht weiß und auch nicht wissen kann. Mit anderen Worten: Die Rentabilität gründet sich auf der Erfahrung. Man nehme sich in dieser Beziehung den landwirtschaftlichen Betrieb, mit dem der Arzneikräuterbau viele Berührungspunkte hat, zum Muster. Man spricht von einer einspännigen, auch zwei- und mehrspännigen Wirtschaft, womit der Umfang des Betriebes meist genau definiert ist. Zu einem Pferd gehört ein Knecht, eine große und eine kleine Magd, ein ganz bestimmtes Areal, eine genau festgelegte Anzahl Rindvieh und die entsprechenden Scheunen und Gebäude. Das Verhältnis des produzierenden Düngers zur Feld- und Wiesenwirtschaft ist genau festgelegt. An diesen Grundprinzipien wird jeder kluge Bauer festhalten. Sobald der Betrieb aus diesem Rahmen heraustritt, läuft er Gefahr, Fiasko zu machen.

Über die Bedeutung des Arzneikräuterhandels und die Rentabilität der Kulturen.

Die Bedeutung der vegetabilen Droge für den Handel wird im allgemeinen sehr unterschätzt. Man darf sich hier nicht an das Urteil eines Teiles unserer modernen Ärzte halten, welche die Drogen als solche nur vereinzelt verordnen, sondern man muß in Betracht ziehen, welche kolossalen Mengen von Drogen zur Herstellung ihrer chemischen Inhaltsstoffe, von galenischen Präparaten von ätherischen Ölen usw. gebraucht werden und anderseits, welch bedeutende Mengen von Drogen in der sog. Haus- und Volksmedizin angewandt werden. Geradezu ins Fabelhafte gingen die seit Kriegsausbruch alljährlich angeforderten Mengen aller jener einheimischen Vegetabilien, die als deutscher Tee Ersatz boten für Chinesischen Tee.

Um einen Einblick in den Umfang des Destillationsbetriebes der Firma Schimmel & Co. in Miltitz bei Leipzig zu geben, seien einige Zahlen über die jährliche Verarbeitungsmenge genannt, die übrigens nicht als konstant aufzufassen sind, sondern nur als ungefähre Mittelzahlen gelten sollen.

Fenchelsamen gegen	700 000 kg
Iriswurzel über	100 000 ,,
Kümmelsamen gegen	300 000 ,,
Pfefferminzkraut gegen	300 000 ,,
Rosenblätter gegen	250 000 ,,
usw.	

Schien es auch manchmal, als sollte die moderne Chemie mit ihren staunenswerten Errungenschaften über unseren alten vegetabilen Arzneischatz siegen, unsere kostbaren Arzneipflanzen haben bis auf den heutigen Tag ihren Stand behauptet. Ich erinnere nur an die Theorie des Wörishofener Pfarrers Kneipp. Bei dessen verschiedenen innerlich und äußerlich zur Anwendung gelangenden Kräuterkuren kamen nicht nur unsere sämtlichen je bekannten Arzneipflanzen zu Ehren, sondern außerdem noch eine ganze Reihe von Wiesenpflänzchen, die bis dahin kaum beachtet worden waren. Die Befürchtung, daß der Bedarf an pflanzlichen Arzneimitteln zurückgehen oder daß ein ausgedehnter Anbau bald Überfüllung des Marktes und niedrige Preise herbeiführen werde, ist hinfällig, sowohl was die zu rein medizinischen Zwecken verwandten Drogen betrifft als die in der Technik, in der Likörfabrikation verwandten oder auf ätherische Öle, Farbstoffe zu verarbeitenden. Daß wir zur Zeit keine Überproduktion zu verzeichnen haben, beweisen uns am deutlichsten die Preislisten der verschiedensten Vegetabilienhandlungen.

Durchschnittlich haben sich die Preise der Vorkriegszeit angepaßt. Wir entnehmen dem Marktbericht einer der bedeutendsten Vegetabiliengroßhandlung (C. & L.-H.) folgendes:

Die Vegetabilienernte ist im großen und ganzen abgeschlossen. Nennenswerte Übervorräte, welche einen besonderen Preisdruck hervorrufen könnten, sind im allgemeinen nicht eingebracht worden, so daß man im großen und ganzen wohl mit einem festeren Preisniveau für die kommende Hauptverbrauchszeit rechnen kann. Preisrückschläge, wie sie in den letzten drei Jahren an der Tagesordnung waren, sind nicht zu befürchten.

Kamillen. — Man ist für den Winterbedarf in erster Linie auf ungarische Kamillen angewiesen. Diese kommen aber für den deutschen Apothekenkonsum ihrer geringen Qualität halber kaum in Frage. Für bessere Qualitäten rechnen wir mit Sicherheit auf weitere Preissteigerung, soweit solche überhaupt noch erhältlich sind.

Schwarze Malven sind nur in ganz verschwindendem Maße

angebaut worden. Dem geringen Angebot entsprechend muß der Artikel höher bezahlt werden.

Lindenblüten sind in Deutschland nur in sehr beschränkten Mengen geerntet worden. Man ist hauptsächlich auf österreichische Ware angewiesen. Marktlage fest.

Stechapfelblätter. Infolge Mißernte knapp, Preissteigerungen nicht ausgeschlossen.

Eine andere bedeutende Großdrogenhandlung Mitteldeutschlands (O. F.-H.) kommt ungefähr zu dem gleichen Schluß. Interessant ist folgende Beobachtung: Zur Zeit der Ernte wird immer nur das Beste ausgesucht, und die weniger ins Auge fallenden Qualitäten werden zu Spottpreisen auf den Markt geworfen, so daß sie unbedingt Verlust bringen müssen. Dieses Spiel wiederholt sich Jahr für Jahr. Im Drogenhandel der Nachkriegszeit waren zuviel Geschäftemacher beteiligt, die immer noch nicht alle von dem legitimen Drogenhandel abgeschüttelt sind. Im allgemeinen genügen die diesjährigen Vorräte, teilweise überwiegt sogar das Angebot die Nachfrage. Artikel aber, die dieses Jahr reichlich vorhanden sind, können nächstes Jahr durch Mißernteertrag fehlen. Saaten, wie rumänischer Fenchel, Coriander, Leinsamen, die in ungeheuren Mengen importiert werden, könnten als anbauwürdig empfohlen werden, ebenso Flores Malvae silvestr. und Flores Verbasci.

Ein dritter Fachmann äußerte sich folgendermaßen: Man gibt grundsätzlich der einheimischen Produktion den Vorzug vor der importierten, da sie in der Qualität besser ist besonders bezüglich Baldrian, Königskerzenblüten u. dgl. Unter den heutigen Verhältnissen kann eine Vergrößerung des Anbaues für die meisten Vegetabilien empfohlen werden, wenn dies mit einer gewissen Vorsicht geschieht. Es fehlt an Tausendgüldenkraut, schwarzen Malven und Römischen Kamillen.

Besonders deutlich hat uns der Krieg, bzw. die Blokade vor Augen geführt, wie unendlich wichtig es für uns ist, die einheimische Produktion zu steigern und damit vom Ausland unabhängiger zu werden. Das erfordert nicht nur die Sorge um das Volkswohl bzw. um die Volksgesundheit, es ist dies auch von großer volkswirtschaftlicher Bedeutung, denn die Summen, die alljährlich dafür ins Ausland gehen, sind ganz enorm. Wirtschaftspolitiker haben versucht, Zahlen aufzustellen für die unnötigerweise ins Ausland fließenden Gelder für Drogen, die recht gut in unserem Vaterland angebaut werden könnten, die sogar zum großen Teil wild bei uns wachsen, doch es läßt sich dies genau nicht berechnen. In den Handelsstatistiken werden nämlich alle Drogen zusammengefaßt, die rein medizinischen, die technischen, die nur im Ausland vorkommenden, also unbedingt einzuführenden zusammen mit jenen, deren Einfuhr als überflüssig bezeichnet werden muß. Jedenfalls sind es viele Millionen, die unsinnigerweise dem Auslande zufließen. Geht man den Ursachen nach, warum unsere Handelspolitiker dagegen nicht schon längst eingeschritten sind, so kommt man zu folgenden Schlüssen: Deutschland hat sich seit einer langen Reihe von Jahren zu einem Industriestaat entwickelt, und bis zum Weltkrieg fand auch der industrielle Arbeiter ein regelmäßiges und ausreichendes Verdienst, so daß weder er selbst noch seine Familienangehörigen nötig hatten, einen Betrieb anzufangen, für den sie nicht geboren und erzogen waren. Auch der deutsche Bauer und alle landwirtschaftlichen Arbeiter hatten ihr Auskommen bei Getreidebau und Viehzucht. Niemals konnten die Preise, die man ihnen für Arzneikräutersammeln geboten hatte, einen Anreiz dazu bieten. Nur durch die weitaus geringere Entlohnung in unseren Nachbarländern war es möglich, daß die fremde Ware trotz vieler Frachtspesen so billig auf den deutschen Markt kam, daß jede Konkurrenz ausgeschlossen war. Wo aber tatsächlich einmal bei uns der Versuch gemacht worden ist, die oder jene Pflanze zu sammeln, da versagten die Fachkenntnisse. Mißfarbig und wertlos war meist die mühsam eingebrachte Ware. Wo war denn auch den Sammlern Gelegenheit geboten, die Behandlung und vor allem den eigenartigen Trockenprozeß kennen zu lernen? Vernünftige Schutzzölle, eine systematische Erziehung und Heranbildung von Sammlertruppen sowie eine sorgfältige Überwachung des Drogenmarktes, die jede Preisdrückerei und wilde Spekulation ausschließt, das ist es, was nottut und was mit der Zeit dazu führen kann, daß mehr deutsche Produkte auf den Markt kommen. Das war schon längst die Ansicht der Praktiker auf dem Gebiet des Arzneipflanzenwesens, die aber leider bis jetzt nicht durchgedrungen ist. Es sind auch wichtige soziale Momente die eine erhöhte Anbautätigkeit erwünscht erscheinen lassen, wie von unserer Reichsregierung auch richtig erkannt worden ist. Der Arzneipflanzenanbau gestattet dem kleinen und mittleren Bauer eine hohe Bodenausnutzung, schafft viele selbständige Existenzen und gestattet für eine erwerbstätige Bevölkerung eine größere Dichtigkeit als die Landwirtschaft; er kommt also vor allem für die Siedler in Frage.

Es ist nun selbstverständlich, daß ein jeder, bevor er sich praktisch mit dem Anbau befaßt, ganz genau die Rentabilität bewiesen haben möchte, und aus diesem Grunde soll die Rentabilitätsfrage auch so gründlich wie nur irgend möglich hier behandelt werden. Einstimmig zwar lautet das Urteil einer Reihe von bewährten Praktikern dahin, daß im allgemeinen sich die medizinischen und technischen Pflanzen viel besser rentieren als die anderen Ökonomiepflanzen, selten aber und dann meist nur lückenhaft bringen dieselben zahlenmäßige Beweise dafür. In der Tat ist dies auch sehr schwer. Die Schwierigkeit liegt darin, daß die Rentabilität für den Arzneikräuterbau nicht nur wie bei den meisten anderen Kulturen zu finden ist, indem man den Produktionsfaktoren (Boden und Arbeit) einerseits den Erlös aus dem fertigen Produkt andererseits nur einfach entgegenzusetzen braucht. Es spielen hier unendlich viele Faktoren mit. Zunächst muß die alljährlich wechselnde Witterung und die nicht selten auftretende Schädlingsplage in Betracht gezogen werden. Ganz eigenartigerweise rentieren große Flächen ganz anders wie kleine und zwar nicht immer günstiger. Kleine Flächen können viel sorgfältiger bearbeitet werden, doch kommt natürlich die Handarbeit mit Spaten und Hacke teurer als die Bearbeitung mit Pflug und Egge, die sich nur auf größeren Flächen durchführen läßt, wobei auch Hilfskräfte besser ausgenutzt werden können. Dagegen kann bei großen Flächen die Pflege der einzelnen Pflanzen sowie auch die Ernte nie mit gleicher Sorgfalt geschehen wie bei kleinen Flächen. Man denke z. B. nur an eine anhaltende Trockenheit im Frühjahr, der große Flächen leicht zum Opfer fallen, während bei mäßig großen Flächen eine künstliche Bewässerung recht gut möglich ist. Zeigt sich an den Pfefferminzblättern plötzlich der Rost, jene gefürchtete Blattkrankheit, gegen die man noch heute machtlos ist, so kann man wohl kleine Flächen schnell abernten und damit retten, unmöglich aber große Bestände, indem der Rost sich mit großer Schnelligkeit bis über die letzte Pflanze ausbreitet. Aus diesem Grunde dürfte das Optimum bei einer Durchschnittsfläche von 100—200 qm liegen, und man sollte auch nur Rentabilitätsberechnungen gelten lassen, die sich auf eine Anlage solchen Umfanges beziehen[1]. Man halte sich immer vor Augen, daß auf eine gute Qualität, auf ein tadellos getrocknetes Endprodukt alles ankommt. Beim Gemüse- oder Getreidebau kann man schon nach dem Abernten des Ackers eine Rentabilität berechnen, beim Arzneikräuterbau aber beginnt erst der entscheidende Prozeß, denn von einer sachgemäßen und wohl gelungenen Trocknung ist alles abhängig. Das Verhältnis von Angebot und Nachfrage hat zwar auch einigen Einfluß auf den endgültigen Preis doch vorläufig noch nicht in hervorragendem Maße, die Nachfrage gilt immer nur der besten Qualität, die noch nie den Markt überschwemmt hat und womit man immer einen angemessenen Preis erzielen wird. Das schlimmste ist die wilde Spekulation auf dem Drogenmarkt, wodurch es so schwer

[1] Siehe auch S. 11 letzt. Abs.

wird, einen Überblick über die Lage zu gewinnen. Es gehört wirklich viel Glück dazu, den richtigen Moment für den Verkauf der Ernte zu erhaschen, und erst mit der Zeit lernt man, wie die verschiedenen Spekulationsmanöver zu bewerten sind. Das sind alles Dinge, die in der Landwirtschaft, beim Gemüsebau und im Gärtnereibetrieb nicht vorkommen, die man einem Laien auch schwer verständlich machen kann. Glücklicherweise ist die Regierung dabei, endlich auch den Arzneikräuterbau und alles, was dazu gehört, also auch den Drogenmarkt unter ihren Schutz zu nehmen, so daß bald geregelte Verhältnisse zu erhoffen sind.

So schwer es nun unter solchen augenblicklichen Verhältnissen ist, die Rentabilität in Zahlen auszudrücken, so hoffe ich doch, daß mir das gelungen ist, auf Grund eigener Erfahrung sowie auf Grund von Berichten anderer als zuverlässig erkannten Züchter. Ich habe Durchschnittswerte aufgestellt für alle Posten, also nicht nur bezüglich der aufzuwendenden Kosten für Boden und Arbeiten, sondern auch für die Ernteergebnisse und die erzielten Preise für das fertige Produkt. Ich legte eine Anbaufläche von je 100 qm zugrunde, die wohl den richtigen Durchschnitt ergeben dürfte. Für die Erntearbeiten, soweit solche von Frauen und Kindern verrichtet werden können, sind dementsprechende Löhne angenommen worden und für die endgültigen Preise Durchschnittspreise von drei verschiedenen Großdrogenhandlungen Mitteldeutschlands, wie deren Septemberlisten ergaben, unter Abrechnung von 40%, und auch hierfür habe ich den Durchschnitt von zwei Jahren angenommen. Die Ausgaben für das erstmalig anzuschaffende Pflanzenmaterial sind voll eingesetzt, so daß natürlich der Reingewinn in den folgenden Jahren sich um diese Summe günstiger gestaltet. Eventuell wird sogar noch ein besonderer Erlös aus einem Verkauf von übrigen Pflanzen und Senkern dazukommen. Ich lasse die Berechnung folgen für je eine Blattdroge, eine Wurzeldroge und eine Blütendroge:

Pfefferminzblätter
(Folia Menth. piperit.)

Ausgaben		Einnahmen
Pacht für 100 qm	2,00 RM	31,5 Kilo trockene Blätter
Bodenvorbereitung (Umpflügen und Eggen)	1,00 ,,	à 2,50 RM = 78,75 RM
2500 Stück Setzlinge	25,00 ,,	
Arbeitslohn für Pflanzen . .	2,00 ,,	
Sonstige Arbeiten	7,50 ,,	
Ernten und Blätterstreifeln .	7,00 ,,	
Sonstige Ausgaben	2,00 ,,	
Summa:	47,00 RM	

Reingewinn: 31,75 RM.

Über die Bedeutung des Arzneikräuterhandels.

Baldrianwurzel
(Radix Valerianae).

Ausgaben		Einnahmen
Pacht für 100 qm	2,00 RM	21 Kilo trockene Wurzel
Umpflügen und Eggen	1,00 ,,	à 1,25 RM = 26,25 RM
600 Stück Pflanzen	2,40 ,,	
Arbeitslohn für Pflanzen	2,00 ,,	
Sonst. Arbeiten (3mal hacken)	4,00 ,,	
Erntearbeiten	3,00 ,,	
Summa	14,40 RM	

Reingewinn: = 11,85 RM.

Königskerzenblüten
(Flores Verbasci).

Ausgaben		Einnahmen
Pacht für 100 qm	2,00 RM	11,7 Kilo à 4,50 RM
Pflügen und Eggen	1,00 ,,	= 52,65 RM
335 Stück Pflanzen	3,35 ,,	
Pflanzerlohn	1,50 ,,	
Hacken	3,75 ,,	
Pflücken	8,00 ,,	
Trocknen	3,00 ,,	
Summa	22,60 RM	

Reingewinn = 30,05 RM.

Meine ersten Anbauversuche, die ich als Naturfreund und Gartenliebhaber auf einem gepachteten Gartengrundstück ausführte, geschahen mit Pfefferminze, der großblumigen Königskerze und mit der schwarzen Malve. Diese Pflanzen sind so einfach zu bauen, und verursacht das Trocknen und Verarbeiten derselben so wenig Mühe, daß ich mit bestem Gewissen zu einem Versuch, zunächst in kleinem Maßstabe, raten kann.

25 Quadratmeter beflanzte ich mit Pfefferminzstecklingen,

Der Pachtzins war verhältnismäßig hoch	= 4,00 RM,
500 Stück Stecklinge (damals noch viel teurer wie heute)	= 10,00
Arbeitslöhne für Umgraben, Düngen und Krauten	= 4,00 ,,
Summa:	18,00 RM.

Der Ertrag war im ersten Jahr 7 kg trockene Blattware, im zweiten Jahr 9 kg trockene Blattware.

Die Großdrogenhäuser notierten damals 3,00 RM pro kg und zahlten an Produzenten 1,80 RM. Für mich als Apotheker kam somit der Grossistenpreis in Frage. Außerdem konnte ich natürlich auch den Abfall beim Streifeln zu gewissen Zwecken verarbeiten. Im zweiten Jahr fielen natürlich die Anschaffungskosten für Stecklinge fort, wodurch sich der Reinertrag wesentlich erhöhte.

Außerdem hatte ich 10 Stück hochstämmige Beerensträucher auf das Grundstück gepflanzt, die allein schon den Pachtzins erbrachten.

50 Stück gefüllte schwarze Malvenpflanzen brachten genau 6 kg trockene Blüten, die mir eine Leipziger Drogenfirma für 12 RM, abnahm.

Bei Königskerzen brachte mir der Quadratmeter mit durchschnittlich 5 Pflanzen $\frac{1}{4}$ kg trockene Blüten.

Nach mehrjährigen derartigen Vorversuchen ging ich allmählich zum feldbaumäßigen Anbau über und kultivierte einige Dutzend verschiedene Arten, wofür ich in meiner Apotheke selbst gute Verwendung hatte, wenigstens für den größten Teil. Gleichzeitig betrieb ich die Reinkultur von Samen- und Pflanzenmaterial und konnte alljährlich 30—40 Tausend Pflanzen in aller Herren Länder verschicken.

Im allgemeinen dürften am rentabelsten die Blattdrogen sein und zwar auf Flächen bis zu 20 a unter Umständen auch bis zu 50 a, wenn Vorsorge getroffen ist, daß die Ernte und der sich anschließende Trockenprozeß im richtigen Tempo verläuft. Man kann mindestens zwei und bei verschiedenen Pflanzen auch noch einen dritten Schnitt machen.

In zweiter Linie steht der Anbau von Blütendrogen. Dieselben erfordern ungleich mehr Arbeitskräfte, da jede Pflanze täglich durchgepflückt werden muß. Witterung und Trocknung spielen dabei die Hauptrolle. Man hat 20—40 a als Durchschnittskulturen bezeichnet. Ein Großbetrieb mit entsprechender Trockenvorrichtung kann mit 1—1,5 ha arbeiten.

An dritter Stelle stehen die Wurzeldrogen. Ihr Anbau eignet sich am besten für Großbetrieb; er verursacht am wenigsten Handarbeit, der größte Teil der Arbeiten kann mit Gespann geleistet werden. Da neben der Wurzelernte oft auch eine Blatternte stattfindet und die Wurzelernte teilweise im zweiten oder dritten Jahre vorgenommen wird, ergeben sich sehr verschiedene Resultate. Das Trocknen macht wenig Mühe, und auch eine längere Lagerung ist bei sachgemäßer Aufbewahrung recht gut möglich.

Wie ich bereits angedeutet, läßt sich recht gut ein und dasselbe Land gleichzeitig zu mehreren Kulturen benutzen. Zwischen Obstbäumen, besonders in Baumschulen, lassen sich Kamillen ansäen, auf Menthabeeten kann man hochstämmige Beerenstauden ziehen, zwischen Malven, wenn solche in Reihen gepflanzt sind, lassen sich ebenfalls Kamillen ansäen, auch allerlei Gemüse, wie Spinat u. dgl.

Zu erwähnen ist ferner, daß jeder Arzneipflanzenzüchter, sobald er mit einer kompletten Einrichtung zum Trocknen, Zerkleinern usw. versehen ist, selbstverständlich auch dazu übergehen wird, fremde Produkte und die in der Natur gesammelten Kräuter anzukaufen, um sie nach dem Trocknen, Zerkleinern usw. wieder weiterzuverkaufen. Auf diese Weise lassen sich die Apparate und Maschinen recht gut ausnutzen. So kaufte ich z. B. versuchsweise einen Zentner frische Quitten für 10 RM, ließ dieselben auskernen, in dünne Scheiben schneiden und trocknen. Die Ausbeute war rund 10 kg trockene Quittenschnitten, wofür mir eine Engrosdrogenfirma 25,— RM bezahlte. Es verblieb mir außerdem noch ziemlich ½ Pfd. Kerne im Werte von 2,50 RM.

Des weiteren kaufte ich weiße Taubnesselblüten von sammelnden Kindern auf, ich zahlte für 1 kg frische Blüten 60 Rpf. und erhielt nach dem Trocknen für 1 kg = 8 kg frische 9,— RM.

In den Preislisten der Großvegetabilienhandlungen figurierten damals Quittenschnitte mit 4,— RM und Taubnesselblüten mit 15 bis 16 RM pro kg. Der Preis lautet heute 3,50 RM bzw. 10—12 RM.

Wer schließlich die Samenzucht und die Aufzucht von kleinen Pflänzchen, Stecklingen usw. als Spezialität betreibt, für den dürfte die Sache ganz besonders gewinnbringend sein. Gerade das Beschaffen von echten Samen und guten Pflanzen zwecks Kulturanlagen hatte bis jetzt oft große Schwierigkeiten gemacht, und möchte ich daher dieses Gebiet ganz besonders empfehlen. Man braucht hierzu weniger Areal und kann recht gut auf einen sicheren und sehr lohnenden Absatz rechnen. Es wäre die Arzneipflanzen- und Samenzüchterei als ein wertvolles Spezialgebiet für sich zu bezeichnen.

Allgemeine Kulturregeln.

Die medizinischen Pflanzen lassen sich in drei Abteilungen scheiden, nämlich:
1. in ein- und zweijährige,
2. in ausdauernde oder perennierende,
3. in holzartige.

Die Kultur der ein- und zweijährigen Arzneipflanzen ist ziemlich gleich und nicht mehr verschieden als der Anbau von Sommer- und Winterweizen. Da die einjährigen Pflanzen nur eine kurze Wachstumszeit haben, können in warmen und geschützten Gegenden mit heißen Sommern auch viele einjährige Gewächse sogar aus tropischen Ländern bei uns sehr wohl angebaut werden, wie dies ja auch die Kunstgärtner schon längst gezeigt haben.

Die einjährigen Pflanzen werden meistens vom März ab gesät, und zwar gleich an Ort und Stelle, wo sie bleiben und geerntet werden sollen; denn die meisten vertragen das Verpflanzen sehr schlecht oder gar nicht, während das Verpflanzen anderer, die dicht gesät waren (Kamillen, Mohn, Kümmel, Dill usw.), nicht nur unnütz, sondern auch unmöglich ist. Man kann diese ganz wie Getreide auf dem Felde breitwürfig säen; vorzuziehen ist aber jedenfalls die Reihensaat, weil dabei der Boden eventuell gelockert, aber auch gejätet und reingehalten, eventuell auch behackt und behäufelt werden kann.

Die zweijährigen Pflanzen bedürfen zu ihrer Entwicklung eines Zeitraumes von zwei Jahren. Im ersten Jahre keimt der Same, die Pflanze entwickelt sich im Verlaufe des Sommers, überwintert in lebensfähigem Zustand, treibt im zweiten Jahre die Blüte, reift den Samen und stirbt in den meisten Fällen im Herbst mit den Wurzeln ab. Man sät die zweijährigen Pflanzen in kalte Mistbeete oder auf sonnige warme Stellen ins freie Land aus (die beste Aussaat ist stets die Julisaat), erzieht die jungen Pflanzen stämmig durch Verdünnen und reichliche Luftspendung und pflanzt sie im September auf ihre Standorte, wo sie sich so kräftigen, daß sie den Winter aushalten. Die auf Anzuchtsbeeten gezogenen Pflanzen kann man im Frühjahr mit dem Ballen ausheben und versetzen. Eines besonderen Schutzes im Winter bedürfen die Pflanzen unbedingt nicht; trotzdem kann eine leichte Bedeckung mit Laub nur günstig wirken, wo strenge Winter zu befürchten sind. Hat man warme Mistbeete zur Verfügung, so kann man recht gut die zweijährige Vegetationsperiode auf ein Jahr konzentrieren, indem man zeitig im März in ein nicht allzu warmes Mistbeet aussät und im Mai die Pflänzchen ins Land aussetzt. Eine natürliche Methode ist freilich letztere nicht, und sollte man dieses Gärtnerkunststückchen bei Arzneipflanzen nur in Ausnahmefällen anwenden.

Von ein- bzw. zweijährigen Gewächsen können bei uns lohnend angebaut werden: Bertramwurzel, Fenchel, Dill, Angelika, Kümmel, Koriander, Stechapfel, roter Fingerhut, Schierling, blauer Eisenhut, Läusekraut, Bilsenkraut, Giftlattich, Malve, Kamille, Basilikum, Wasserfenchel, Majoran, Mohn, Anis, Senf, Königskerze, Tausendgüldenkraut.

Was die ausdauernden oder perennierenden krautartigen Pflanzen betrifft, so unterscheidet man zwischen solchen, von welchen nur die oberirdischen Teile, also Blüten, Blätter, Stengel oder Samen Verwendung finden, und solchen, um deren unterirdische Teile es uns zu tun ist. Die ersteren bleiben jahrelang auf demselben Platze stehen; man hat nur für Fernhalten des gröbsten Unkrautes, Lockern der Erde und eventuell Düngung zu sorgen. Die letzteren werden genau wie unsere Hackfrüchte kultiviert. Die Vermehrung geschieht teils durch Samen (geschlechtliche Fortpflanzung), teils durch Wurzel und Stockteilung (ungeschlechtliche Fortpflanzung). Selbstverständlich gibt es auch hierbei Ausnahmen. Bei Pfefferminz z. B. wie überhaupt bei allen Minzarten wird man im zweiten Jahr ein Absterben des Hauptstockes bemerken, während die Nebenwurzeln für Ausbreitung der Pflanzen sorgen. Man spricht von einem Wandern der Minzarten. Wo der Boden ausgesogen ist und die von der Pflanze bevorzugten Nährstoffe nicht mehr zu bieten vermag, wird er verlassen; es bilden sich kahle Stellen. Im kleinen wird man durch entsprechende Düngung die Wurzeln länger an den Mutterboden fesseln können. Wo dies nicht möglich ist, macht sich ein Umpflanzen nötig, was übrigens auch schon durch die Verbreitung von Unkräutern in den Pflanzungen geboten erscheint. Dieses Umpflanzen kann entweder im Frühjahr (März und April) geschehen oder auch im August, je nachdem die Pflanzen früher oder später in Vegetation treten.

Von ausdauernden krautartigen medizinischen Pflanzen dürften allgemein die nachbenannten zur Kultur geeignet sein: Safran, schwarze Malve, schwarze und weiße Nieswurz, Baldrian, Rainfarn, Kalmus, Meerzwiebel, Eibisch, Römische Kamillen, Küchenschelle, Osterluzei, Meerrettich, Arnika, Beifuß, Wermut, Estragon, Waldmeister, Nierenfarn, Tollkirsche, Wasserschierling, Herbstzeitlose, gelber und roter Enzian, Benediktenkraut, Süßholz, Ysop, Alant, Melissenkraut, Krause- und Pfefferminz, Bitterklee, Bärwurzel, echter Rhabarber, Salbei, Thymian, Pyrethrum, Seifenkraut und Knabenkraut.

Die dritte Art, die holzartigen Gewächse, macht am wenigsten Arbeit. Man läßt sie im folgenden Jahre nach ihrer Aussaat noch auf dem Anzuchtsbeete sich weiter entwickeln und verpflanzt die Frühlingsblüher im Herbst, die Sommer- und Herbstblüher im Frühjahr mit den Erdballen auf ihren Standort. Alljährliches Umpflanzen vertragen die Stauden nicht ohne wesentliche Beeinträchtigung ihrer Blüte. Sie verlangen von Zeit zu Zeit ein starkes Zurückschneiden, um kräftige Triebe zu erhalten. Von Holzgewächsen empfiehlt sich die Anpflanzung des Gewürzstrauches (Kalykanthe), des Bittermandel, des Seidelbast- und des Quittenbaumes, des Lavendels und Rosmarins, der Patschulipflanze, des Faulbaumstrauches usw.

Was den Anbau von zwei- und mehrjährigen Pflanzen betrifft, so wird man die erste Anlage wohl am zweckmäßigsten mit Pflanzen vornehmen, da die Anzucht aus Samen dem Anfänger nicht immer sofort gelingt. Vorzüglich bewährt hat sich die Senior-Sämaschine der Firma A. Busse in Wurzen (Abb. 1). Diese Maschine sät in fortlaufender Reihe als auch in Häufchen von 10—15,5—21,5—31,5 und

63 cm Entfernung, zieht gleichzeitig Furche, sät, deckt sie wieder zu, walzt und zeichnet die nächste Reihe vor. Alle Samenarten sind mit dieser Maschine zu säen. Sicherer wie die Freilandaussaat gelingt eine solche in Kästen unter Glas. Man spart dadurch bedeutend an Samenmaterial. Man kann dem Samen durchweg die gleiche Bedeckung geben, was für den Keimprozeß von allergrößter Wichtigkeit ist, denn bei der Aussaat ins Freiland kommt vielfach der Same entweder zu tief unter die Erde oder nicht tief genug. Die Bedeckung soll nicht stärker sein als die Größe des Samenkornes. Feine Samen wie von Tausendgüldenkraut streut man auf die geglättete Erde auf ohne jede Bedeckung. Man kann auch in Kästen unter Glas während des Keimungsprozesses die Samen in der nötigen Feuchtigkeit erhalten, kann alle Schädlinge, wie Schnecken usw. fernhalten, überhaupt die Entwicklung der jungen Pflänzchen so am besten überwachen. Man muß natürlich Kenntnis haben von der Keimdauer der Samen,

Abb. 1. Senior-Sämaschine Mod. H.

weil danach sich die Zeit der Aussaat richten muß. Auch die Keimfähigkeit der Samen bedarf einer Prüfung. Nicht zu unterschätzen ist der Einfluß der Kälte auf die Samen. Manche Samen bedürfen des Frostes unbedingt, um überhaupt rechtzeitig zu keimen.

Nicht jede Arzneipflanze eignet sich zur Großkultur, so z. B. die Kamille. Wie alle Kompositen, denen infolge ihres ausgezeichneten Flugapparates am Samen eine besonders günstige Verbreitung gesichert ist, würde die Kamille bald alle anderen Kulturen in der Umgegend überziehen. Die Beete würden sich auch kaum richtig durchpflücken lassen, außer wenn solche in so schmalen Streifen angelegt sind, daß man von beiden Seiten, ohne hineintreten zu müssen, pflücken kann, denn wochenlang treiben immer wieder neue Blüten, nie blüht eine Pflanze auf einmal ab. Wohl sollte man da, wo Kamillen vorkommen, ihre Ausbreitung begünstigen, Sandgruben und Steinbrüche sind dazu geeignet, eventuell kommt auch eine Zwischenkultur in Baumschulen in Frage. Auch die Tollkirsche wird man am zweckmäßigsten nur in Halbkultur nehmen, da man ihr auf dem freien Felde kaum die gleichen Boden-

und Wachstumsbedingungen schaffen kann wie in der Wildnis, wenn sie sich als Schattenpflanze auch dem Sonnenleben anpassen kann, allerdings unter Veränderung ihres Habitus. Das kann aber nicht das Ideal eines Züchters sein. Zudem müßte natürlich ihrer Giftigkeit wegen die Pflanzung vor Kindern geschützt sein.

Nicht alle Pflanzen können in gleicher Weise und auf gleicher Fläche angebaut werden[1]. Es gibt Pflanzen der Ebene und ausgesprochene Gebirgspflanzen, wie Rhabarber, Enzian und Arnika usw., deren Anbau im Tiefland zu versuchen zwecklos ist. Während

Abb. 2. Senior-Stahl-Einradhacke Modell S 22.

ein Teil Beschattung verlangt, fordert ein anderer volles Licht. Süßholz gedeiht am besten in sandigen Flußbetten, die Rose in der Sonne, alle Riechstoffdrogen auf trockenem sandigen Grund, Bilsenkraut, Stechapfel und Schierling auf kalkigem Schutt, Kalmus und Fieberklee in Sumpf, Königskerze und Wermut an sonnigen Eisenbahndämmen, Fingerhut in Waldlichtungen. Pfefferminz nimmt man in Moorkultur, während man Safran vorteilhaft in Spargelbeeten baut.

Äußerst wichtig ist natürlich die Auswahl des Saatgutes, der Samen bzw. der Stecklinge, sofern die Fortpflanzung auf ungeschlechtlichem Wege erfolgt. Durch Auswahl nur der besonders gehaltreichen Formen und Varietäten, eventuell durch geeignete Kreuzung, ist stets eine Verbesserung der Droge anzustreben.

Abb. 3. Zweiradhacke mit 2 Hackmessern um 1 Reihe herum arbeitend.

Man setze die Pflanzen stets in Reihen bei reichlichem Abstand, so daß dieselben sich nicht gegenseitig beschatten und Luft ungehindert Zutritt hat. Das Reinhalten der Pflanzung wird bei der Reihenpflanzung sehr erleichtert; dieselbe ist von großer Bedeutung. Eine luftige unkrautfreie Pflanzung wird nicht so leicht von Pilzkrankheiten befallen.

---

[1] T s c h i r c h: Leitsätze für die Kultur der Arzneipflanzen, 1917, Heft 1.

In der Ein- und Zweiradhacke[1], wie vorstehende Abb. 2 und 3 zeigen, haben wir einen äußerst praktischen Apparat zur Lockerung des Bodens und Bekämpfung des Unkrautes, wobei der Vorteil der Reihenpflanzung deutlich in Erscheinung tritt. Die Bodenlockerung veranlaßt die Aufschließung der im Erdreich befindlichen Nährstoffe; sie erleichtert den Pflanzenwurzeln das Eindringen in tiefere Schichten, begünstigt die Durchlüftung und die Aufspeicherung des Niederschlagwassers bei gleichzeitiger Vernichtung des Unkrautes.

Man kann auch Mischkultur treiben, indem man z. B. Gemüse oder kleine Obstbäumchen oder Beerensträucher, besonders hochstämmige, dazwischen pflanzt und so den Boden noch besser ausnützt, doch darf natürlich dadurch keine nachteilige Beschattung der niedrigen Pflanzen erfolgen.

Ein blühendes Arzneikräuterfeld gleicht einem farbenprächtigen Teppich und legt den Gedanken nahe, damit eine Bienenzucht zu verbinden.

Bei Auswahl eines geeigneten Grundstückes achte man in bezug auf die Lage hauptsächlich auf folgende Punkte: Die Anlage muß der freien Luft ungehinderten Zugang bieten. Umzäunung durch Hecken u. dgl. ist nicht zweckmäßig. Vorteilhaft bewähren sich Täler oder Abhänge, vor rauhen Nordwinden geschützt. Nicht zu unterschätzen ist die Nähe eines Baches, eines Teiches oder irgendeiner Wasserquelle, da die jungen Pflänzchen häufig der Gefahr des Vertrocknens ausgesetzt sind. Man muß mindestens von zwei Seiten mit dem Pfluge ungehindert ein- und ausfahren können.

Fruchtwechsel und Düngung.

Was man bereits seit langer Zeit in der Landwirtschaft erkannt hat, trifft auch beim Anbau von Arzneikräutern zu, nämlich, daß kein Feld mehrere Jahre hintereinander mit derselben Pflanzenart angebaut werden darf. Ein Fruchtwechsel ist unerläßlich. Nicht alle Pflanzen entziehen dem Boden die gleichen Mengen von Nährstoffen, sondern bedürfen bald des einen, bald des anderen in größerem Maße. Ein Acker, der durch den Bedarf einer Getreideernte die Fähigkeit verloren hat, eine zweite Getreideernte zu liefern, wird immer noch imstande sein, eine gute Ernte an Hackfrüchten oder Futterkräutern zu gewähren. In diesem Falle hatte die Körnerfrucht den Gehalt des Bodens an Phosphorsäure erschöpft, nicht aber denjenigen an Kali. Ein Feld, das eine gute

---

[1] Fabrikation und Prospektversand von der Firma A. Busse, Wurzen i. Sa.

Pfefferminzernte geliefert hat, wird man praktisch ebenfalls abwechslungsweise mit Kartoffeln oder dgl. im folgenden Jahre bebauen, wie das in Mitcham schon immer gemacht wird. Allein auch diese Kombination schließt die Bodenerschöpfung nicht aus, sie verlangsamt sie nur. Es muß auch eine Düngung vorgenommen werden, d. h. es muß dem Boden ein Ersatz geboten werden für die ihm durch den Anbau entzogenen Pflanzennährstoffe. Diese entstammen ausschließlich der anorganischen Natur. Es sind dies: Kohlensäure, Wasser, stickstoffhaltige Verbindungen (Salpetersäure), Kali, Kalk, Magnesia, Eisen und Chlor, Schwefelsäure und Phosphorsäure. Aller dieser Nahrungsmittel bedürfen die Pflanzen, wenn auch in ungleicher Menge und in ungleichen Zeiten. Die Kohlensäure wird ausschließlich durch die oberirdischen grünen Pflanzenteile aus der Atmosphäre assimiliert und ist immer in genügender Menge vorhanden; alle übrigen Nährstoffe werden durch die Wurzel aus dem Boden aufgenommen. Am frühesten wird es dem Boden an Phosphorsäure, Kali und Stickstoff fehlen. Manche Pflanzen (die Papilionazeen) können sich allerdings mit Hilfe von Bakterien den freien Stickstoff aus der Luft nutzbar machen. Von den drei genannten Nährstoffen muß dem Kulturboden alljährlich etwa soviel wieder zugeführt werden, als ihm durch die Ernte entzogen wurde. Von den übrigen Nährstoffen besitzen die Bodenarten meist auf absehbare Zeiten vollauf genug; es käme höchstens noch eine Kalkdüngung in Betracht, da Kalk die Eigenschaft hat, die im Boden bereits vorhandenen Nährsalze aufzuschließen, desgleichen Mergel, Gips oder Kochsalz. Man unterscheidet natürliche und künstliche Dünger. Am wichtigsten ist wohl der Stalldünger, da er nicht nur sämtliche Pflanzennährstoffe enthält, sondern auch bei seiner Zersetzung durch Bildung von Humusstoffen den Boden in physikalischer Beziehung verbessert. Der Rindviehdünger ist wegen seines Gehaltes an schleimigen Stoffen langsamer zersetzbar und deshalb länger vorhaltend, Pferde- und Schafdünger gelten als hitzig, weil sie sich rasch zersetzen; Schweinedünger ist in seinem Wert wechselnd, je nach der Ernährung dieser Tiere, und oft mit Unkrautsamen vermengt. Auch Fäkaldünger läßt sich verwenden. Unter den Stickstoffdüngern stehen obenan Chilesalpeter und schwefelsaures Ammoniak. Ersterer wird meist in der Menge von 1,5—2 Zentnern pro Morgen im Frühjahr als Kopfdünger für die schon grünende oder auch weiter entwickelte Pflanze angewendet; letzteres hat eine langsamere, aber auch andauerndere Wirkung und wird meist mit der Saat dem Boden einverleibt (etwa 1—1½ Zentner auf den preußischen Morgen). Zu den phosphorsauren Düngungsarten gehören Superphosphat aus Knochenkohle, die verschiedenen Guanosorten sowie Thomasphosphatmehl speziell für Moor- und Sandboden. Man wendet die Superphosphate in der Menge von etwa 2 Zentnern, das Thomasmehl etwa in der doppelten Menge an. Die Phosphorsäure ist weder flüchtig noch leicht aus dem Boden auswaschbar, so daß man diese Düngemittel lange Zeit vor der Einsaat ausstreuen kann. Düngungen, welche Stickstoff und Phosphorsäure vereinigen, sind Peruguano (für fast alle Düngungszwecke in der Menge von etwa 2 Zentnern für den preußischen Morgen verwendbar), ferner das Knochenmehl, Ammoniumsuperphosphat, Fischmehl, Fischguano, Fleischmehl, Blutdünger usw. Kalihaltige Düngemittel sind Kainit und Karnallit, wovon man 2—4 Zentner auf den Morgen rechnet.

Es kommt nun, was man wohl beachten wolle, bei der Arzneipflanzenkultur im Gegensatz zur Landwirtschaft nicht nur darauf an, üppige Pflanzen zu produzieren, vielmehr muß man das Hauptgewicht darauf legen, daß die Pflanzen einen möglichst hohen Gehalt an medizinisch wirksamen Stoffen erreichen. Leider ist das Gebiet der Düngung für unsere Arzneipflanzen noch wenig erforscht, wenn man auch bei einer ganzen Reihe von Pflanzen Erfahrungen gesammelt hat. So weiß man z. B., daß der Rosmarin selbst bei der stärksten Düngung das Aroma und ätherische Öl nicht einbüßt usw. Bei Besprechung bzw. Kulturanleitung der einzelnen Pflanzen im speziellen Teil wird, soweit dies bekannt ist, darauf hingewiesen werden.

Um die richtige Düngung für die einzelnen Pflanzen zu ermitteln, ist es nötig, die Pflanzen chemisch zu analysieren. Die Analyse zeigt uns zwar, daß qualitativ die Pflanzen ganz gleich zusammengesetzt sind, d. h. daß stets dieselben Elemente, und zwar stets sämtlich vorhanden sind. Aber wir finden zugleich, daß die quantitative Zusammensetzung der Pflanzen eine sehr verschiedene ist. Ja, wenn wir die verschiedenen Teile ein und derselben Pflanze getrennt analysieren, dann zeigt es sich, daß auch sie in ihrer Zusammensetzung sehr wesentlich voneinander abweichen. Aus den durch die quantitative Analyse gefundenen Zahlen ersehen wir, in welchem Verhältnis zueinander die einzelnen Stoffe von der Pflanze aufgenommen werden. Sowie der Pflanze von dem einen oder anderen Nährstoff etwas mehr oder weniger geboten wird, wird sie auch stets von den anderen Nährstoffen entsprechend mehr oder weniger aufnehmen. Die Düngung darf somit keine planlose sein. Wir müssen wissen, in welchem Verhältnisse die zu kultivierende Pflanze die verschiedenen Nährstoffe aufnimmt, sowie in welcher Menge die Nährstoffe in der zur Kultur bestimmten Erde vorhanden sind. Wir brauchen nur diejenigen Nährstoffe in den Boden zu bringen, welche für die jedesmalige besondere Kultur verhältnismäßig in geringster Menge in der Erde vorhanden sind. Zur Produktion bestimmter Pflanzenorgane sind bestimmte Mischungsverhältnisse der Nährstoffe nötig, oder: verschiedene Mischungsverhältnisse der Nährstoffe bedingen die Produktion verschiedener Pflanzenorgane. Namentlich das letztere Gesetz ist für die Praxis von außerordentlicher Bedeutung. Es zeigt uns den Weg, die Pflanze zur Produktion bestimmter Organe zu zwingen. An der Hand dieses Gesetzes können wir eine Pflanze bald zur Blattbildung, bald zur Blüte- oder Fruchtbildung zwingen.

Allgemeines über Ernte, Trocknen, Zerkleinern und Aufbewahrung.

Ein Hauptaugenmerk hat der Sammler von Vegetabilien auch der Einsammlungszeit zuzuwenden, da die Stoffe in den Pflanzen in steter Wandlung und Umbildung begriffen sind, und es von großer Wichtigkeit ist, daß die Pflanzenteile, welche medizinischen Zwecken dienen sollen, zur richtigen Zeit geerntet werden, weil sie sonst eventuell ihre Wirkung ganz oder teilweise einbüßen und dadurch wertlos werden. Große Beachtung verdienen schließlich die Trocknung, Zerkleinerung, Aufbewahrung und Verpackung, sowie der Versand der geernteten medizinischen Vegetabilien, da fast bei jedem einzelnen Artikel besondere Vorsichtsmaßregeln getroffen werden müssen, die sich nur aus der Praxis ergeben, so daß jeder Anfänger auf diesen Gebieten in der Regel teures Lehrgeld zahlen muß. Ein einziger Mißgriff oder die Außerachtlassung einer geringfügig erscheinenden Vorsichtsmaßregel kann oft die mühevolle Arbeit eines ganzen Jahres zunichte machen.

Ist die Zeit der Ernte herangekommen (der im Anhang dieses Buches sich vorfindende Blüten- und Sammelkalender gibt hierüber genauen Aufschluß, im allgemeinen gilt der Grundsatz, daß die Pflanze im vollkommensten Besitze ihrer Wirksamkeit dann ist, d. h. den höchsten Gehalt an ätherischem Öl, Alkaloiden oder dgl. dann erreicht hat, wenn sie eben zu blühen beginnt), so wählt man einen sonnigen Tag zur Ernte, möglichst die Mittagsstunden, wenn kein Tau mehr auf den Pflanzen liegt. Blüten wie Verbascum, Althaea, Malva usw. müssen jeden Tag geerntet werden, da sie durch den Tau und durch nächtliche Regengüsse stark leiden. Derartige Blüten müssen einzeln mit der Hand gepflückt werden, was allerdings besonders für den Ungeübten als eine zeitraubende Methode erscheint. Dagegen gibt es zum Pflücken von Kamillen, Pyrethrum, überhaupt solcher zu rispen- oder schirmdoldenartigen

Blütenständen vereinigten Blüten allerlei Hilfsapparate. Ich selbst habe einen solchen Apparat konstruiert, der von vielen bereits praktisch erprobt und gut befunden wurde. Ein Rohr mit mehrzinkiger Gabel führt man den Blüten von unten her entgegen und trennt mittels der Schere, die über der Gabel vorbeigeht und mit einem Druck in Bewegung gesetzt wird, die Blütenköpfchen von den Stielen, und zwar bis zu sechs Stück auf einmal. Die Blüten fallen alsdann durch das Rohr hindurch in den rücklings befindlichen Sack. Mit diesem einfachen und handlichen Apparat kann ein Kind leicht einige Kilo in der Stunde pflücken.

Kräuter wie Mentha, Melissa, Viola tricolor usw. schneidet man wohl am besten mit einer sog. Schafschere oder Rasenschere usw.

Abb. 4. Apparat zum Pflücken von Kamillen- und ähnlichen Blüten (eigener Vertrieb).

Soweit nun die Pflanzen nicht in frischem Zustande Verwendung finden, sei es zu Destillationszwecken oder Extraktbereitungen, schließt sich sofort der Trockenprozeß an. Hierbei taucht die Frage auf, was vorzuziehen ist, die natürliche oder die künstliche Wärmequelle, die Sonne oder der Trockenofen. Nun, daß man geneigt und bestrebt ist, sich die Sonne, die billigste Wärmequelle, nutzbar zu machen, liegt auf der Hand; leider aber ist damit nicht mit Sicherheit zu rechnen und somit eine künstliche Trockenvorrichtung unentbehrlich. Es wäre verkehrt, wollte man allgemeine Methoden über das Trocknen der Kräuter und Blüten angeben, vielmehr erheischt jede Pflanze eine ihrer Individualität entsprechende Behandlung; z. B. eine ätherisches Öl führende Pflanze will, wenn sie ihren Wert und ihre natürliche Farbe behalten soll, anders behandelt sein wie eine solche mit viel Schleim- oder Gerb-

Allgemeines über Ernte, Trocknen, Zerkleinern und Aufbewahrung. 31

stoff; ja selbst ein und dieselbe Pflanze verhält sich oft ganz verschiedenartig beim Trocknen, je nach ihrem Standort und den Bedingungen, unter denen dieselbe gewachsen ist, d. h. je nachdem sie üppig oder mager gediehen ist. Wo dies nicht beachtet wird, treten Mißerfolge auf. Das Grundprinzip des Trocknens beruht darauf, der frischen Pflanze möglichst sukzessiv ihr Wasser zu entziehen, und zwar durch Wärme unter gleichzeitigem Abzug von Luft. Sobald man nicht Sorge trägt, daß das verdunstende Wasser rasch fortgeführt wird, treten fäulnisartige Erscheinungen auf, wodurch die natürliche Farbe verlorengeht. Schüttet man z. B. Königskerzenblüten in die Sonne auf den Erdboden, so erhält man meist unansehnliche Ware, ebenso wie wenn man dieselben gleich nach dem Pflücken in den stark erhitzten Trockenschrank bringt. Im ersteren Fall schadet die Ausdunstung des Erdbodens und im zweiten Fall fehlt die Ventilation, um den Wasserdunst über den welkenden Blüten wegzuschaffen. Bringt man dagegen die gepflückten Blüten auf einen luftigen Dachboden, ausgebreitet auf einer mit weichem Papier oder Leinen ausgelegten Horde, die vorteilhaft schräg gestellt wird, damit Luft auch von unten Zutritt hat, nach einigen Tagen alsdann in den Trockenofen, so ist ein Mißerfolg so gut wie ausgeschlossen. Solche Blüten allerdings, die man vom Boden aufgelesen hat, werden den vom Schaft gepflückten nie ebenbürtig sein. — Größere Mengen frischer Kräuter wie Pfefferminze, Wermut, Kamillen, Lindenblüten, Stiefmütterchen usw. breitet man stets am besten zunächst auf Sackleinen auf dem Dachboden direkt unter dem Dache aus und sorgt für Luftabzug und öfteres Wenden. Man bedient sich auch vorteilhaft größerer Rahmen aus Draht- oder Bindfadengeflecht. Das Trocknen in der freien Sonne ist zu vermeiden, erstens wegen der bleichenden Wirkung der Sonnenstrahlen und zweitens wegen der Gefahr, daß ein plötzlicher Luftzug die Ware fortbläst. Wer die Sache im großen betreiben will, kann sich einen luftigen Trockenboden einrichten mit glattem gut zusammengefügten Fußboden. Der Bodenraum selbst bekommt Lattengestelle zum Aufsetzen der Trockenrahmen. Samen werden ganz wie Getreide und Hülsenfrüchte behandelt. Wurzeln wird man am besten wie Obst an Fäden anschnüren. Wo es angeht, können stärkere Wurzeln vorher gespalten oder zerschnitten werden. Alle diese Maßnahmen erübrigen sich, sobald man sich entschließt, im Dörrofen zu trocknen. Ohnehin dürfte es nur in seltenen Fällen gelingen, eine Droge ganz ohne künstliche Trockenvorrichtung in genügend trockenen Zustand zu bringen, zumal in feuchten Sommern. Eine geeignete Trockenvorrichtung ist, wie bereits erwähnt, für die Arzneikräuterkultur und den Handel mit Vegetabilien von der allergrößten Bedeutung. — Eine derartige Trockenvorrichtung kann nun verschiedener Art sein. In manchen Fällen steht vielleicht Abdampf einer Dampfmaschine zur Verfügung, womit sich eine Darre heizen läßt; wo dies nicht der Fall ist, möchte ich die von der Firma Ph. Mayfarth & Co. in Frankfurt a. M. konstruierten, mehrfach prämiierten Dörrapparate empfehlen (Abb. 5).

Bei den Bestrebungen von seiten der Gemüse bauenden Landwirtschaft, die Erzeugnisse in einen sich gut konservierenden Zustand zu bringen, ein Gedanke, der besonders für die Armeeverproviantierung von allergrößter Wichtigkeit ist, fahndete man mit aller Intensität nach einem rationellen Dörrapparat. Als solcher hat sich bei allen derartigen Unternehmungen folgender Apparat erwiesen, den ich als den geeignetsten zum Trocknen aller Art Arzneikräuter an dieser Stelle empfehlen möchte. Ich will ihn deshalb einer genaueren Betrachtung unterziehen.

Abb. 5. Dörrapparat.

Die Eigenartigkeit liegt nicht allein in der Konstruktion des Ofens und des Dörrschachtes, sondern auch in der wohlgelungenen Verbindung beider zu einem Ganzen. Im Gegensatze zu allen anderen Trockenapparaten mit ihrem senkrecht über der Feuerung stehenden Hordenschacht liegt der Schacht bei diesen Mayfarthschen Apparaten in einer schiefen im Winkel zur Horizontalebene mäßig aufsteigenden Linie. Der Dörrschacht ist ein doppelter, an seinem Ende offener. Jeder Teil desselben ist so hoch, daß er Gruppen von je zwei, bei größeren Apparaten von je drei Horden übereinander aufnehmen kann. Der darunterstehende Ofen ist ein doppelter, sog. Mantelofen, der in seinem inneren Körper die Feuerung trägt und zwischen dem inneren und äußeren Körper heiße Luft, und zwar trockene heiße Luft, erzeugt. Durch die Ausdehnung der Luft infolge der Erhitzung erhält sie das Bestreben, möglichst rasch nach dem Ausgang zu gelangen, der bei diesen Apparaten immer offensteht. Dieses Bestreben wird aber noch verstärkt durch die frische Luft, die fortwährend von unten in den Ofen tritt und die heiße Luft aufwärts drängt. Auf die einfachste Weise wird somit ein natürlicher und so energischer Luftstrom hergestellt, wie man bei anderen Apparaten dies auf künstliche Weise mittels Blaswerks oder anderer Vorrichtungen nicht zu erreichen vermöchte. Durch den doppelten Luftschacht ist die Temperatur eine verschiedene, und zwar im oberen Teil naturgemäß heißer als im unteren und infolge des vom Ofen sich entfernenden Schachtes unmittelbar über dem Ofen am stärksten und dann gegen das Ende des Schachtes hin langsam sinkend. Ist z. B. die Temperatur im oberen Schacht über dem Ofen 100° C, so ist sie am Ende des Schachtes 80° und zugleich im unteren Schacht im gleichen Verhältnis 10—20° C niedriger. Dieser Umstand sichert auf die einfachste Weise durch Umwechseln der Horden die Wärme steigend oder sinkend, plötzlich oder allmählich auf das Dörrgut wirken zu lassen. Die Temperatur im Trockenschacht ist genau regulierbar.

Allen Trockenapparaten mit senkrechten Hordenschachten ist der große Übelstand eigen, daß die mit Wasserdampf geschwängerte heiße Luft von der untersten Horde aus erst noch alle über ihr lagernden Horden durchziehen muß, ehe sie den Ausweg gewinnen kann. So teilt sie dem Inhalt dieser Horden wieder Feuchtigkeit mit, anstatt die darin noch vorhandene anzuziehen und fortzuführen. Im Gegensatz hierzu gelangt bei den Mayfarthschen Apparaten die trockene heiße Luft, sobald sie die Feuchtigkeit aus der frisch eingebrachten Horde angezogen hat, sofort zum Austritt, ohne die früher eingebrachten Horden abermals zu durchziehen — ein Prozeß von allergrößter Wichtigkeit! —

Je trockener die heiße Luft ist, desto mehr Feuchtigkeit kann sie aus dem Dörrgut anziehen, und je mehr sie anzieht, desto rascher ist der Trockenprozeß beendigt. Dieser Umstand sowie das wechselweise Erwärmen und Abkühlen des Dörrgutes garantieren beim Dörren den Erfolg. Der Wärmegrad wird durch das Thermometer gegeben. Als Heizmaterial kann Holz, Torf, Kohle oder Koks Verwendung finden.

Zum Schlusse möchte ich noch kurz den Kohlenverbrauch und die Leistungsfähigkeit dieser in mehreren Größen existierenden Mayfarthschen Trockenapparate kurz zusammenstellen. Die Zahlen für die Leistung beziehen sich auf Dörren von Obst; es dürfte somit das Resultat bei den meist viel weniger Feuchtigkeit mit sich führenden Kräutern, Blüten oder Wurzeln noch bedeutend günstiger ausfallen.

34   Einleitung.

Größen- nummer der Apparate	Anzahl der Horden	Total- hordenfläche etwa qm	Kohlen- verbrauch in 24 Stunden etwa kg	Leistung in 24 Stunden etwa kg
0	12	2,4	24	130
1	21	4,35	40	400
2	33	8,85	64	600
3	60	32,70	90	1525
4	120	65,40	180	3000

Hieraus geht hervor, daß die Leistungsfähigkeit bedeutend steigt mit der Größe der Apparate bzw. der Totalhordenfläche bei relativ viel geringerem Verbrauch an Feuerungsmaterial.

Zerkleinerung der Vegetabilien.

In den Apotheken bediente man sich früher, wo es sich um kleinere Mengen der von Kräutersammlern eingebrachten Drogen handelte, wohl meist des gewöhnlichen Wiegemessers, wie es bei den Fleischern zum Zerkleinern von Fleisch gebraucht wird, oder des Hackmessers. Dieses Instrument besitzt drei leicht abnehmbare Stahlklingen und eine füllbare Röhre zur Erhöhung des Gewichtes. Daß mit diesem primitiven Apparat es nicht möglich ist, eine ansehnliche gleichmäßige Ware fertigzustellen, ist wohl leicht einzusehen und muß jeder bestätigen, der sich darin versucht hat. Man erhält bei dieser Methode viel Pulver, welcher Umstand diese Art und Weise der Zerkleinerung höchst unrationell gestaltet. Nach dem Arzneibuch muß bekanntlich die Spezies Siebe von ganz bestimmter Maschenweite passieren, und wenn schon von einigen Drogen außerdem auch feineres Pulver gebraucht wird, so resultiert doch hierbei mehr als erwünscht ist. Zudem zeigt die Spezies keinen glatten Schnitt, ist vielmehr gefetzt, kurz, sie entspricht nicht den heutigen etwas verwöhnten Ansprüchen.

Abb. 6.
Zerkleinerung mittels Hackmessers.

Weitaus leistungsfähiger als diese primitiven Hilfsmittel und für größere Betriebe fast unentbehrlich sind die modernen Quadratschneidemaschinen, wie sie die Firma F. W. Schilbach in Leipzig, Adolf Hitler Str. 132, wohl ohne Konkurrenz sowohl für Hand- als auch für Kraftbetrieb in der vollendetsten Weise herstellt und vertreibt. So zeigt uns z. B. beistehende Abbildung eine Quadratschneidemaschine für Hand- oder Kraftbetrieb zum Schneiden von

Rinden, Kräutern, Wurzeln usw. Sie ist bequem zu betreiben, und kann man kostspielige Kraftanlagen ersparen. Sie eignet sich besonders für mittlere Betriebe. Die Maschine ist mit beweglichem, selbstregulierendem Walzensystem versehen, wodurch eine beständig gleichmäßige Pressung erzielt wird, gleichviel, ob hoch oder tief eingepackt wird, und bietet somit vollständige Sicherheit, so daß ein Brechen von Zahnrädern oder sonstigen Teilen bei ordnungsmäßigem Betriebe

Abb. 7. Quadratschneidemaschine.

absolut ausgeschlossen ist. Je nach Schwere des Materials und Größe des gewünschten Schnittes liefert die Maschine 25—75 kg pro Stunde und eignet sich ebensogut für Quadratschnitt jeder Größe bis 10 qmm als auch für Scheibenschnitt vom feinsten Scheibchen bis zu 10 mm Länge. Die Maschine arbeitet nach außen hin vollständig staubfrei.

Von noch größerer Leistungsfähigkeit als die erste Maschine auf umstehender Seite ist die zweite von derselben Firma (Abb. 8). Man kann damit pro Stunde 1—3 Ztr. Material in beliebig große

Quadrate schneiden. Diese Maschine ist in den allergrößten Drogenappreturanstalten in Gebrauch und eignet sich besonders gut zum Schneiden von Cort. Quillaja, Rad. Sarsaparill., Rad. Ipecac., Rhiz. Graminis usw.

Kommt es darauf an, irgendwelche Hölzer oder Wurzeln in gleichmäßig-würfelförmige Stücke zu schneiden, so läßt sich dies in der elegantesten Form bewerkstelligen mittels folgender Würfelschneidemaschine (Abb. 9).

Die Handhabung dieser Maschine ist ungefähr folgende: Nachdem die Hölzer bzw. Wurzeln in einen zur Maschine gehörigen

Abb. 8. Quadratschneidemaschine mit erhöhter Leistungsfähigkeit.

Kasten eingelegt und mittels Schrauben in demselben festgepreßt worden sind, wird derselbe in die Maschine eingesetzt und das Material in ungefähr 10 Minuten selbsttätig in Würfel zerschnitten. Um die Maschine rationell auszunutzen und dauernd in Betrieb zu halten, sind zwei Mann zum Packen erforderlich (evtl. auch Junge oder Mädchen), durch welche in ungefähr derselben Zeit ein zweiter Kasten gepackt werden kann, so daß die Maschine fortwährend in Tätigkeit ist. Der Packkasten ist 500 mm lang, 125 mm breit und 125 mm hoch und faßt je nach Art des Materials 4—5 kg. Die Maschine leistet somit bis 25 kg pro Stunde. Vorteilhaft ausprobiert wurde die Maschine auf Süßholz, Althee, Enzian, Kalmus,

Zerkleinerung der Vegetabilien. 37

Hauhechel, Zichorien- und Petersilienwurzel, Alant, Sennesblätter, Eibischblätter, Lindenblüten, Faulbaumrinde u. a. m. Diese Maschine ist speziell zum Schneiden von allen Sorten Hölzer und Wurzeln geeignet, schneidet aber auch den größten Teil der Rinden, Kräuter und Blätter in hochfeine Quadrate.

Zum Zerkleinern von kurzen und harten Wurzeln schließlich wie Galgant, Veilchenwurzel, Seifenwurzel, Krähenaugen, ferner von Nelkenblüten, Feigen usw. ist besonders geeignet die folgende Universal-Schneidemaschine (Abb. 10 und 11).

Es ist dies ein Messer-Trommelsystem, und sind die Vorzüge ungefähr folgende:

1. Die Messer sind alle durch eine Schraube gleichmäßig verstellbar, und kann damit jeder Schnitt, vom feinsten an bis 4 mm Stärke, ausgeführt werden.
2. Die Messer lassen sich leicht auswechseln.
3. Das Innere der Trommel ist so konstruiert, daß Verstopfen nicht vorkommen kann.
4. Die Zuführung der zu schneidenden Rohprodukte erfolgt von oben, und hat man das Material nur aufzuschütten bzw. beliebig durch einen Schieber zu regulieren.

Abb. 9. Würfelschneidemaschine.

5. Die Leistungsfähigkeit beträgt pro Stunde bis zu drei Zentnern.
6. Die Produkte werden in Lockenform geschnitten, so daß sie beim Destillieren locker liegen.
7. Durch entsprechende Schnittstellung der Messer läßt sich auch Speziesform erzielen.
8. Stellt man die Messer eng zusammen, so eignet sich die Maschine auch zum Pulverisieren, besonders von fettigen und fetthaltigen Artikeln, was mit den üblichen Mahlmühlen nie zu erreichen ist.

Zur Herstellung feiner und feinster Pulver hat die moderne Technik eine große Anzahl Maschinen der verschiedensten Systeme erfunden. Es ist wohl leicht einzusehen, daß es schwer ist, ja wohl überhaupt unmöglich, für die verschiedensten Substanzen eine Universalmaschine zu empfehlen. Meist werden wohl Scheibenmühlen

38 Einleitung.

und Trommelmühlen empfohlen. So erfinderisch aber auch die Technik bis jetzt sich gezeigt hat, so glaube ich doch behaupten zu dürfen, daß die altbewährte Methode des Stoßens im Mörser, wie dies in den Apotheken schon seit den urältesten Zeiten üblich war, auch heute noch nicht übertroffen ist, auch nicht von der allerkunstreichsten Maschine. Auf diesem System beruhend zeigt uns nebenstehende Abb. 12 ein Doppelstoßwerk (ebenfalls von der Firma F. W. Schilbach-Leipzig fabriziert) mit vier rotierenden Stempeln und zwei ebenfalls rotierenden Mörsern. Die Maschine

Abb. 10.   Universal-Schneidemaschine.   Abb. 11.

leistet pro Tag und Mörser je nach Art des Materials etwa 70 kg alkoholisiertes Pulver. Infolge der Anordnung von zwei während des Falles rotierenden Stößen in einen sich gleichzeitig umdrehenden Mörser wird die hohe Leistung und das denkbar feinste Pulver erzielt. Die Stößer treffen beständig auf neues Material und schlagen das nebenliegende wieder locker, wodurch ein Festschlagen oder Filzen unmöglich ist. Der Antrieb der Mörser geschieht mittels Kettenräder und Kette, welche wiederum durch verstellbare Leitrolle regulierbar ist.

Selbstverständlich legt der verhältnismäßig hohe Anschaffungspreis vorstehender Maschinen den Wunsch nahe nach billigeren, wenn auch kleineren Maschinen, zumal wenn es sich um die Zerkleinerung geringerer Mengen handelt. Versuche nach dieser Richtung wurden von verschiedenen Fabrikanten gemacht, auch von der Firma Schilbach; doch wurde einwandfrei festgestellt, daß solche Maschinen leichterer Konstruktion keinesfalls eine befriedigende Leistungsfähigkeit ergeben. Die Zähigkeit des Materials erfordert unbedingt starke, dauerhaft gebaute Maschinen.

Abb. 12. Pulverisiermaschine.

Wer nun mit seiner Ware den höchsten Preis erzielen will, der muß imstande sein, dieselbe möglichst lange aufzubewahren, ohne daß die Güte der Droge darunter leidet. Genau wie es der Landwirt mit seinen Bodenerzeugnissen macht, muß es auch der Arzneikräuterbauer machen: er muß Spekulation treiben. Leider pflegen viele Produzenten ihre Ernte sofort an Aufkäufer abzugeben und erhalten so die niedrigsten Preise, was oft über 50% Verlust bedeutet.

Die Aufbewahrung der gut getrockneten Ware kann ebensogut in Holzfässern wie in solchen aus Hartpappe oder Blechkästen geschehen; dieselben müssen jedoch mit einem Deckel verschlossen sein, und darf nicht durch Eindrücken die Ware zerbröckelt werden. Blätter und Blüten, welche nicht vollkommen trocken eingebracht wurden, erhitzen sich mit der Zeit und werden mißfarbig, so daß sie dann meistens für Medizinalzwecke unbrauchbar sind. Auch die vollkommen ausgetrockneten Drogen beginnen nach einem bestimmten Zeitraum zu schwitzen, wie dies von Heu allgemein bekannt ist. Aus diesem Grunde empfiehlt es sich, von Zeit zu Zeit eine Nachtrocknung vorzunehmen. Einzelne Wurzeln wie Rad. Angelic., Levistic., Taraxac. u. a. m. sind dem Insektenfraß sehr unterworfen und lassen sich nur durch äußerste Sorgfalt vor ihren Zerstörern bewahren. Ganz besonders möchte ich empfehlen, in die Fässer vorher eine handhohe Schicht von ungelöschtem Kalk in haselnuß- bis faustgroßen Stücken zu bringen, darüber eine Pappscheibe und darauf die Droge. Sorgt man außerdem noch für gut schließende Deckel, so kann man selbst solche Blüten, die infolge ihres Zuckergehaltes sehr leicht Feuchtigkeit aus der Luft anziehen und dadurch mißfarbig werden, wie dies z. B. bei Taubnessel- und Königskerzenblüten der Fall ist, jahrelang unverändert erhalten und damit den höchsten Preisstand getrost abwarten. Wie groß die Preisschwankungen bei vegetabilischen Drogen sind, illustrieren am besten einige Beispiele:

Königskerzenblüten wurden von Grossisten zu folgenden Durchschnittspreisen offeriert, wobei der Monat September zugrunde gelegt wurde:

im Jahre	pro Kilo	im Jahre	pro Kilo
1927 mit	21,00 RM,	1931 mit	12,00 RM,
1928 ,,	12,80 ,,	1932 ,,	12,50 ,,
1929 ,,	11,00 ,,	1933 ,,	12,00 ,,
1930 ,,	8,00 ,,		

Bezüglich eines und desselben Ernteproduktes konnte man folgende Preisschwankungen feststellen:

September 1933:	Qualität 1a	. . . . .	12,00 RM
	2	. . . . .	10,00 ,,
Januar 1934:	,, 1a	. . . . .	10,00 ,,
	2	. . . . .	8,50 ,,

Pfefferminzblätter:

im Jahre 1927	. . .	3,75 RM	im Jahre 1931	. . .	3,00 RM
,, ,, 1928	. . .	11,00 ,,	,, ,, 1932	. . .	3,35 ,,
,, ,, 1929	. . .	11,00 ,,	,, ,, 1933	. . .	4,00 ,,
,, ,, 1930	. . .	5,00 ,,			

Zerkleinerung der Vegetabilien. 41

Vom September 1933 bis zum Januar 1934 war die gleiche Ware gestiegen von 4,00 RM auf 4,50 RM und teilweise sogar auf 5,00 RM. Auch an dieser Stelle sei nochmals betont, daß zu diesen Preisen die Detailisten (Apotheker und Kleindrogisten) ihren Bedarf decken konnten, wogegen den Produzenten von den Grossisten wohl meist 40—45% weniger geboten werden konnte.

Ähnlichen Fluktuationen, welche die betreffenden Drogen zeitweise geradezu zu Börsenartikeln machen, sind auch Flor. Chamomill. Roman. und vulgar., Flor. Calendulae, Papaveris, Lamii, Rad. Angelic. u. a. m. unterworfen.

Erwägt man alle die von mir gegebenen Ansichten über die Entwicklungsmöglichkeit der Kultur von medizinischen und technischen Pflanzen in unserem deutschen Vaterlande, so wird man nicht mehr daran zweifeln, daß die Kultur in ausgedehnterem Maßstab recht wohl geeignet ist, eine größere Rolle in unserem Erwerbsleben zu spielen, wenn sie fachmännisch und sachgemäß unternommen wird, wenn Kapital, Erfahrung und Benützung günstiger Konjunkturen zu Gebote stehen. Wo Arzneipflanzenkulturen betrieben oder noch errichtet werden, da sollte die oftmals in altem Schlendrian geführte Anbau- und Gewinnungsweise einer auf den modernen Anschauungen der Landwirtschaft und Pharmakognosie basierten sachgemäßen Kultur und Bearbeitung Platz machen. Wenn das zu erreichen ist, dann wird die Arzneipflanzenkultur noch viel bessere Erträge liefern und höheren Lohn für die aufgewendete Mühe, besonders wenn man sie, wie erwähnt, in Mischwirtschaft betreibt, d. h. einen Fruchtwechsel zwischen Arzneipflanzen und Feldfrüchten einführt und auf Nebennutzung bedacht ist, wenn der Schwerpunkt auf einen rationellen Trockenprozeß und eine sachgemäße Aufbewahrung der Ernte gelegt wird.

Dieses Urteil wurde mir von allen Gewährsmännern uneingeschränkt bestätigt. Besonders beachtenswert ist, was mir eine mit den Arzneipflanzenanbau aufs Innigste verknüpfte Persönlichkeit mitteilte: „Niemals kann man sich aus den ersten zwei Jahren ein Urteil über die Rentabilität bilden. Das Wort vom Lehrgeldzahlen trifft nirgends so zu, wie gerade beim Arzneipflanzenanbau. In den Thüringer Anbaugebieten wird seit Generationen angebaut. Die Anbauer nehmen die schlechten Jahre genau so mit wie die guten, denn sie wissen ja, daß auf längere Zeit betrachtet die Ergebnisse sich ausgleichen."

Erste Abteilung.
Ein- und zweijährige medizinische Pflanzen.

Althaea rosea (*L*) *Cavan*.
Stockrose, schwarze Malve, Halsrose, schwarze Pappel, Baummalve.

Malvaceae.

Allgemeines: Die schwarze Malve ist zweijährig, doch dauert sie in guter Erde und unter günstigen Verhältnissen auch 3—4 Jahre aus; dieselbe hat 2—3 m hohe ästige, etwas behaarte Stengel und langgestielte, nierenförmige, runde, fast ganze Blätter; die Blüten stehen zu zwei bis vier auf weichhaarigen Blütenstielen in den Blattwinkeln; die schwarz-violetten Blüten sind teils einfach, teils gefüllt, etwa 5 cm im Durchmesser. Der Kelch ist doppelt, ein äußerer und ein innerer, 5—7 spaltig. Staubgefäße zahlreich. Die Kapseln sind einsamig, weichhaarig. Blütezeit: Juli bis September.

Anbau: Die schwarze Malve ist eine sehr harte Pflanze; sie gedeiht am besten in ebener, sonniger Lage und in einem tiefen humusreichen, sandigen Boden. Einiger Schutz gegen Wind ist wünschenswert. Wenn auch ein guter Boden die Ergiebigkeit sehr erhöht, so ist doch zum medizinischen Gebrauch ein Mittelboden ohne starke Düngung vorzuziehen. Man düngt den Acker mit verrottetem Mist gleichmäßig bis zu einer Tiefe von 12—15 Zoll im Herbst. Die Vermehrung geschieht durch Samen, doch kann man Pflanzen mit gefüllten Blumen auch durch Zerschneiden der Stöcke vermehren. Man sammelt den Samen von den gefülltesten Blumen, weil diese die beste, viele gefüllte Blumen hervorbringende Nachzucht geben, und gefüllte Blumen beim Verkauf mehr ins Gewicht fallen. Zweijähriger, wenigstens nicht ganz frischer Same ist vorzuziehen; derselbe keimt nach 10 Tagen. Man sät im Juli in lockere Gartenerde, bedeckt etwa 1 cm hoch und bringt noch im Herbst oder im nächsten April die kräftigen Pflanzen an ihren Standort. Kurz vor dem Pflanzen wird noch einmal geackert oder gegraben und gerecht oder geeggt. Die Malven eignen sich besonders als Nachzucht auf Kartoffelland sowie auch auf abgeerntetem Kornfeld. Es empfiehlt sich, die Wurzeln, welche die Stärke eines Federkiels haben müssen, vor dem Pflanzen in einen dünnen Brei von verdünnter Mistjauche, Lehm und Rindsblut zu tauchen. Unbedingt müssen die Pflanzen in Reihen stehen, damit das Land dazwischen bearbeitet werden kann; auch für das Abpflücken der Blüten ist das von großem Vorteil; als Abstand rechnet man mindestens ¾ m. Zwischen den Reihen kann man als Nebennutzung Kamillen ansäen sowie irgendwelche Zwischenfrüchte anbauen, doch dürfen diese die Malven nicht beschatten. Wo die Pflanzen dem Wind ausgesetzt sind, sorgt man für Schutz durch Pfähle oder Lattenspaliere. Der Ertrag wird bedeutend erhöht, wenn einigemal eine flüssige Düngung möglichst nach Regenwetter erfolgt, wozu sich verdünnte Mistjauche mit etwas Guano eignet; doch hüte man sich vor allzu konzentrierter Düngung. Wo strenge Winter zu erwarten sind, tut man gut, die Erde etwas um die Stöcke zu ziehen, auch Moos oder Streu dienen zur Bedeckung.

Ernte: Die Ernte der Blüten beginnt, wenn dieselben vollkommen ausgebildet sind, sich aber noch nicht ganz erschlossen haben, sondern mehr glockenartig am Stiele stehen. Man muß jeden Morgen und Abend die Pflanzung durchgehen und alle halb geöffneten Blüten mit einem 1 cm langen Stiel abpflücken, wobei man vermeide, die Haut vom Stengel zu schlitzen oder Nebenknospen zu verletzen. Die abgenommenen Blumen werden ganz dünn auf Stellagen ausgebreitet, im Schatten getrocknet, sodann einen Fuß hoch aufgeschüttet und mit Brettern bedeckt, eventuell mit Steinen beschwert. Sollten die Blüten bei dem Verpacken so spröde und trocken sein, daß sie sich zerbröckeln, so bespritzt man die ausgebreitete Ware mittels eines feuchten Haarbesens, läßt sie aber vor dem Einpacken noch etwas abtrocknen, so daß sie nicht schimmeln. Zum medizinischen Gebrauch werden die Blumen sowohl mit Kelch als auch ohne Kelch benutzt, während zum Färbereigebrauch kelchlose Blüten besser sind; allerdings fallen diese weniger ins Gewicht, werden aber auch meist entsprechend besser bezahlt. Die grünen Blätter schneidet man im Herbst ab und trocknet sie zu Viehfutter. Zur Samengewinnung werden die kräftigsten Pflanzen mit besonders schön gefärbten und gefüllten Blüten geköpft; man läßt nur 6—8 Blüten zu diesem Zweck stehen.

Ertrag: Da die Blumen nicht nur zu medizinischen Zwecken sondern viel mehr noch zum Färben von Rotwein benutzt werden wegen des wunderbar schönen, den Indigo ersetzenden Farbstoffes, so hat der Anbau schon längst ungemein an Ausbreitung gewonnen; doch überwiegt noch immer die Nachfrage das Angebot. Der Malvenanbau wird auch dann noch gewinnbringend sein, wenn der

Preis auf die Hälfte gedrückt würde. Als Durchschnittsertrag für einen Hektar rechnet man 75 Ztr. Blumen. Die meisten Malvenblumen gehen nach England, da Frankreich zum Färben seiner Rotweine selbst genügend produziert.

Ein sehr gefährlicher Feind der Malvenkultur ist der Malvenpilz oder Malvenrost (Puccinia malvacearum Mont.). Derselbe befällt kurz vor der Blütezeit die Blätter und verbreitet sich über die ganze Pflanze. Die allen bekannten Teleutosporen bilden polsterförmige, graubraune Häufchen auf den Blättern, wodurch diese eine gelblichgraue Färbung annehmen und vertrocknen. Alle Mittel zur Bekämpfung haben bisher fehlgeschlagen. Auch das Beizen des Samens in Sublimat- und Kupfersulfatlösung hatte wenig Erfolg. Verschiedene andere Versuche sind noch nicht abgeschlossen. Es empfiehlt sich, die ersten befallenen Blätter sofort zu entfernen, in schlimmeren Fällen die Blätter und Stengel zu verbrennen und mehrere Jahre mit Malvenanbau zu pausieren. Gutgenährte Pflanzen trotzen diesem Feind entschieden besser als schwächliche auf schlecht gedüngtem Boden. Begünstigt wird der Rostpilz durch einseitige Düngung mit Stallmist, während kali- und phosphorhaltige Düngemittel die Gefahr verringern.

Anacyclus officinarum *Hayne*.
A. pyrethrum *De Candolle*. Bertramwurzel. Speichelwurzel.

Compositae.

Allgemeines: Die römische Bertramwurzel ist die Wurzel der im südlichen Mittelmeergebiet (Marokko bis Arabien) wachsenden Staude A. pyrethrum; sie ist meist einfach, spindelförmig, tief längsfurchig, zuweilen etwas gedreht, außen braun, hart und spröde, von brennendem, Speichelabsonderung verursachendem Geschmack. Sie enthält ätherisches Öl und ein Alkaloid Pyrethrin. Die deutsche Bertramwurzel stammt von A. officinarum, welche bei Magdeburg kultiviert wird und wahrscheinlich nur eine Kulturform von A. pyrethrum darstellt; sie ist kleiner als die vorige. Der Stengel ist 1—3 Fuß hoch, rundlich-eckig; die Blätter zart, flaumhaarig, punktiert, fast doppelfiederspaltig; die kleinen Blütenkörbchen stehen in Doldentrauben; die Blüten sind weiß, kürzer oder kaum so lang als die gewölbte gelbe Scheibe. Gebräuchlich ist die Wurzel von der Dicke eines Federkiels und 10—20 cm lang in der Volksheilkunde gegen Zahnweh.

Anbau: Die Bertramwurzel liebt trockenen, etwas sandigen Boden. Der feine Same wird im zeitigen Frühjahr gleich an die Stelle, wo die Pflanzen stehen bleiben sollen, ausgesät, schwach bedeckt, im Felde nur eingewalzt, im Garten leicht mit dem Rechen bedeckt. In warmen Gegenden Deutschlands kann der Same auch im Herbst gesät werden. Das Land darf nicht frisch gedüngt sein. Sobald sich die Pflänzchen zeigen, muß gejätet werden, was so oft zu wiederholen ist, wie Unkraut erscheint. Im Spätherbst wird das Kraut abgeschnitten, im nächsten Jahr der Boden nach Erfordern behackt und gejätet.

Ernte: Von dieser eigentümlich stark aromatisch riechenden Pflanze ist die Wurzel offizinell. Dieselbe wird aber erst im zweiten Jahre Ende Oktober, wenn die Pflanzen anfangen gelb zu werden, ausgegraben und schnell getrocknet.

Anethum graveolens *L.*
Dill.
Umbelliferae.

Allgemeines: Die Heimat dieser vielfach begehrten und anspruchslosen Pflanze ist Südeuropa. Das Kraut wird meist nur in der Küche benutzt, der Samen als Semen Anethi aber in den Apotheken gebraucht, ebenso das Öl daraus. Der Dill treibt aufrechte ästige bis 1 m hohe Stengel mit doppeltgefiederten Blättern und gelben Blumenschirmen.

Anbau: Dill gedeiht in jedem Boden und verbreitet sich durch Selbstaussaat sehr leicht. Bei geringem Bedarf sät man den Dill als Zwischenkultur auf Spargel-, Salat- oder Möhrenbeete, wo er sich in der Regel am schönsten entwickelt. Um größere Mengen zu ernten, sät man ihn auf besondere Beete. Als Saatmenge für 1a genügen 15 g. Die Aussaat geschieht meist im Frühjahr, sobald das Land bearbeitungsfähig ist, man kann ihn jedoch auch bereits im Herbst aussäen. Die Pflanzen müssen mindesten 10 bis 15 cm Raum behalten, wenn sie sich vollkommen ausbilden und verzweigen sollen. Zu dicht stehend bleiben die Stengel dünn und unverzweigt; bei nasser Witterung fallen sie auch leicht der Fäulnis zum Opfer. Zu dichte Saat muß daher nach und nach genügend verdünnt werden.

Ernte wie bei Fenchel.

Archangelica officinalis *Hoffm.*
Angelikawurz, zahme Engelwurz, Brustwurzel.
Umbelliferae.

Allgemeines: Die Wurzel ist dick, ästig, hat einen gelblichen Milchsaft und stark aromatischen eigentümlichen Geruch und Geschmack; der Stengel ist 4—5 Fuß hoch, furchig; die Blätter dreifach gefiedert, die unteren sehr groß, gestielt, die oberen auf sehr großen, bauchig aufgeblasenen Scheiben sitzend, die obersten klein; die Dolden groß, gedrungen, sehr gewölbt, einstrahlig; die Blumen grünlich; die Früchte strohgelb; blüht im Juli und August. Die wirksamen Bestandteile der Wurzel sind hauptsächlich etwa 1% ätherisches Öl und 6% Harz, ferner Angelikasäure, Baldriansäure und Rohrzucker.

Anbau: Die Angelika liebt einen tiefen, Feuchtigkeit haltenden Boden, der aber nicht an stockender Nässe leiden darf. Derselbe wird tief gegraben oder gepflügt und dann gut geklärt; auf frisch gedüngtem Land darf die Pflanze nicht angebaut werden, da sie sonst von Drahtwürmern leidet. Die Fortpflanzung geschieht am sichersten durch Wurzelbrut, welche man im Herbst reihenweise so einlegt, daß jede Pflanze einen Raum von 1 Quadratfuß für sich hat, aber auch durch Samen. Derselbe wird verdünnt gesät, am besten im Herbst des Erntejahres. Im April nächsten Jahres erscheinen die jungen Pflänzchen, die man im Herbst mit dem Spaten ausgräbt. Man entfernt das grüne Kraut und pflanzt sie in Reihen 1—1½ Fuß entfernt. Ein Winterschutz mit langhalmigem Stroh ist empfehlenswert. Der Same verliert verhältnismäßig rasch seine Keimfähigkeit. Während der Vegetation ist der Boden durch Behacken locker und rein von Unkraut zu halten. Im ersten Jahre entwickelt die aus Samen erzogene Pflanze eine nur 1 cm dicke unverzweigte Pfahlwurzel und eine kleine basale Blattrosette, im zweiten erst entsteht die reich bezaserte Wurzel, wie wir sie im Handel finden. Die Bezaserung am Wurzelhalse ist eine um so reichere, je besser der Boden und je weiter der Abstand der einzelnen Pflanzen voneinander ist. Im zweiten Jahre entwickeln sich die mächtigen Blätter, und bald erscheint auch die Anlage des Blütenschaftes. Die letztere jedoch, das „Herz", wird Anfang August herausgeschnitten, die Entwicklung der Infloreszenz also verhindert. Die gesamte Assimilation kommt dem sich rasch und mächtig entwickelnden Wurzelkörper zugute.

Ernte: Im September wird die Wurzel gegraben, gewaschen, sodann, nachdem die zahlreichen Nebenwurzeln bei den kräftigen Exemplaren zu einem Zopfe verflochten, auf Bindfäden gereiht und an der Luft getrocknet. Zum Ausgraben bedient man sich eines eigentümlichen Instrumentes, eines sog. Spießes, um die Wurzeln aus dem Boden zu bringen. Die herausgehobenen Wurzeln werden alsdann mit dem sog. Karst, einer Hacke, herausgehackt. Die Erscheinung, die die Wurzelgräber häufig beobachten, daß ihnen bei Berührung mit verletzten Wurzeln die Hände anschwellen, beruht darauf, daß die Ölgänge der Pflanze in frischem Zustande einen

Milchsaft enthalten, der hautreizende Eigenschaften besitzt, die sich erst beim Trocknen, wodurch derselbe eine Verminderung erleidet, verlieren.

Angelika wird im Gleißetal bei Jena in Menge zum Arzneigebrauch und zur Likörfabrikation gebaut, ebenso in Cölleda und Umgegend, in Nordbayern, im Erzgebirge und Riesengebirge. Teilweise wird die Wurzel frisch zur Destillation an Fabriken ätherischer Öle geliefert. Die Wurzel ist dem Insektenfraß leicht ausgesetzt und muß daher gut getrocknet und zur Wahrung ihres Aromas in dicht schließenden Blechgefäßen aufbewahrt werden.

Anwendung findet Angelikawurzel hauptsächlich in der Tierheilkunde; im Norden Europas (Island, Norwegen) wird die Pflanze aber auch als Gemüsepflanze geschätzt und schon seit alten Zeiten auch angebaut. Die Stengel, welche vielfach zum Überzuckern dienen, werden im Mai abgeschnitten, dünn geschält, in fingerlange Stücke geschnitten und in kochendes Wasser geworfen, wo sie in wenigen Minuten weich werden. Mit Zucker aufgekocht werden sie wie anderes Kompott aufbewahrt und sind geschätzt als magenstärkendes verdauungbeförderndes Mittel. 1 a ergibt etwa 20 kg trockene Wurzeln.

Brassica nigra Koch (*Syn. Sinapis nigra L*).
Schwarzer Senf.
Cruciferae.

Allgemeines: Der schwarze Senf wird in Deutschland und allen übrigen Ländern der gemäßigten Zonen als Feldfrucht gebaut. Alle Blätter sind gestielt, die unteren leierförmig mit großem Endlappen, die oberen lineal-lanzettlich, Kelch abstehend, Blüten gelb, Schoten aufrecht angedrückt. Die kugeligen oder kurzovalen Samen haben 1—1,5 mm im Durchmesser und sind außen rotbraun oder teilweise graubraun, innen gelb bis grünlich. Der Same schmeckt beim Kauen anfangs milde ölig und schwach säuerlich, bald aber brennend scharf infolge des darin enthaltenen Glykosides Sinigrin oder myronsauren Kaliums, das bei Gegenwart von Wasser durch das gleichzeitig anwesende Ferment Myrosin gespalten wird in Senföl, Traubenzucker und Kaliumbisulfat. Außerdem sind fettes Öl, Schleim und etwa 4% Aschenbestandteile darin enthalten.

Anbau und Ernte wie bei Semen S. alb. angegeben.

Der Same war schon bei den alten Griechen und Römern als Gewürz und Heilmittel bekannt. Gepulvert findet er Anwendung zu hautreizenden Aufschlägen und zu Fußbädern. Man unterscheidet verschiedene Handelssorten, worunter der Holländische obenan steht. Er gibt ein frischgrünes Pulver und ist am wirksamsten. Andere Sorten sind der Russische, Puglieser, Syrische, Ostindische und Chilenische Senf.

Calendula officinalis *L.*
Gemeine Ringelblume, Totenblume.

Compositae.

Allgemeines: Diese Pflanze erreicht eine Höhe von 2 Fuß; die Blätter sind fleischig, beiderseits haarig; die Blüten safran- und pomeranzengelb. Die Blütezeit erstreckt sich vom Juni bis September. Man benutzt das Kraut von der blühenden Pflanze und die Blüten (Herba und Flores Calendulae). Das Kraut wird selten verlangt, dagegen sind die Blüten immer noch ein viel geschätztes Wundmittel und ein Bestandteil vieler Teemischungen. Auch gehen alljährlich große Mengen nach Indien zum Bestreuen der Tempel, auch zum Verfälschen des Safrans werden die gelben Zungenblüten benutzt. Die Ringelblumen des Handels sind meist bayerischer Provenienz aus der Nürnberger und Erlanger Gegend. Das Ernteergebnis deckt aber häufig nicht den Bedarf, weshalb die Kultur jedenfalls lohnend ist.

Anbau: Die Ringelblume gedeiht in jedem Boden, auch auf trockenen Stellen und wird durch Samen vermehrt. Man sät den Samen im April dünn an Ort und Stelle und bedeckt ihn stark. Einmal angebaut, sät sie sich selbst aus.

Ernte: Man gebraucht die abgezupften gelben Zungenblüten; sie werden schnell getrocknet und an trockenen Orten gut aufbewahrt.

Capsella bursa pastoris Moench.
Hirtentäschelkraut.

Cruciferae.

Allgemeines: Diese auf Äckern, Wegen und Schutt häufig vorkommende Pflanze erreicht eine Höhe von 10—15 cm. Der Stengel ist aufrecht, einfach oder ästig. Die Blätter sind grundständig rosettig, gestielt, meist buchtig gezähnt oder fiederspaltig, seltener ganzrandig, die oberen kleiner, Blütenkrone weiß, sitzend. Die Frucht ist ein Schötchen, dreieckig-verkehrt-herzförmig.

Das Hirtentäschelkraut war schon im Altertum als Heilmittel bekannt und wurde im 15.—17. Jahrhundert bei Blutungen aller Art angewendet, geriet dann in Vergessenheit, bis man während des Krieges ihm wieder Aufmerksamkeit schenkte auf der Suche nach Ersatz für die fast unerschwinglich kostbare Hydrastiswurzel.

Der flüssige Extrakt stellt auch einen vollen Ersatz dar für den Hydrastisextrakt, wenn man auch über die wirksamen Bestandteile noch im unklaren ist, und dürfte somit diese Pflanze für die Zukunft an Bedeutung gewinnen, sollte also eifrig gesammelt werden.

Anbau: Solange die Wildnis uns diese Pflanze in solchen Mengen bietet, liegt wohl kein Grund vor zu einer Kultur, und ist solche wohl auch noch wenig versucht worden. Man würde im April direkt ins Freiland aussäen und, wo die Pflanzen zu dicht auflaufen, diese verziehen. Hirtentäschel ist ein- und zweijährig.

Ernte: Kurz vor der Blüte wird das ganze oberirdische Kraut abgeschnitten und im Schatten rasch getrocknet, um die Enzymwirkung auszuschalten.

Die fruchttragenden Sprosse, besonders auch die reifenden und ausgereiften Früchte enthalten schwefelhaltige Körper, im übrigen sind die Forschungen über die wirksamen Bestandteile der Droge noch nicht abgeschlossen.

Carum Carvi *L.*
Kümmel, Wiesen- oder Feldkümmel.
Umbelliferae.

Allgemeines: Der Kümmel (eine zweijährige Pflanze) kommt in manchen Gegenden Deutschlands wildwachsend auf Wiesen vor. Derselbe hat aufrechte Stengel, die Blätter sind doppelt gefiedert mit fiederspaltigen, gekreuzten Läppchen. Die Blüten stehen in Dolden und erscheinen bereits im April und Mai, früher als die meisten übrigen Doldenpflanzen. Im trockenen Zustand sind die Teilfrüchtchen fast stets voneinander getrennt und hängen nur selten noch lose an den beiden Schenkeln des Fruchtträgers. Sie sind etwa 5 mm lang und 1 mm dick, sichelförmig gekrümmt, oben und unten zugespitzt. Geruch und Geschmack des Kümmels sind charakteristisch aromatisch, herrührend von einem Gehalt von 3 bis 7% ätherischem Öl, dessen aromatischer Bestandteil das Carvon ist.

Kümmel findet Verwendung in der Veterinärmedizin als krampfstillendes Kolikmittel, hauptsächlich aber als Gewürz an allerlei Speisen und Brot, sowie bei der Käsebereitung und in der Destillation. In der Fabrik von Schimmel-Miltitz werden allein über 300000 kg jährlich zur Ölfabrikation verwandt. Auch die Wurzeln können nach Art der Pastinaken zu Salat und Gemüse verwendet werden. Der Same bleibt drei Jahre keimfähig.

Anbau: Kümmelanbau wird bei uns in Deutschland hauptsächlich bei Erfurt, Weißenfels, Halle, Merseburg, Cölleda, Bitburg, in den Ostseeprovinzen, Heynach (Württemberg), Söfflingen bei Ulm getrieben. Viel produzieren hierin auch Rußland und Holland. Kümmel verlangt einen fruchtbaren, tief bearbeiteten und unkrautfreien Boden, am besten Lehmboden. Da die Aussaat im zeitigen Frühjahr geschieht und nicht vor dem Sommer nächsten Jahres geerntet werden kann, sät man unter Deckfrucht, gewöhnlich im März oder April (125 g Samen auf 1 a). Man wählt als Deckfrucht Erbsen oder Bohnen, Senf oder Flachs oder Hafer mit Klee. Somit kann man im ersten Jahre Flachs oder Hafer, im zweiten Jahre grünen Klee oder Kleesamen und im dritten Jahr Kümmel ernten. Neuerdings hat man auch im Spinat eine geeignete Deckfrucht erkannt, besonders in der Landschaft Oldambt (Groningen). Die Keimdauer beträgt 21 Tage. Fleißiges Jäten und Lockern der Erde ist wichtig. Kümmel verträgt eine kräftige Stickstoffdüngung.

Die Erntezeit ist Ende Juni bis Anfang Juli, sobald an den Dolden, die zuerst geblüht haben, die Früchte anfangen, braun zu werden. Man läßt den Kümmel in Bunden nachreifen und drischt auf dem Felde auf untergebreiteten Tüchern aus. 1 a liefert 5,5 bis 6 kg Samen.

Centaurea Cyanus *L.*
Blaue Kornblume.
Compositae.

Wenn auch zur Zeit der Anbau dieser Pflanze noch wenig lohnend sein dürfte, so wird doch über kurz oder lang die Zeit kommen, wo man Kornblumen mit Vorteil baut, da bei verbesserter Feldkultur die Ackerunkräuter verschwinden. Man benutzt nur die blauen Strahlenblüten der Blume (Flor. Cyani) ohne den Kopf.

Anbau: Die Aussaat geschieht entweder im April oder Mai oder im Herbst bald nach der Samenreife ziemlich dicht auf nicht frisch gedüngtes Land möglichst in Reihen.

Ernte: Man sammelt die Blumen sofort nach dem Aufblühen und trocknet im Schatten, damit die schöne blaue Farbe der Blüten erhalten bleibt. Die länger blühenden verlieren leicht ihre Farbe, und die Sonne wirkt bleichend.

Chenopodium ambrosioides *L.*
Jesuitentee.
Chenopodiaceae.

Allgemeines: Die Heimat dieser Pflanze ist Mexiko. In warmen Lagen gedeiht die Pflanze jedoch auch gut bei uns; in manchen Gegenden Österreichs und Badens kommt dieselbe sogar wild vor. Es ist ein einjähriges Kraut, aromatisch riechend mit lanzettlichen unbehaarten Blättern, welches den bekannten Jesuitentee liefert.

Anbau: Man sät die Pflanzen entweder an Ort und Stelle möglichst in Reihen, welche etwa 30 cm Abstand voneinander haben, oder zieht die Pflanzen unter Fenstern an und bringt sie Ende Mai in das freie Land, welch letzteres Verfahren vorzuziehen ist.

Ernte: Das Kraut wird zugleich mit der grünen Blüte gesammelt.

Cichorium Intybus *L*.
Wegwarte, Hundeläufte.
Compositae.

Allgemeines: Diese Pflanze ist wild wachsend in der nördlichen gemäßigten Zone der alten Welt zu finden. Das sparrig verzweigte krautartige Gewächs mit leuchtend blauen Blütenköpfchen, die nur Zungenblüten enthalten, ist eine gute Futterpflanze und wird ihrer Wurzeln wegen, die fabrikmäßig zu einem Kaffeesurrogat (Zichorie) verarbeitet werden, auch im großen angebaut. Die wilde Zichorie ist zwar eine ausdauernde Pflanze, wird aber wie eine zweijährige Pflanze aus Samen vermehrt.

Anbau: Die Aussaat der Zichorie findet April und Mai mittels Drillmaschine statt. Auf 1 ha gehören 3—4 kg Samen. Der ertragreichste Same ist der sog. Magdeburger Spitzkopf. Die Hauptorte für Zichorienbau sind außer Magdeburg: Ludwigsburg, Berlin und Breslau; großer Anbau findet auch in Belgien, Frankreich-Holland und Österreich-Ungarn statt. Die Zichorie ist von großer Bedeutung für Deutschland, weil durch ihren Anbau die Tiefkultur des Bodens bedingt wird, die Zichorienpflanze in der Fruchtfolge die Nematode des Zuckerrübenbaues vernichtet, überhaupt eine treffliche Vorpflanze für die Rübe und Getreide ist. Seit einiger Zeit wendet man der Zichorie infolge der eingehenden Untersuchungen der Firma Dommerich & Co. in Magdeburg-Buckau eine wachsende Aufmerksamkeit zu, weil ihr hoher Gehalt an Zucker und Stärke eine Verwertung zu Spiritusbrennerei erlaubt; außerdem ist die chemische Zusammensetzung der gerösteten Zichorie jener des Gerstenmalzes so ähnlich, daß mittels des gleichzeitig vorhandenen Bitterstoffes die Möglichkeit gegeben ist, durch Gärung ein Getränk zu erzeugen, das allen Anforderungen eines guten Bieres genügen und dabei volkswirtschaftlich eine außerordentliche Ersparung bedingen dürfte. Die frische Zichorienwurzel enthält gegen 75% Wasser und 25% Nährstoffe, hauptsächlich Inulin, Lä-

vulin und Pflanzenschleim in Verbindung mit einem reinschmeckenden aromatischen Bitterstoff, einem Glykosid. Durch das Dörren und Rösten wird das Wasser herausgetrieben und die stickstofffreien Stoffe werden mehr oder weniger in Zucker verwandelt, während das Glykosid unverändert bleibt, so daß ein reines Zichorienmehl 60—80% löslicher stickstofffreier Stoffe enthalten muß.
— Der gleichfalls aus der Wurzel hergestellte Zusatz oder Ersatz der Kaffeebohnen heißt kurzweg ,,Zichorie". Die Herstellung der Zichorie aus der Zichorienpflanze geht in der Weise vor sich, daß den etwa 180 g schweren Wurzeln das Kraut, welches als gutes Viehfutter dient, abgeschnitten wird, die Wurzeln alsdann rein gewaschen, in Stücke zerschnitten und darauf in Darren gut ausgetrocknet werden. Von den Darren geht die Zichorienwurzel unter dem Namen gedarrte Zichorie in die Hände der Fabrikanten über. Diese rösten dieselbe bis zur dunkelbraunen Färbung, versetzen sie teilweise mit Pflanzenfetten, mahlen sie und bringen sie in gepulvertem Zustand in den Handel.

Im Deutschen Reich werden etwa 11000 ha mit Zichorienwurzeln bebaut, von denen 20—30000 kg von 1 ha geerntet und verdarrt werden. Die Zahl der Fabriken in Deutschland beträgt über 100, in Europa 400—500. Deutschland lieferte vor dem Kriege für rund 9 Millionen Mark Rohstoff. Die Einfuhr von getrockneter und gedörrter Zichorie beträgt etwa 10500 t, die Ausfuhr 5600 t.

Cnicus benedictus *L.*
Kardobenediktenkraut, Spinndistel, Heildistel.
Compositae.

Allgemeines: Diese Pflanze trifft man wildwachsend in Südeuropa und im Orient, wo sie eine Höhe von 50—60 cm erreicht. Der Stengel teilt sich vom Grund an in ausgespreizte Äste; die grundständigen Blätter sind buchtig, die folgenden länglich, buchtig und dornigzähnig, die oberen sitzend, am Grunde halbherzförmig, die Hüllblättchen klebrig, spinnenwebig, die Blüte gelb. Die Pflanze liefert das bekannte Benediktenkraut (Herb. Cardui benedicti) und die Früchte, sog. Stechkörner, welche vielfach gegen Seitenstechen verlangt werden. Kardobenediktenkraut ist von bitterem Geschmack, welcher von dem Gehalte von etwa 0,2% eines Bitterstoffes, Cnicin genannt, herrührt; es enthält außerdem Harz, ätherisches Öl und reichlich Salze organischer Säuren. Schon die alten Griechen kannten die Pflanze unter dem Namen Akarna. Im Mittelalter war sie als Heilpflanze sehr geschätzt. Sie wird zu dem offiziellen Kardobenediktenextrakt (einem Auszug mit siedendem

Wasser und Weingeistzusatz) und zu Dekokten als lösendes und tonisches Mittel verwendet.

Anbau: Kardobenediktenkraut eignet sich sehr gut zum Anbau in größerem Maßstabe. In Thüringen (Cölleda und Umgegend) wird das Kraut mit Erfolg angebaut, ebenso in Ungarn. Die Pflanze liebt einen tiefen, etwas bindenden Boden. Durch gute Düngung läßt sich der Ertrag auf das Doppelte steigern; Trockenheit wirkt ungünstig auf das Gedeihen der Pflanzen. Die Vermehrung geschieht durch Samen, den man im Frühjahr (April) gleich auf den bleibenden Standort sät. Derselbe keimt binnen 8 Tagen. Wo die Pflänzchen zu dicht kommen, werden sie verzogen, so daß sie etwa 30—35 cm voneinander entfernt stehen. Später wird nach Erfordern behackt.

Ernte: Anfang Juli, kurz vor der Blüte erfolgt der erste Schnitt, dem mindestens noch ein zweiter, eventuell auch ein dritter folgt. Zur Gewinnung von Samen läßt man einige Stöcke unberührt stehen und sammelt diese Samen dann im September und Oktober, wenn die Kapseln begonnen haben, aufzuspringen. Vier Teile frisches Kraut geben ein Teil trockener Ware. Man berechnet den Durchschnittsertrag von 1 a auf 25 kg. Da die Kultur sehr wenig Arbeit erfordert, darf sie wohl als lohnend bezeichnet werden.

Cochlearia officinalis *L.*

Scharbocksheil, Löffelkraut.

Cruciferae.

Allgemeines: Diese zweijährige Pflanze findet man in Europa an den Ufern der Nord- und Ostsee häufig, im Binnenlande jedoch nur spärlich, und zwar nur auf salzhaltigem Boden (z. B. Umgebung von Soden und Aachen). Gesammelt werden entweder alle oberirdischen Teile der Pflanze zur Blütezeit im Mai und Juni oder nur die grundständigen Blätter der Blattrosetten vor der Blütezeit. Das Löffelkraut hat eine dünne, spindelförmige Wurzel mit vielen Fasern; die ästigen, kantigen Stengel werden einen Fuß hoch und auch noch höher; die grundständigen Blätter sind von durchaus anderer Gestalt als die Stengelblätter. Sie sind etwas fleischig, langgestielt, kreisförmig oder breit eiförmig, oben abgerundet, am Grunde schwach herzförmig, ganzrandig oder nur schwach ausgeschweift und 2—3 cm breit. Die an dem Stengel ansitzenden Blätter hingegen sind schmäler, sitzend und mit tief herzförmigem Grund, stengelumfassend, im Umriß spitzenförmig und mit wenig stumpfen Sägezähnen versehen. Der Blütenstand ist eine reichblütige Traube mit weißen Blüten, die Frucht ein Schötchen mit je 1—4 Samen in jedem Fach. Man benutzt sowohl das frische Kraut wie das trockene und den Samen (Herba und Semen Cochleariae). Das Kraut enthält ein Glykosid, welches durch einen anderen gleichzeitig vorhandenen organischen Bestandteil, ein Ferment, unter gewissen Bedingungen gespalten wird und ein schwefelhaltiges ätherisches Öl liefert. Um die Mitte des 16. Jahrhunderts wurde die Droge gegen Skorbut (jene furchtbare Krankheit der nordischen Seefahrer) empfohlen und wird auch heute noch dagegen angewandt. Es wird daraus Spiritus Cochleariae dargestellt. Auch als Salat wird Löffelkraut gegessen; es schmeckt kressenartig. Der Geruch beim Zerreiben ist scharf wegen des obenerwähnten Gehaltes an ätherischem, schwefelhaltigem Öl.

Anbau: Das Löffelkraut kommt in jedem Boden fort, sobald derselbe nicht zu trocken ist. Es ist zweijährig, doch sät man den Samen, um an Land zu sparen, zu Michaeli dünn unter Roggen oder Weizen.

Ernte: Kurz vor der Blüte wird das Kraut abgeschnitten und getrocknet. Einen Unterschied, ob das Kraut vor oder nach der Blüte zu sammeln ist, macht das Arzneibuch nicht.

Conium maculatum L.

Schierling.

Umbelliferae.

Allgemeines: Diese zweijährige Giftpflanze ist im ganzen mittleren Europa und Asien verbreitet. Sie hat eine möhrenartige einfache oder rissige weißliche Wurzel; der aufrechte Stengel wird über 2 m hoch, ist röhrig, fein gestreift, rotbraun oder blutrot gefleckt, glänzend, bläulich bereift, nach oben mit zahlreichen, meist quirlförmig gestellten ungefleckten Ästen; die abwechselnd gestellten Blätter sind am Grunde bescheidet, mehrfach fiederteilig mit ovallänglichen, eingeschnitten-gesägten stachelspitzigen Endzipfeln, dunkelgrün, unterseits blasser, etwas glänzend und ganz kahl auf hohlen Stengeln. Die kleinen weißen Blüten stehen in 10—20 strahligen Dolden bzw. Doppeldolden und sind vom Bau der Umbelliferenblüten. Die Hüllblätter der Dolden sind zurückgeschlagen. Der Fruchtknoten zeigt wellige Kerbung; die Früchte sind fast kugelig (nicht länglich) ohne Ölstriemen. Der Geschmack ist scharf bitterlich, der Geruch des getrockneten Krautes unangenehm (nach Mäuseurin). Das Kraut enthält die Alkaloide-Coniin, Conhydrin und Methylconiin sowie etwa 12% Mineralbestandteile. Es ist ein starkes, hauptsächlich in der Tierarzneikunde gebrauchtes narkotisches Mittel. Aus dem frischen blühenden Kraut bereitet man

Ein- und zweijährige medizinische Pflanzen. 55

das Extrakt. Es fehlt nicht an Verwechslungen, wie z. B. Anthriscus silvestr., Chaerophyllum temulum, Aethusa cynap., Cicuta virosa usw.

Anbau: Der Schierling gedeiht auf dem geringsten Boden. Man sät den Samen im Herbst aus und versetzt die Sämlinge im nächsten Frühjahr. Die Samen keimen sehr langsam. Der auf magerem Boden in sonniger Lage kultivierte ist besser als der in feuchtem Gebüsch wild wachsende.

Abb. 13. Conium maculatum. 1, 2, 3 Fruchtknoten in der Entwicklung begriffen, 4 reife Frucht, 5 Blattabschnitt. (Aus Gilg-Schürhoff, Botanik 7. Aufl.)

Ernte: Kurz vor der Blüte wird das Kraut gesammelt, schnell getrocknet und sehr trocken in verschlossenen Gefäßen aufbewahrt. Stengel und dicke Blattstiele lasse man fort, da diese langsam trocknen und die Ware verschlechtern.

Coriandrum sativum *L.*
Koriander, Schwindelkraut.

Umbelliferae.

Allgemeines: In Südeuropa, besonders im Mittelmeergebiet heimisch, wird Koriander wegen seiner Früchte häufig angebaut teils zu medizinischen Zwecken, teils als Gewürz, besonders in der Gegend zwischen Erfurt und Weimar. Der Stengel ist aufrecht, rund und glatt und trägt an dem Ende der Zweige 3—5 strahlige zusammengesetzte Dolden ohne Haupthülle, aber mit dreiblätterigen Nebenhüllen. Die Blüten sind weiß, die Früchte kugelig, glatt. Die jungen Früchte besitzen einen Wanzengeruch, sie enthalten ätherisches Öl und dienen als Gewürz und Geschmacksverbesserungsmittel.

Anbau: Koriander bevorzugt guten Boden, gedeiht aber auch in steinigen Feldern, besonders auf Kalkboden. Man sät in zeitigem Frühjahr breitwürfig oder in Reihen und verzieht, wo die Pflänzchen zu dicht stehen. Auf 1 a benötigt man 500 g Saatgut. Nach vier Wochen pflegen sich die ersten Pflänzchen zu zeigen, die nach weiteren vier Wochen zu blühen beginnen. Koriander entwickelt sich anfangs sehr langsam, erst während der Blüte macht er merkliche Fortschritte und beginnt sich stark zu verzweigen. Anhaltende Dürre schadet ihm.

Ernte: Da der reife Same leicht ausfällt, erntet man denselben vor der völligen Reife, und zwar schüttet man die Körner auf dem Felde auf Tücher.

Ein Hektar bringt gegen 20 Ztr.

Cucurbita Pepo und Melopepo *L.*
Gemeiner Kürbis und Melonenkürbis.
Cucurbitaceae.

Vom Kürbis, der immer mehr als Futtermittel im Felde besonders zwischen Kartoffeln angebaut wird, empfiehlt es sich, die Samen zu sammeln. Dieselben enthalten ein mildes Öl und werden von Ölmühlen angekauft, auch wird daraus ein Mittel gegen Bandwürmer dargestellt, welches wegen seiner Unschädlichkeit im Gegensatz zu dem nicht ganz harmlosen Farnkrautwurzelextrakt immer mehr an Bedeutung gewinnt.

Datura Stramonium *L.*
Gemeiner Stechapfel, Tollkraut.
Salanaceae.

Allgemeines: Der giftige Stechapfel ist in dem Gebiet südlich des Kaspischen und Schwarzen Meeres einheimisch, aber jetzt als Schuttpflanze in ganz Europa und Asien verbreitet; er ist eine einjährige Pflanze, hat eine senkrechte ästige, weiße Wurzel; der 2—5 Fuß hohe Stengel ist aufrecht, oben sparrig zweiteilig, ästig, stielrund, glatt, nur nach oben schwach behaart, die Blätter sind langgestielt, eiförmig, spitz, buchtig und spitz gezahnt; die Blüten einzeln und kurz gestielt in den Blattwinkeln. Die Blumenkrone

Ein- und zweijährige medizinische Pflanzen.

ist groß, weiß; der gefaltete Saum endigt in fünf fein zugespitzte Zähne; die Frucht ist eine große, aufrechte, eiförmige, glatte, mit starken, kegelförmigen spitzen Dornen bewaffnete Kapsel; die zahlreichen Samen sind nierenförmig, linsengroß, aderig-runzelig, bei der Reife schwarzbraun. Blütezeit Juli bis September. Den Blättern haftet ein widerlich-betäubender Geruch an, der Geschmack ist unangenehm bitter und salzig; sie enthalten zwei Alkaloide: Hyoscyamin und Atropin (Daturin). Aus dem frischen Kraut wird Extrakt hergestellt, die getrockneten Blätter bilden einen Bestand-

Abb. 14. Datura Stramonium. (Aus Gilg-Schürhoff, Botanik 7. Aufl.)

teil des viel angewandten Asthmaräucherpulvers und der Asthmazigarren. Aus den Kernen wird Tinktur bereitet.

Anbau: Der Stechapfel verlangt einen warmen, sonnigen, nie ganz austrocknenden Standort; er gedeiht vortrefflich auf Schutthaufen, scheint demnach Kalk zu bedürfen, dabei aber auch Stickstoff. Man kann die Pflanzen in einem warmen Mistbeet heranziehen, besser aber wohl sät man Ende April direkt ins Land, und zwar in Reihen nicht zu dicht in gut gedüngten Boden (auf 1 a 2,5 kg), bedeckt die Saat einige Zentimeter hoch und sorgt anfangs für Feuchtigkeit. Es empfiehlt sich, die harten Samen vor der Aussaat in Wasser einzuquellen oder in einer 1 proz. Salpetersäurelösung. In 3—4 Wochen zeigen sich die Pflänzchen, die bald zu blühen beginnen.

Ernte: Mitte Juli kann mit der Ernte begonnen werden, und zwar auf verschiedene Art, je nachdem es auf die Blätter oder auf den Samen ankommt. Man kann die ganzen Pflanzen an ihrer Basis abschneiden und davon die Blätter abzupfen, worauf die Pflanzen aus den Wurzelköpfen wieder nachwachsen; oder man pflückt die Blätter von den stehenden Pflanzen ab, und zwar mehrmals in Zwischenräumen von 14 Tagen und erntet zuletzt den Samen, sobald die Kapseln aufzuspringen beginnen. Der Stechapfel eignet sich auch gut zu einer Zwischenkultur mit Königskerzen, schwarzen Malven u. dgl. Leider fallen nicht selten die Blätter den Erdflöhen zum Opfer, welche die jungen Blätter so weit vernichten, daß nur die Nervatur übrigbleibt. Zieht man einen beräderten, an der Unterseite beteerten Kasten über die Kulturen hinweg, so springen die Käfer von den Pflanzen ab und bleiben an dem Teer hängen[1].

Wie mir mehrere Vegetabilienhandlungen bestätigen, nimmt der Verbrauch dieser Droge, speziell die für die verschiedenen Asthmapulver in Betracht kommende Bearbeitungsform, von Jahr zu Jahr ganz außerordentlich zu, weshalb der Anbau recht wohl empfohlen werden kann.

1 a liefert 10—12 kg trockene Blätter und 7—10 kg Samen.

Delphinium Staphisagria *L.*
Stephanskraut, Läusekraut.

Ranunculaceae.

Allgemeines: Im südlichen Europa, besonders in Griechenland, kommt diese Pflanze an unbebauten Plätzen wild vor. Sie liefert die Stephanskörner oder Läusekörner; dieselben sind narkotisch giftig und werden als Ungeziefermittel benutzt, sowohl als Pulver wie in Salben.

Anbau: Die Pflanze verlangt guten Boden und warmen Stand. Man sät den Samen im April am besten in Reihen nicht zu dicht; Verpflanzen verträgt D. Staphisagria nicht. Da die Samen sehr langsam keimen, empfiehlt es sich, dieselben einige Tage einzuweichen. Frost wirkt günstig auf die Keimung.

Digitalis purpurea *L.*
Roter Fingerhut.

Scrophulariae.

Allgemeines: Der Fingerhut ist eine in Gebirgswäldern Westeuropas, in Deutschland hauptsächlich im Thüringer Wald, dem

---
[1] Nach J. Percédès.

Harz, Schwarzwald und den Vogesen gedeihende zweijährige Giftpflanze. Die mit einem meist kurzen Stiel versehenen, nur im jugendlichen Zustand stiellosen Blätter werden bis 30 cm lang und bis 15 cm breit. Der Rand ist gekerbt, die Oberfläche ist runzelig, die Unterfläche mehr oder weniger filzig, mit weißlich filzig hervorgehobenen Blattnerven, in deren Maschen beim Hindurchsehen ein helles, noch feineres Adernetz bemerklich wird.

Die Blütezeit erstreckt sich vom Juli bis September.

Die Fingerhutblätter enthalten eine Anzahl Glykoside: Digitoxin, Digitophyllin, Digitonin und Digitalin. Sie schmecken ekelhaft bitter und scharf. Ihr Geruch ist schwach, nicht unangenehm.

Anbau: Der Fingerhut liebt halbschattigen Standort, lockeren Pflanzenhumus,

Abb. 15. Digitalis purpurea. 1 Einzelblüte, 2 Längsschnitt der Einzelblüte. (Aus Gilg-Schürhoff, Botanik 7. Aufl.)

kieselhaltigen, aber nicht stark kalkhaltigen Boden und warme Lage. Frische Düngung ist verwerflich. Der Digitalis-Same braucht zur Keimung sehr viel Feuchtigkeit. Zweckmäßig sät man Ende April auf eine zuerst gelockerte, dann niedergedrückte Fläche feinstgesiebter Walderde, bedeckt den Samen überhaupt nicht, sorgt für Feuchtigkeit und Windschutz. Nach 14 Tagen zeigen sich die Pflänzchen. Ende Juni versetzt man die Pflänzchen, und zwar reihenweise mit etwa 30 cm Abstand. Man pflanzt vorteilhaft Fingerhut zwischen andere höhere Pflanzen, welche Ende des Sommers entfernt werden, wodurch man außer einer Nebennutzung auch noch den Vorteil hat, viel üppigere Pflanzen zu erhalten infolge der Beschattung. Wer im Besitze eines Waldes ist, der streue den Samen an Waldrändern oder auf Sandbänken in Holzschlägen aus, nachdem die Erde etwas aufgekratzt ist. Die Zucht muß durch Waldsamen zuweilen wieder erneuert werden.

Unter Beobachtung aller dieser Umstände können die Blätter der kultivierten Pflanze ohne Zweifel mit denen der wildwachsenden konkurrieren.

Ernte: Das Sammeln der Blätter muß mit größter Sorgfalt geschehen, da hierauf die ganze Wirkung ankommt. Während der Blüte pflückt man nur von der rein rot blühenden Art ganz frische grüne Blätter ohne Blattstiel. Vor dem Trocknen entfernt man auch die starke Mittelrippe. Das Trocknen geschieht auf Horden in der Sonne möglichst schnell. Die trockene Ware muß zunächst im Kalktrockenschrank und alsdann in gut verschlossenen Gefäßen, am besten zerkleinert in Gläsern vor Licht geschützt aufbewahrt werden. Folia Digitalis sollen nicht über ein Jahr alt werden. Will man Kisten oder Fässer als Aufbewahrungsgefäße benutzen, so müssen diese mit Papier ausgeklebt sein. In frischem Zustande wird das ganze Kraut ebenfalls während der Blüte zu Extrakt verarbeitet.

Der Wirkungswert der Digitalis wird physiologisch am Froschherzen festgestellt, und kommt das Pulver so unter der Bezeichnung: Folia Digitalis titrata pulv. Normalwirkungswert $D = 4,0$ in den Handel.

In den Blättern, welche von der zweijährigen Pflanze zu Beginn der Blütezeit gesammelt werden (dasselbe trifft auch zu bei den nicht blühenden einjährigen Pflanzen) finden sich neben den wirksamen Stoffen auch noch mehrere Enzyme, welche bei langsamem Trocknen, ja selbst noch nach dem Trocknen spaltend auf alle vorhandenen Glykoside einwirken und dadurch den Wirkungswert der Droge langsam aber stetig vermindern. Dadurch erklärt sich die auch in der Praxis aufgefallene Veränderung der Wirkungseigenschaften der Digitalis, welcher man durch Einführung der Fol. Digitalis titrata pulv. zu begegnen versucht hat. Dr. Focke führte den auch von ihm beobachteten Rückgang, welchen die Digitalisblätter in ihrer Wirksamkeit während der Alterung erleiden, in erster Linie auf die unrationelle langsame Lufttrocknung zurück. Kobert[1] bezeichnet Enzyme (die sog. chemischen und ungeformten, in Wasser löslichen Spaltungserreger, genannt Fermente, als die Ursachen der eintretenden Wirksamkeitsverminderung und führte deren schädliche Einwirkung ebenfalls auf das langsame Trocknen bzw. die nicht genügend rasche Entfernung der der frischen Pflanze

---

[1] Vgl. Koberts: Lehrbuch der Pharmakotherapie", 1908, S. 344; sowie die in der Apoth.-Ztg. 1909, Nr. 77, veröffentlichten Arbeiten von Dr. Max Winkel-München sowie in Nr. 71, 1909 derselben Ztg. die Arbeiten von Perrot und Goris, ferner Jahresbericht von Caesar und Loretz, September 1910.

anhaftenden Feuchtigkeit zurück. Zur Abtötung der Enzyme wurde eine Sterilisation der Blätter durch Wasserdampf von 110° während 5—10 Minuten vorgeschlagen; mehrfache dahingehende Versuche haben aber gegenüber dem bisherigen Verfahren der raschen Austrocknung der Blätter und dem dadurch herbeigeführten Abtöten der Enzyme ein negatives Resultat ergeben.

Im allgemeinen dürfte der Anbau heute nicht mehr lohnen.

Erythraea Centaurium *Persoon.*

Tausendgüldenkraut.

Gentianaceae.

Allgemeines: Dieses kleine, in Waldwiesen und auf sonnigen Plätzen vorkommende Pflänzchen hat einen einfachen, bis 40 cm hohen und bis 2 mm dicken, vierkantigen hohlen Stengel, welcher sich oben trugdoldig verzweigt, trägt am Stengelgrunde rosettenartig gehäuft eiförmige kahle Blätter. Weiter nach oben am Stengel werden die Blätter allmählich kleiner und spitzer, länglich oder schmal und bilden gegenständige Paare; sie sind sitzend, ganzrandig und kahl wie die ganze Pflanze. Die Blüten stehen in endständigen Scheindolden und sind rosenrot, seltener weiß. Die Blütezeit erstreckt sich von Juli bis September. Tausendgüldenkraut ist ohne besonderen Geruch und schmeckt bitter. Es enthält einen geschmacklosen Körper, Erythrocentaurin, ferner Bitterstoff, Harz und etwa 6% Mineralbestandteile. Das Kraut findet als magenstärkendes Mittel Anwendung und dient zur Bereitung von Tinctura amara; auch in der Likörfabrikation wird es viel gebraucht.

Anbau: Da die Pflanze nicht allzu häufig wild vorkommt, lohnt sich eine Kultur. Man streut Mitte März den sehr feinen Samen auf feingesiebte Erde auf ohne mit Erde zu bedecken und hält die Saat anfangs stets feucht, was am besten in Kästen unter Glas geschieht. In etwa 14 Tagen zeigen sich die Pflänzchen, die äußerst langsam wachsen. Im folgenden Frühjahr pflanzt man die gut bestockten Setzlinge ins Land aus, möglichst in Reihen bei etwa 20 cm Abstand und hält Unkraut fern. Man kann auch den Samen unter Heusamen mischen und damit im zeitigen Frühjahr frische Wiesen ansäen. Nach dem ersten Grashieb kommen alsdann die Tausendgüldenkrautpflanzen zum Vorschein und pflanzen sich von selbst fort.

Ernte: Man sammelt im Juli den oberen blühenden Teil der Pflanze und trocknet auf luftigem Boden.

1 a liefert etwa 10 kg Kraut.

Foeniculum vulgare *Mill.*

Foeniculum capillaceum *Gilib.* F. officinale *All.* Gem. Fenchel.

Umbelliferae.

Allgemeines: Fenchel wird in Gärten als Würze, im großen zur Samengewinnung häufig gebaut, besonders in Sachsen, Württemberg und Nordbayern. Er ist zweijährig und wird 1—1¾ m hoch. Im äußeren Ansehen gleicht der Stengel dem Dill, ist aber durch die fein zerteilten Blätter, deren letzte Abschnitte fast fadenförmig ausgebildet sind, und an seinen vom Rücken her linsenförmig zusammengedrückten, mit einem breiten Rand umgebenen Früchten von jenem leicht zu unterscheiden. Die Früchte sind als Fruct. foenicul. offizinell und werden als Kamm- und Strohfenchel gehandelt; ersterer ist der arzneilich ausschließlich gebrauchte. Der Geruch der Fenchelfrüchte ist süßlich-gewürzhaft; sie enthalten 3—7% ätherisches Öl, aus Anethol und Rechts-Phellandren bestehend, ferner 10—12% fettes Öl und geben 7% Asche. Sie sind ein schwach krampfstillendes und den Appetit anregendes Mittel. Aus ihnen wird Aqua Foeniculi und Sirup. Foeniculi bereitet. In Teemischungen dient Fenchel als Geschmackskorrigens.

Eine in Italien und Frankreich häufig kultivierte Form ist der sog. italienische oder Bologneser Fenchel, bei dem die unteren Partien der Stengel und Blätter ziemlich fleischig entwickelt und durch Bedecken mit der Erde gebleicht sind. Es werden diese Teile besonders in Italien roh gegessen und sind dort unter dem Namen Finecchio bekannt. Anisfenchel (Pariser Anis, griechischer Kümmel) hat bedeutend dickere Samen als der gemeine Fenchel. Diese Abart liefert einen noch besseren Salat als der vorige. Den Anforderungen des deutschen Arzneibuches in bezug auf die Größe der Fenchelfrucht entsprechen nur der deutsche und die besten Sorten des französischen Fenchels. Galizischer, russischer, rumänischer, sizilianischer, persischer, italienischer, indischer sind kleiner, japanischer sogar um das Doppelte bis Dreifache kleiner.

Der Fenchelsame behält seine Keimkraft 3—4 Jahre.

Anbau: Den Fenchelsamen sät man in der ersten Hälfte des Mai, am liebsten in frisch gegrabenes Land, 1 Pfund auf ungefähr 10 qm. Dies reicht aus, um im nächsten Jahre ½ Morgen zu bepflanzen. Man hüte sich besonders, Stalldünger dabei anzuwenden, da sonst die Wurzeln braune Flecken bekommen und krank werden. Anfang September kommen die Fenchelwurzeln zur Blüte, jedoch sind erst die Früchte der zweijährigen Pflanze von Wert. Die Wurzeln der einjährigen Pflanzen werden daher im Oktober herausgehoben. Dabei schneidet man die Samenstengel eine Hand hoch über der Erde mit einer Sichel ab, bringt die Wurzeln in eine trokkene Grube und bedeckt sie mit Erde, daß sie nicht erfrieren. Vielfach läßt man auch die Wurzeln während des Winters ruhig im Boden und bedeckt sie bei eintretendem Frost leicht mit Stalldünger, aber ja nicht zu dick, daß sie nicht verfaulen. Sobald der Winter vorüber ist, hebt man die Wurzeln im März aus, schneidet den alten Samenstengel ab, verschneidet sie schräg bis auf ungefähr 7 cm und pflanzt dieselben Ende März oder Anfang April in Reihen von 40 cm und 40 cm von jeder Pflanze entfernt, wie man Kartoffeln legt. Starke Nachtfröste schaden nichts. Der Boden muß vor dem Winter zurecht gemacht und so tief wie zu Kartoffeln gepflügt sein. Stalldünger darf man nicht verwenden. Das Fenchelfeld wird im Mai das erste, Anfang Juni das zweite Mal geharkt oder geigelt oder gehackt, je nachdem Unkraut vorhanden ist, und Johanni gedämmt. Die erste Blüte kommt Mitte Juli. Die anhaltende Blütezeit beginnt Ende Juli und dauert 5—6 Wochen. Je größer die Hitze, desto besser für den Fenchelbauer.

Ernte: Die ersten Blüten reifen ihre Früchte zeitiger, daher kann man die reifen Dolden, wenn die Früchtchen graue Streifen zeigen, abschneiden („Kammfenchel") und auf den Trockenboden bringen, wo man sie auf dazu bestimmte Horden nicht zu dick übereinander schüttet. Nach einiger Zeit kann man nochmals die reifen Dolden ausschneiden und auf die angegebene Weise trocknen. Der so gewonnene Fenchel ist der beste und wird höher bezahlt als der zuletzt geerntete. Doch kann man auch sämtliche Dolden bis Ende September reifen lassen und dann sämtliche Pflanzen mit der Sichel über der Erde abschneiden („Strohfenchel"). Wer aber ein- oder zweimal gedoldet hat, muß bis Mitte Oktober warten, ehe er niederschneidet. Die abgeschnittenen Pflanzen werden mit Strohseilen zusammengebunden und wie das Getreide gemandelt. Damit der Wind die Bunde nicht fortweht, bindet man kreuzweise Strohseile über die obersten und befestigt diese an den unteren. Nun bleibt der Fenchel, bis er trocken ist, auf dem Felde stehen, dann wird er eingefahren, mit den Flegeln gedroschen und mit der Maschine gereinigt. Befindet sich ein Kümmelfeld neben dem Fenchelacker, oder pflanzt man ihn im Garten an, so bekommt man an der Pflanze keinen Kern; er fällt vor der Reife ab. Ebenso darf man den Fenchel nicht in unmittelbarer Nähe eines Dorfes oder Gehölzes anbauen, da auch hier die Samen leichter abfallen als im freien Felde. Den Fenchelpflanzen schadet der Engerling ungemein; er zerstört manches Jahr mehr als 5% der Pflanzen. Das abgeerntete Fenchelfeld muß mit Stalldünger gedüngt werden. Das

Stroh kann verfüttert oder zu Häcksel geschnitten in der Brennerei verwendet werden, wovon der Branntwein einen angenehmen Geschmack und Süße bekommt.

Länger als drei Jahre läßt man den Fenchel nicht auf einer Stelle stehen, da er sonst ausartet. Der Ertrag stellt sich in Thüringen auf 16—18 Ztr. pro Hektar. Der Anbau von Fenchel kann nur empfohlen werden, da die Nachfrage meist das Angebot weit übertrifft. Schimmel & Co. in Miltitz verarbeiten jährlich allein etwa 700000 kg; allerdings meist ausländischen, da solcher billiger zu stehen kommt.

Fumaria officinalis *L.*
Erdrauch, Grundkraut.

Fumariaceae.

Diese kleine Pflanze wächst zwar meist in genügender Menge als Unkraut auf Bahndämmen, Schutthaufen und in Gärten wild; will man die Pflanze kultivieren, so sät man den Samen im Frühjahr dünn, breitwürfig aus, um im Juli die blühenden Pflanzen zu ernten.

Galeopsis ochroleuca *Lamarck.*
Großer gelber Hohlzahn, weiße zottige Kornwut.

Labiatae.

Diese Pflanze wurde 1810 vom Regierungsrat Lieber gegen die Lungenschwindsucht als Geheimmittel angepriesen, daher ,,Liebersche Kräuter" genannt. Man hat sie in letzter Zeit wieder aus dem alten Arzneischatz hervorgesucht, und spielt sie eine ziemliche Rolle unter den Volksmitteln.

Allgemeines: Der Stengel ist vierkantig, weichhaarig, unter den Knoten nicht angeschwollen; Blätter sind gegenständig eiförmig länglich bis lanzettlich, flaumhaarig, gelblichgrün, grobgesägt; die Blüten in blattwinkelständigen Scheinwirteln mit stachelspitzigen Kelchzähnen und viermal längeren gelblichweißen, weichhaarigen Lippenblüten. — Geschmack bitterlich, Geruch unbedeutend. Die Pflanze wächst wild in Getreidefeldern, vorzüglich auf Sandboden.

Anbau: Man erzieht die Pflanze aus Samen im ersten Jahre auf trockenem Platze.

Ernte: Während der Blüte sammelt man die ganze oberirdische Pflanze im Juli und August und trocknet im Schatten.

Herniaria glabra *L.*
Bruchkraut.
Caryophyllaceae.

Allgemeines: Dieses auf sandigen Äckern, Triften, an Wegrändern und Ufern verbreitete Pflänzchen erreicht eine Höhe von 15 cm. Die länglichen Blättchen stehen abwechselnd, sind kahl oder nur am Grunde kurz gewimpert. Die Blüten sind unscheinbar gelbgrün. Das Kraut wurde früher gegen Brüche, Wassersucht, Nieren- und Blasenleiden, sowie gegen Augenkrankheiten angewendet. Heute gilt H. wieder als Diuretikum, namentlich bei akutem Blasenkatarrh, und erfreut sich einer derartig starken Nachfrage, daß darin nicht genug gesammelt werden kann. Im Handel wird das Kraut oft verfälscht, so daß zum Anbau wohl zu raten ist.

Anbau: Durch Aussaat im zeitigen Frühjahr auf leichten, etwas sandigen Boden.

Ernte: Das ganze oberirdische Kraut wird im blühenden Zustand vom Juni bis zum Herbst geerntet.

Hyoscyamus niger *L.*
Schwarzes Bilsenkraut, Zigeunerkraut, Teufelsauge, Hühnertod, Schlafkraut.
Solanaceae.

Allgemeines: Das Bilsenkraut ist eine Giftpflanze, sie wächst auf Schutthaufen, Burgruinen u. dgl., also auf kalkhaltigen Plätzen wild und wird in Thüringen sowie in Nordbayern zur Gewinnung der Blätter (vielfach auch des Krautes), die im Juli und August von den zweijährigen Pflanzen geschieht, kultiviert.

Die bis 4 Fuß hohe Pflanze hat eine möhrenartige weißliche Wurzel; sie ist in allen Teilen mit langen, weichen, klebrigen Zottenhaaren besetzt; die Wurzelblätter sind geteilt, 10—15 cm lang, 5—8 cm breit, tiefbuchtig oder fiederspaltig, zur Blütezeit fehlend. Die Stengelblätter nehmen nach oben hin ab, sind halbstengelumfassend, buchtig eingeschnitten, die obersten oft ganz randig; alle Blätter sind von schmutzig grüner Farbe, in trocknem Zustand gelblichgrün, etwas fleischig, weich, klebrig, zottig. Die Blüten, in einseitswendigen Ähren stehend, sind von einem krugförmigen, fünfzähnigen Kelch eingeschlossen und besitzen eine trichterförmige, blaßgelbe, violett geaderte, fünflappige Blumenkrone. Die Frucht ist eine sich mit einem Deckel öffnende vielsamige Kapsel. Die Samen sind sehr klein, nierenförmig, netzgrubig und matt graubräunlich, innen weiß. Bilsenkraut blüht vom Mai bis September.

Es enthält bis 0,4% Hyoscyamin und Hyoscin (identisch mit Scopolamin) außer mehreren anderen Alkaloiden, ferner 2% Kaliumnitrat. In frischem Zustande hat es unangenehmen Geruch, der beim Trocknen größtenteils verschwindet; es schmeckt schwach bitter.
Aus dem getrockneten Kraut wird Extractum Hyoscyami dargestellt. Dasselbe findet auch Anwendung zu Oleum Hyoscyami und zu schmerzstillenden Kataplasmen.

Abb. 16. Hyoscyamus niger.
(Aus Gilg-Schürhoff, Botanik 7. Aufl.)

Nicht immer gleichmäßig keimt der Samen, sicher und vollzählig aber, wenn er in trockenem Zustande Kältegraden unter 0° ausgesetzt war. Die Keimdauer beträgt unter günstigen Bedingungen 21 Tage. Ein Ausbleiben der Pflänzchen hat seinen Grund gewöhnlich im Mangel an der nötigen Feuchtigkeit, sowie auch in der Schädigung durch Insekten oder Schneckenfraß. Man wählt zweckmäßig eine Zwischenkultur mit Stechapfel, da beide Pflanzen die gleiche Vorliebe für guten lockeren, kalkhaltigen Boden zeigen. Die im Frühjahr vollzogene Aussaat zeitigt im Laufe des Sommers Blattrosetten, im nächsten Jahre alsdann Blüten. Man spare nicht mit Samen; dem Schneckenfraß kann man durch Streuen von Kalk vorbeugen. Der Samen kann, wenn ihm die zur Keimung erforderlichen Bedingungen fehlen, jahrelang im Boden liegen, bis er endlich meist unerwünscht mit der Nachfrucht aufgeht.

Ernte: Man schneidet die blühende Pflanze ab und streift die Blätter von den Stengeln. Soll auch der Same geerntet werden, nimmt man nach und nach stets nur die größten Blätter ab. Das Trocknen muß beschleunigt werden, falls ungünstige Witterung ist, unter Zuhilfenahme von künstlicher Wärme. Öfteres Nachtrocknen ist unerläßlich, wenn die Ware nicht schimmeln soll. 1 a bringt 6—7 kg trockene Blätter und 1 kg Samen. Größere Posten frischen Krautes werden mehrfach gesucht.

Lactuca virosa L.
Giftlattich, giftiger Salat.
Compositae.

Allgemeines: Das rispige Kraut des vereinzelt in Mittel- und Süddeutschland, in Süd- und Westeuropa auf Schutt und an felsigen Orten vorkommenden, vielfach zu Arzneizwecken kultivierten Lactuca virosa enthält viel weißen Milchsaft (Lactucarium). Die Pflanze wird etwa $3/4$ m hoch, die blaugrünen Blätter sind stengelumfassend, länglich, ungeteilt oder buchtig ausgeschnitten, stachelspitzig gezähnt, auf dem Mittelnerv stachelig. Die Köpfchen aus gelben Zungenblüten stehen in großer pyramidaler Rispe; die Früchte sind oval, schwarz, fünffriefig.

— Blütezeit: Juli und August. — Geschmack bitter salzig, Geruch unangenehm narkotisch. Das Kraut enthält Harz, Bitterstoff, Lactucasäure und Salze. Es dient nur frisch zur Extraktbereitung.

Anbau: Der Anbau gleicht dem des Gartensalates. Man sät im Frühjahr den Samen an trockenen sonnigen Orten auf ungedüngtes Land in Reihen dünn aus und behackt nach einiger Zeit, oder man sät den Samen im August aus und verpflanzt im Frühjahr auf 30 cm Entfernung.

Ernte: Man schneidet vom blühenden Kraut die Blätter mit dem Stengel ab und trocknet schnell. — Um das Lactucarium, eine dem Opium ähnliche Masse, zu gewinnen, verfährt man namentlich in der Rheinprovinz bei Zell

Abb. 17. Lactuca virosa, nebst einem Früchtchen und Querschnitt der Achäne. (Aus Gilg-Schürhoff, Botanik 7. Aufl.)

a. d. Mosel in der Weise, daß man im Beginn des Blühens den Stengel etwa 20 cm unter der Spitze abschneidet und den vom Mai bis September täglich aus der Schnittfläche ausgetretenen Milchsaft sammelt und eintrocknen läßt; unterhalb der alten Schnittfläche wird jedesmal eine neue angelegt. Lactucarium bildet harte, formlose, bräunliche Klumpen, welche sich wie Wachs schneiden lassen und weißliche wachsglänzende Schnittflächen zeigen. Er besitzt einen eigenartigen narkotischen Geruch und stark bitteren Geschmack. Bestandteile sind neben Mannit, Kautschuk und Eiweißstoffen der Bitterstoff Lactucin, ferner Lactucasäure und Lactacon. Es wird als narkotisches Mittel sowie auch gegen Asthma angewendet.

Lobelia inflata *L.*
Lobelienkraut.
Lobeliaceae.

Allgemeines: Diese einjährige Pflanze ist in Nordamerika einheimisch und in Europa noch nicht allzulange bekannt; dieselbe erreicht eine Höhe von etwa 40 cm, ist schwach behaart mit kantigem zum Teil rötlichen Stengel, zerstreuten, fast sitzenden länglichen gesägten Blättern und kleinen Blüten in endständiger Traube. Der Kelch ist nebst der zweilippigen blaßvioletten Blume oberständig, linealzipfelig; die Staubgefäße sind mit ihren Beuteln verbunden, die Kapsel ist aufgeblasen. Das Kraut ist durch einen unangenehmen, scharfen und kratzenden Geschmack ausgezeichnet, welcher hauptsächlich dem Samen eigen ist und von dem darin enthaltenen Alkaloid Lobelin herrühren dürfte; ferner soll die Pflanze ein indifferentes Alkaloid, Inflatin, und ein Glykosid Lobelacrin, enthalten. Es ist ein narkotisches Mittel ähnlich dem Tabak, aber milder. Es dient zu Tinktur gegen asthmatische Leiden. Man rechnet Lobelia unter die Giftpflanzen.

Anbau: Man sät den Samen im März oder April am besten zunächst ins Frühbeet und bedeckt denselben nicht oder nur schwach. Die Wirksamkeit dieser Pflanze ändert sich nach Whitlavs Beobachtungen gleich dem Tabak auf verschiedenem Boden und wird am intensivsten an feuchten Standorten.

Ernte: Beim Beginn der Blüte schneidet man das Kraut über der Wurzel ab, trocknet es schnell und verwahrt es an einem dunklen Orte. Meist kommt die Droge in Backsteinform zusammengepreßt in den Handel.

Malva silvestris *L.*
Waldmalve, Käsepappel.
Malvaceae.

Allgemeines: Diese weitverbreitete Pflanze ist charakterisiert durch langgestielte rundliche, 4—7 lappige Blätter mit herzförmigem Grunde, gesägtem Rande und schwacher Behaarung. Die Blüten sind frisch rosarot, getrocknet blau. Der Geschmack der Malvenblätter ist schleimig; dem Schleimgehalt verdanken sie ihre pharmazeutische Verwendung als reizlinderndes und erweichendes Mittel. Die Blüten sind geruchlos und ebenfalls reich an Schleim. Blüten und Blätter werden in den Apotheken noch ziemlich viel gebraucht. Obwohl die Pflanze überall vorkommt, so ist eine Kultur doch zu empfehlen, da man sie selten in Mengen antrifft.

Anbau: Man sät den Samen im April auf guten, jedoch nicht frisch gedüngten Boden.

Ernte: Man sammelt die Blüten samt Kelchen vom Juni bis September und trocknet im Schatten, damit sie ihre schöne Farbe bewahren. Die Blätter pflückt man 3—4mal zum Teil ab. Die schönsten und geschätztesten Malvenblüten werden gegenwärtig aus Belgien importiert, doch liefert auch Ungarn große Mengen guter Ware. Die Durchschnittspreise, welche für inländische Malvenblüten bezahlt werden, lassen die Anlage von Kulturen als rentabel erscheinen. Auf den Malvenblättern befindet sich häufig ein Pilz, der auffallende gelbe Sporenhäufchen hervorbringt, der sog. Malvenrost. Befallene Blätter dürfen nicht gesammelt werden, da dadurch die Droge unansehnlich wird (vgl. bei Althaea rosea nigr.).

Matricaria Chamomilla *L.*

Wahre Kamille, Helmerchen.

Compositae.

Die Kamille nimmt unstreitig den ersten Platz ein in unserem Arzneikräuterschatz. Schon den alten Römern und Griechen war sie bekannt und wurde ohne Unterbrechung stets medizinisch verwendet. Die Feldkamille wird bald ganz verschwunden sein infolge der sorgfältigen Bearbeitung unserer Felder, so daß man schon längst die Pflanze kultiviert, so besonders in der Gegend zwischen Altenburg und Leipzig, doch noch lange nicht in genügendem Umfange.

Wohl die Hälfte unseres Bedarfes muß uns Ungarn liefern, wo sie noch in Massen auf Salzsteppen vorkommt. Dabei ist diese Qualität oft recht minderwertig und kann die deutsche Ware, besonders die fränkische, nicht ersetzen. Der Anbau von Kamillen kann somit nicht genug empfohlen werden, zum mindesten sollte man da, wo die Kamille in der freien Natur vorkommt, deren Fortbestand begünstigen.

Allgemeines: Die echte Kamille hat einen aufrechten 30 bis 40 cm hohen ästigen Stengel; die Blätter sind doppelt gefiedert, unbehaart, die Fieder linienförmig, lebhaft grün; die abstehenden Strahlenblüten sind weiß, die Scheibenblüten trichterförmig, fünfspaltig, gelb. Durch den kegelförmig emporgewölbten hohlen Fruchtboden unterscheidet sich die wahre Kamille von der zum Verwechseln ähnlichen Stink- oder Hundskamille (Anthemis Cotula), deren Fruchtboden beim Durchschneiden markig erscheint. Auch die Samen sind sehr verschieden. Übrigens unterscheidet sie schon der Geruch. Echte Kamillen riechen eigentümlich aromatisch; sie schmecken aromatisch und zugleich etwas bitter. Sie enthalten einen geringen Prozentsatz ätherisches Öl von dunkelblauer Farbe, ferner Gerbstoff, Bitterstoff und Mineralbestandteile. Sie sind innerlich ein Volksheilmittel und finden außerdem zu trockenen und feuchten Umschlägen Verwendung. Neuerdings werden sie auch als ein schwaches, aber sehr wirksames Antiseptikum viel empfohlen. Von den Präparaten sind Öl. Chamomillae infus. und Syrup. Chamomill. in Apotheken noch gebräuchlich. Die Kamille blüht von Juni bis September.

Anbau: Man kann die Kamillen von April bis August säen; von der Aussaat bis zur Blüte brauchen sie kaum acht Wochen. In bezug auf den Boden ist die Pflanze nicht wählerisch; man kann getrost behaupten, daß sie überall gedeiht. Kamillen eignen sich sehr gut nach Frühkartoffeln, auf früh abgeräumtes Erbsenland sowie auch auf Kornstoppeln. Man kann dieselben auch vorteilhaft in Baumschulen ziehen. Der Boden braucht nur aufgehackt und geebnet zu werden. Der Same wird leicht bedeckt oder nur festgewalzt, so wie man Gras ansät. Wo einmal Kamillen standen, kommen sie von selbst immer wieder.

Ernte: Sollte früher das umständliche Pflücken der einzelnen Blütenköpfchen mit der Hand vielleicht manchen davon abgehalten haben, einen Versuch mit dem Anbau von Kamillen zu machen, so möchte ich auf den eingangs dieses Buches (S. 30) bereits erwähnten von mir konstruierten Blütenpflückapparat aufmerksam machen, welcher sich speziell zum Pflücken von Kamillen vorzüglich eignet.

Eine Darstellung der deutschen Produktion zu geben, ist ebensowenig möglich, wie den Verbrauch in Deutschland auch nur annähernd festzustellen, da genauere Unterlagen fehlen. Im Elsaß werden alljährlich 6000 kg eingebracht. Die Provinz Posen, Schlesien, Ostpreußen liefern zuweilen über Stettin-Hamburg nach Amerika. Es ist auch bekannt, daß Deutschland mehr oder weniger große Mengen aus Ungarn bezieht, die sich ebenfalls schwer berechnen lassen, da der Bezug zum Teil in Postpaketen geschieht. Regelmäßiger Lieferant für Hamburg ist Belgien, zum Teil auch Frankreich und Spanien.

Hamburg exportiert alljährlich sehr bedeutende Mengen.

Hauptkäufer sind die Union, sowie Argentinien. Gelegentlich gehen Mengen von 1000—5000 kg nach Brasilien, Chile, Kuba, Uruguay und den Philippinen.

Ein- und zweijährige medizinische Pflanzen. 71

Matricaria suaveolus Buchen.
M. discoidea DC. Strahlenlose Kamille.

Compositae.

Allgemeines: Man hat diese Pflanze in Europa zuerst 1852 in Schöneberg bei Berlin beobachtet[1]. Wahrscheinlich ist sie aus dem Berliner Botanischen Garten, wo sie angebaut wurde, verwildert; heute findet sie sich in den meisten Gebieten Deutschlands auf unbebauten Plätzen in Massen. Sie unterscheidet sich von der echten Kamille durch gedrungenen, niedrigeren Wuchs sowie durch ihre rundlichen grünlichgelben Blütenköpfe, die ganz ohne weiße Strahlenblüten sind. Der Blütenboden ist ebenso wie bei der echten Kamille kegelförmig emporgewölbt und hohl. Blütezeit Juli bis August. Der Geruch ist der gleiche wie bei der echten Kamille, vielleicht sogar noch kräftiger.

Ernte: Recht gut kann diese als Ersatz für die nicht mehr ausreichende echte Kamille verwendet werden, ist aber getrennt zu halten.

Melilotus officinalis *Desrousseaux.*
Steinklee.

Papilionaceae.

Allgemeines: Dieses zweijährige Kraut unserer einheimischen Flora ist durch ganz Mitteleuropa und Vorderasien verbreitet; es wächst überall auf Schutt, Äckern, an Wegen, besonders auch in der Roggen- und Weizensaat. In Thüringen und Nordbayern wird es aber auch angebaut und von Juli bis September während der Blütezeit gesammelt. Die Blätter der 1,5 m hohen Pflanze sind dreizählig und mit einem feinbehaarten bis 1 cm langen gemeinsamen Blattstiel versehen. Die in einseitswendigen Trauben stehenden Blüten sind gelb und von dem Bau der Schmetterlingsblüten. Steinklee riecht stark tonkabohnenartig infolge seines Gehaltes an Cumarin. Melilotsäure, Spuren eines ätherischen Öles, Gerbstoff und Mineralbestandteile finden sich gleichfalls im Kraute. Das Kraut ist als Herb. Meliloti offizinell und dient hauptsächlich zur Herstellung des sog. Melilotenpflasters (Emplast. Meliloti.) bisweilen auch zu Umschlägen. Die ganzen Pflanzen legt man häufig zur Abwehr der Motten in Kleider und Pelzwerk.

Anbau: Wie alle anderen Kleearten. Eine besondere Bedingung an die Bodenbeschaffenheit stellt diese Pflanze nicht, gedeiht

---

[1] Braun, A.: Chamomill. discoidea Gay, eine neue Wanderpflanze in Deutschland. Bot. Ztg. Bd. 19 (1852), S. 649.

vielmehr auf dem geringsten Boden. Der Same wird als Getreideausputz gewonnen.

Nicotiana Tabacum L.
Nicotiana macrophylla Spr. Virginischer Tabak.

Solanaceae.

Allgemeines: Die Tabakpflanze stammt aus Amerika und wird in Deutschland (besonders in der Pfalz) gebaut meist zu Rauch- und Schnupftabak. Infolge der starken Neigung zur Kreuzbefruchtung entstanden mit der Zeit über 40 Spielarten. Nur die unpräparierten, einfach getrockneten Tabakblätter dürfen arzneilich gebraucht werden. Von dem käuflichen Tabak entspricht nur der virginische, sog. Rollenknaster, dieser Anforderung, der übrige Tabak ist gebeizt.

Die 1—1½ m hohe Pflanze zeigt große längliche, lanzettliche, spitze, nach dem Grund verschmälerte ganzrandige, drüsig behaarte Blätter, getrocknet von brauner Farbe. Die Seitennerven gehen unter einem spitzen Winkel vom Mittelnerven aus. Die Blüte ist trichter- oder tellerförmig, pfirsichrot und gelblich. Geschmack scharf, ekelhaft bitter, Geruch betäubend. Die Blätter enthalten Nikotin (bis 6%) und dienen im Aufguß sowohl zu Waschungen wie zu Klistieren (bei Darmverschlingungen) als stark reizendes, in größeren Gaben (4 g und mehr) tödlich giftiges Mittel (selbst bei Waschungen unverletzter Haut).

Anbau: Nur Ackerböden aus Sand und Lehm gemischt, mit starker Humusschicht kommen in Betracht. Die mittlere Jahrestemperatur darf nicht unter 15° C sinken. Der Same, der vielfach zehn Jahre lang keimfähig bleibt, wird vorteilhaft vorgekeimt und Mitte März in Mistbeete unter Glas ausgesät. Die möglichst pikierten Pflanzen von 6—8 cm Höhe setzt man Mitte Mai auf das mehrmals umgepflügte, mit Stallmist gedüngte Feld in Abständen von etwa 40 cm. Öfteres Behacken und Behäufeln der Pflanzen ist unerläßlich; besondere Aufmerksamkeit ist den zahlreichen Schädlingen zuzuwenden (Tabaksraupe, Schneidraupe, brauner Rost usw.). Durch Köpfen der Pflanzen kurz vor der Blüte wird eine üppigere Blattentwicklung erzielt. Auch die sich aus den Blattachseln entwickelnden Seitentriebe, sog. Geizen, müssen entfernt werden. Reichlicher Wechsel von Regen und Sonnenbestrahlung gibt gute Erträge.

Ernte: Die Ernte beginnt, sobald die Blätter an der Unterseite sich entfärben und die Ränder sich umzuschlagen beginnen. Die Reife erfolgt nicht gleichzeitig, sondern von unten nach oben;

somit müssen die reifen Blätter einzeln gepflückt werden. Dieselben werden alsdann auf Schnüre aufgereiht oder auf Stäbe aufgespießt in Trockenschuppen, auch wohl an Mauern oder Zäunen zum Trocknen aufgehängt.

Zu bemerken ist, daß der Tabakbau einer Zollkontrolle unterworfen ist[1].

Nicotiana rustica L.
Bauern- oder Veilchentabak, türkischer, ungarischer grünblühender Tabak.

Solanaceae.

Allgemeines: Bei dieser Pflanze, als deren Ursprungsland Amerika angenommen wird, sind die stets kleineren Blätter eiförmig und stumpf, die Blüten in rispig gruppierte, knäuelförmige Wickeltrauben gestellt.

Der Anbau, die Ernte und die Verwendungsart ist dieselbe, wie bei Nicotiana Tabac. angegeben, doch ist dieser Tabak viel länger in medizinischem Gebrauch.

Nigella sativa L.
Schwarzkümmel, schwarzer oder römischer Koriander.

Helleboraceae.

Allgemeines: Der in Südeuropa und dem Orient heimische Schwarzkümmel hat 50—60 cm hohe Stengel, doppelt zusammengesetzte, fiedrige, weichhaarige Blätter; die Blüten sind blau oder weiß mit vielen Staubfäden und Stempeln und außerdem noch mit besonders reich sekretierenden Honiggefäßen. Die Frucht ist eine gefächerte Balgfrucht, schwarze Samen enthaltend — Die Blütezeit beginnt im Juli und dauert bis Mitte August. Gebraucht werden die dreikantigen querrunzeligen gewürzhaften Samen besonders in der Fruchtätherfabrikation; sie entwickeln beim Reiben zwischen den Händen erdbeerartigen Geruch. Ein blühendes Schwarzkümmelfeld bietet den Bienen eine köstliche Weide.

Anbau: Sowohl als Zierpflanze in Gärten als auch im großen wird der Schwarzkümmel angebaut, besonders in der Gegend um Erfurt. Er gedeiht am besten in einem leichten lehmigen, weder zu schweren noch zu leichten Boden ohne frische Düngung. Für genügende Feuchtigkeit und Reinhaltung von Unkraut ist zu sor-

---

[1] Spezielle Literatur: A. v. Babo, Tabakbau. Verlag Paul Parey, Berlin. Der Tabak, Anbau, Handel und Verarbeitung. Jacob Wolf, Teubners Verlag.

gen. Der Boden wird am besten schon im Herbst gepflügt, aber nicht gedüngt, im Frühjahr vor der Bestellung gibt man ihm die zweite Pflugfurche. Auch als Nachfrucht eignet er sich gut. — Die erste Aussaat geschieht im März, je vier Wochen später kann eine weitere Saat erfolgen, die letzte im Mai, doch liefern die späten Saaten keine reife Samen. Die Reihensaat verdient auch hier den Vorzug vor der breitwürfigen Aussaat. Da der Same im Dunkeln in wenigen Tagen keimt, während er am Lichte leicht hart wird, so empfiehlt sich gute Erdbedeckung. Zu dicht stehende Pflanzen müssen verzogen werden, so daß mindestens 20 cm Abstand bleiben. Man rechnet auf 1 a etwa ½ Pfund Samen.

Ernte: Die Samenreife beginnt Ende August und macht sich an einer dunklen Bräunung der Samenkapseln erkennbar. Man läßt es nicht bis zum Aufspringen der Kapseln kommen, damit nicht zu viel Samen verlorengeht. Man schneidet die Pflanzen ab oder rauft sie aus, bindet sie in Bündel und stellt diese auf dem Acker einige Tage zum Nachreifen auf, bei ungünstiger Witterung aber bringt man sie sofort unter Dach. Zum Einfahren belegt man die Wagen mit Tüchern. In der Scheune schichtet man die Bündel übereinander, wobei die Selbsterwärmung der Nachreife zustatten kommt, doch ist öfteres Wenden nötig, damit die Hitze nicht zu stark wird, was die Keimkraft der Samen beeinträchtigen würde. Wenn das Kraut dürr ist, drischt man dasselbe genau so wie das Getreide, läßt aber den Samen auf luftigem Boden noch etwas nachtrocknen.

Ocimum Basilicum L.
Basilienkraut, großes Basilikum.
Labiatae.

Allgemeines: Diese allgemein bekannte und weitverbreitete Gewürzpflanze, die auch nicht selten als Topfpflanze gezogen wird, stammt aus Indien. Sie ist einjährig und erreicht eine Höhe von 25—30 cm. An ihren ästigen Stengeln mit gegenständigen eirunden Blättern sitzen die roten oder weißen Blüten. Man braucht die Stengel zur Würze mancher Speisen und beim Einlegen von Salzgurken, ferner zu aromatischen Bädern, zu Kräuterschnupftabak, zur Fabrikation wohlriechender Wasser und zur Basilikumsalbe.

Anbau: Frühzeitige Aussaat ist wesentlich; man sät den Samen am besten im März oder April in Frühbeete und pflanzt die jungen Sämlinge ins freie Land, sobald keine Nachtfröste mehr zu befürchten sind. Ein warm gelegenes, gut gedüngtes und tief gelockertes Beet ist zur vollkommenen Entwicklung der Pflanzen notwendig. Man pflanzt das Basilikum in Reihen mit 20 cm Weite bei gleicher Entfernung innerhalb der Reihen. Die weitere Pflege besteht im Lockern der Beete mit der Hacke und Unterdrückung des Unkrautes. Das im Mai ins freie Land ausgesäte Basilikum erreicht nicht die Vollkommenheit wie jenes und bringt selten reifen Samen. Um denselben mit Sicherheit zu gewinnen, ist es auch ratsam, nur geschützt liegende Beete zur Bepflanzung zu benutzen. Die Keimkraft des Samens dauert 2—3 Jahre. Auf 1 a rechnet man 5 g Samen oder 1800 Pflanzen.

Ernte: Das eben zu blühen beginnende Kraut wird kurz über der Erde abgeschnitten und schnell im Schatten getrocknet. Die getrocknete Ware ist sorgfältig vor Licht und Feuchtigkeit geschützt in wohl verschlossenen Behältern aufzubewahren, wenn sie ihren Geruch und Geschmack nicht verlieren soll.

Oenanthe Phellandrium *Lam.*
Wasserfenchel, Roßfenchel, Wasserkerbel, Froschpeterlein.

Umbelliferae.

Allgemeines: Der Wasserfenchel wächst wild in Sümpfen; er hat eine anfangs büschelfaserige, später dicke, möhrenartige, schwammige Wurzel; der Stengel wird bis $1\frac{1}{4}$ m hoch, treibt unten oft Ausläufer, ist ausgesperrt vielästig, gebogen; die Blätter sind mehrfach gefiedert, die unteren in haardünne Lappen geteilt, die Dolden kurz gestielt, flach, vielstrahlig, die Blumenblätter weiß. Die Früchte stellen längliche (4 mm lange), deutlich mit Kelchzähnen gekrönte, stielrunde, meist zusammenhängende, stumpfrippige, braune Spaltfrüchte dar von bitterem Geschmack und unangenehm gewürzigem Geruch. Blütezeit: Juli und August. Zum medizinischen Gebrauch dienen die Früchte, speziell in der Tierheilkunde, gegen chronische Katarrhe. Ätherisches Öl, Harz und fettes Öl sind die wesentlichsten Bestandteile.

Anbau: Die Pflanze verbreitet sich durch unterirdische Ausläufer, kann somit als ausdauernd gelten. Immerhin stirbt die Hauptwurzel im zweiten Jahre ab, so daß die Kultur eine zweijährige ist. Der Wasserfenchel verlangt feuchten Boden. Man sät entweder den Samen sogleich nach der Reife auf einen feuchten Platz und versetzt die Pflanzen im nächsten Frühjahr in den Schlamm der Gräben und Teiche oder legt auf gleiche Weise Wurzelausläufer.

Die Ernte geschieht wie bei Fenchel und Kümmel.

Die Kultur des Wasserfenchels ist aus dem Grunde zu empfehlen, weil der Same infolge seiner Ähnlichkeit mit anderen, besonders dem vom giftigen Wasserschierling, mit welcher Pflanze der Wasserfenchel seinen Standort teilt, vielfach verwechselt wird.

Origanum Majorana L.
Majoran, Garten- oder Sommermajoran.
Labiatae.

Allgemeines: Diese weitverbreitete und bekannte Gewürzpflanze ist in Südeuropa und Palästina heimisch. Der aufrechte vierkantige Stengel ist nebst den ungestielten elliptischen Blättern fein- und dichtgraufilzig. Die weißen Blüten stehen in köpfchenartigen Ähren in den Blattachseln. Man unterscheidet den Sommermajoran, eine zweijährige Pflanze, die aber in einem Jahre abgeerntet wird und den Wintermajoran (Orig. Majoranoides), welcher unsere Winter im Freien aushält, während jener erfriert. Nur eine Abart von ersterem hält auch bei gelinden Wintern aus. Der Same reift bei uns nicht, wird vielmehr aus Frankreich bezogen; er behält seine Keimkraft nur ein Jahr. Das Kraut hat einen eigentümlich gewürzhaften Geruch und Geschmack, es enthält ein ätherisches Öl und Gerbstoff, dient als Gewürz und wird zu einer Salbe „Majoransalbe", verarbeitet.

Anbau: Die Kultur des Wintermajorans ist gleich der des Sommermajorans. Er liebt leichten guten Boden in frischer Düngung und warmer Lage. Man sät den feinen Samen, den man vorteilhaft mit feinem trockenen Sand mischt, im März in Mistbeete aus und setzt die Pflänzchen im Mai etwa 15 cm voneinander ins freie Land. 2 g Samen liefern etwa 1500 Stück Pflanzen zur Bepflanzung von 1 a.

Ernte: Bei guten Boden- und Witterungsverhältnissen kann man von Majoran drei Ernten, d. h. drei Schnitte, machen. Sobald er groß genug ist und eben zu blühen beginnt, schneidet man die Stengel auf etwa 3 mm zurück. Dieselben wachsen bald nach, und kann dann der zweite Schnitt folgen. Beim dritten Male zieht man dann die ganze Pflanze aus dem Boden. Die Stengel werden in kleine Bündel gebunden und in luftigen, trockenen Räumen möglichst im Schatten getrocknet und sorgfältig aufbewahrt.

Papaver Rhoeas L.
Klatschrose, wilder Feldmohn, Kornrose, Kornmohn.
Papaveraceae.

Allgemeines: Der Stengel wird 30—40 cm hoch, ist mit abstehenden Haaren besetzt und trägt schöne große brennendrote

Blüten mit schwarz benagelten Blumenblättern in der Zeit von Juni bis Juli. Die Frucht ist eine verkehrt eiförmige glatte Kapsel. Gebraucht werden zu medizinischen Zwecken die roten Blumenblätter, und zwar in frischem Zustand zu Sirup. Rhoeados; getrocknet sind sie ein Bestandteil des Brusttees. Sie enthalten Farbstoff und Schleim. Die Pflanze ist leicht mit Papaver Argemone sowie mit Papaver dubium zu verwechseln, unterscheidet sich aber durch die Größe der schwarzen Stelle am Grunde der Blumenblätter und größere Blüten. Da das Sammeln der Blüten in den Getreidefeldern durch Wald- und Feldgesetz verboten ist, hat sich ein Mangel darin bemerkbar gemacht, und kann eine Kultur empfohlen werden.

Anbau: Die Klatschrose kommt zwar in jedem Boden fort, gedeiht aber am besten in einem leichten Boden. Die Aussaat des Samens geschieht zeitig im Frühjahr, am vorteilhaftesten in Reihen; die leeren Zwischenräume werden öfter behackt.

Ernte: Das Sammeln muß in den Mittagsstunden bei ganz trockenem Wetter geschehen. Man trocknet im Schatten, möglichst im Trockenofen.

Papaver somniferum L.
Weißer oder blauer Gartenmohn, Ölmagen, Feldmohn.

Papaveraceae.

Allgemeines: Die Familie der Mohngewächse zeichnet sich aus durch regelmäßige Blüten mit zwei abfälligen Kelchblättern und vier Blumenblättern, durch zahlreiche Staubgefäße und einen Stempel; charakteristisch ist die schildförmige strahlige Narbe, unterhalb welcher die Kapsel in Löchern aufspringt. P. somniferum ist im Orient einheimisch, wo er zur Opiumgewinnung gebaut wird. Die noch unreifen Kapseln lassen beim Anritzen den Milchsaft austreten, der nach dem Eintrocknen gesammelt wird[1]. In Deutschland baut man den Mohn der Samen wegen, aus welchem man das Mohnöl schlägt, doch hat man auch bei uns schon versuchsweise Opium gewonnen (so in Erfurt, Bernburg, Nürnberg usw.). Bei dem immer größeren Bedarf und der Unzulänglichkeit an Opium und bei Berücksichtigung des Umstandes, daß die orientalischen Opiumsorten kaum mehr ungefälscht erhältlich sind, vielleicht wird man mit der Zeit bei uns die Opiumgewinnung wieder mit Erfolg aufnehmen. Die auf Veranlassung des Professors Dr.

---

[1] Thoms: Über Mohnbau und Opiumgewinnung. Verlag Gebr. Bornträger, Berlin, und Arbeiten aus dem Pharmaz. Institut der Univ. Berlin. II. 1904.

Thoms 1916 in Schlesien in größerem Maßstab angelegte Mohnkultur ergab ein Ergebnis, das zu den besten Hoffnungen ermutigt[1]. Auch die Samenkapseln (Mohnköpfe) finden medizinische Verwertung. Die einjährige Pflanze wird besonders in drei Abarten kultiviert: 1. dem grauen Mohn oder Schüttmohn mit hellroten Blüten, grauem Samen und offener Kapsel, 2. dem blauen Mohn oder Schließmohn mit lila Blüten, blauem Samen und geschlossenen Kapseln und 3. dem weißen Mohn mit weißer oder roter Blüte, weißem Samen und geschlossener Kapsel. Als Ölfrucht wird in Mitteleuropa am meisten der graue Schüttmohn angebaut.

Unreife Mohnkapseln schmecken etwas bitter und enthalten die Opiumalkaloide in sehr geringer Menge sowie bis 14% Aschengehalt. Sie dienen noch manchmal als Beruhigungsmittel; äußerlich dienen sie zu schmerzstillenden Kataplasmen; aus ihnen wird Syrup. Papaveris bereitet. Reife Mohnkapseln sind wertlos. Mohnsamen schmecken milde, ölig, von einem Gehalte an etwa 50% fettem Öl herrührend. Ferner führen sie Schleim, Eiweiß, Zellulose und 6—8% Aschenbestandteile. Sie enthalten keine Opiumalkaloide. Sie dienen zur Bereitung von Emulsionen sowie zum Küchengebrauch.

Anbau: Man sät die sämtlich einjährigen Mohnarten ins freie Land auf ihren Bestimmungsort. Mohn gedeiht in fast allen Gegenden der warmen und gemäßigten Zone. Man baut den Mohn auf unkrautfreiem, kräftigem, mildem Mittelboden, der schon vor Winter mit Stallmist gedüngt wurde; auch für künstlichen Stickstoffdünger ist er sehr dankbar. Aussaatmenge auf 1 a 30 g.

Ernte: Die Zeit der Ernte ist verschieden, je nachdem ob es auf reife oder unreife Köpfe ankommt. Aus reifen Kapseln läßt sich der Same durch die unterhalb der Narbe sich öffnenden Poren leicht herausschütteln. Praktisch werden die Kapseln mittels einer Handdreschmaschine ausgedroschen.

Aus 100 Stück unreifen Mohnköpfen lassen sich nach Thoms 1,27 g lufttrockenes Opium gewinnen.

Petroselinum sativum *Hoffm.*
Gemeine Petersilie.
Umbelliferae.

Allgemeines: Die bekannteste und vielbegehrte Gewürzpflanze, welche überall angebaut wird, wächst in Südeuropa wild. Aus der spindelförmigen, weißen, fleischigen Wurzel entspringt ein

---

[1] Vgl. Zeitschrift für ärztl. Fortbildung 1917, S. 521. — Heil- und Gewürzpflanzen, Jahrg. 1917, Heft 6.

etwa 60 cm hoher aufrechter glatter Stengel. Die Blätter sind glänzend grün, dreifach gefiedert und mit dreispaltigen lanzettförmigen Zipfeln versehen. Die Stengelblätter haben Scheiden; die Blättchen sind zweifach dreizählig, linienförmig. Die grünlichgelben Blumen stehen in Dolden. Man unterscheidet Kraut- und Wurzelpetersilie. Von ersterer gibt es eine Abart mit krausen Blättern, welche gemeinhin als gefüllte Petersilie, Moospetersilie oder Farnkrautpetersilie bezeichnet wird. Vor der gewöhnlichen oder einfachen wird dieser Vorzug gegeben, weil ihre Blätter ein zierliches Aussehen besitzen; sie sind jedoch nicht so gewürzhaft wie jene. Zur Würze vieler Speisen finden die Blätter der Kraut- und Wurzelpetersilie Verwendung; hauptsächlich aber werden von letzterer die Wurzeln zur Bereitung von Gemüse benutzt. In Apotheken finden Verwendung der Same (Semen Petroselini) sowie Blätter und Wurzeln der einfachen Schnittpetersilie. Der Same ist ein Volksmittel gegen Kopfungeziefer, darf aber nicht über drei Jahre alt sein; die Wurzel wirkt wassertreibend. Die Früchte sind bis 2 mm lang, kurz eiförmig, graugrün, meist in ihre Teilfrüchtchen zerfallend. Sie enthalten ätherisches und fettes Öl, Apiin und Apiol.

Anbau: Von der Kraut- und Schnittpetersilie macht man im Sommer mehrere Aussaaten. Für den Winterbedarf muß der Same Ende Juli bis August ausgesät werden. Entweder benutzt man sie als Einfassung von Rabatten, oder man sät sie dicht in Rillen, die 20 cm voneinander entfernt sind, auf besondere Beete. Um das Bestocken der Pflanzen zu befördern, schneidet man die Blattstiele dicht über der Erde ab. Zwecks Samengewinnung läßt man im Frühjahr einige Stengel der im vorigen Jahr gesäten Petersilie in Samen schießen, welche vor der völligen Reife abgeschnitten wird und in trockenen Räumen nachreifen muß. Sollen größere Mengen geerntet werden, so müssen die Wurzeln auch auf besondere Beete in einer Entfernung von 30 cm ausgepflanzt werden.

Die Wurzelpetersilie braucht einen tiefgründigen, nahrhaften jedoch nicht frisch gedüngten Boden. Der Same wird im Februar oder März zwischen Sommerzwiebeln, die vor der Ausbildung der Petersilienwurzeln abgeerntet sind, ausgesät. Die jungen Pflanzen werden, sofern sie zu dicht stehen, auf 15 cm Entfernung verdünnt oder man pflanzt sie mit 20 cm Entfernung auf Beete, die im Herbst zuvor rigolt oder tief gegraben und mit verrottetem Dünger gedüngt wurden. Von der Wurzelpetersilie sind für 1 a 30 g Samen, von der Schnittpetersilie 20 g erforderlich.

Die Petersilie wird häufig mit der giftigen Hundspetersilie (Aethusa Cynapium) verwechselt, die sich zuweilen als Unkraut in

Gärten ansiedelt. Dieselbe ist jedoch leicht an der dunkelgrünen Farbe und dem unangenehmen Geruch der Blätter kenntlich, welcher beim Reiben sofort bemerkbar wird. Außerdem besitzt sie ein deutliches Merkmal an den drei an der Hülle der Blütendolde herunterhängenden langen Blättchen, welche der Petersilie fehlen. An diesen Blättchen sind ebenfalls der Wasserschierling (Cicuta virosa) und der gemeine Schierling (Conium maculatum) zu erkennen.

Pimpinella Anisum L.
Anis, Enis.
Umbelliferae.

Allgemeines: Im östlichen Mittelmeergebiet heimisch, wird diese einjährige Pflanze in Thüringen, Sachsen und Nordbayern sowie außer Deutschland hauptsächlich in Rußland, ferner auch in Spanien, Frankreich, Griechenland und der Türkei sowie in Ostindien zur Fruchtgewinnung angebaut. Sie wird etwa 60 cm hoch, hat rundliche Wurzelblätter und vierteilig-fiederspaltige Stengelblätter. Die kleinen Doldenblüten erscheinen im August. Offizinell sind die kleinen (2 mm großen) eiförmigen grauflaumhaarigen Spaltfrüchte, deren stumpfrippige Teilfrüchte gewöhnlich zusammenhängend bleiben. Anisfrüchte besitzen einen sehr gewürzhaften Geschmack; sie enthalten je nach der Qualität 1,5—3,5% ätherisches Öl von spezifischem Geruch, dessen hauptsächlicher, das Aroma bedingender Bestandteil Anethol ist, und etwa 3% fettes Öl. Sie dienen zu Brusttee, St. Germaintee sowie zur Gewinnung von Anisöl und als Gewürz der Speisen und verschiedener Backwaren.

Anbau: Ein guter unkrautfreier, kalkhaltiger Boden ist für den Anbau von Anis Vorbedingung, da infolge des schweren Aufgehens des Samens (nach etwa 3—4 Wochen) und der langsamen Entwicklung der Pflanze eine Überwucherung von Unkraut die Pflänzchen leicht ersticken kann. Die Aussaat erfolgt im zeitigen Frühjahr möglichst in Reihen mit 20—25 cm Abstand. Die Seitendolden entwickeln sich später als die Mitteldolde. Die allgemeine Blüte erfolgt etwa zwei Monate nach dem Aufgehen der Saat und dauert 2—3 Wochen. Während der Blütezeit ist die Anispflanze sehr empfindlich. Starker Sonnenbrand auf kurz vorhergegangenen Regen oder Tau läßt die Blüten verdorren, gleich schädlich wirken kalte Winde. Man rechnet auf 1 a $\frac{1}{2}$ Pfund Aussaat. Der Same behält seine Keimkraft 3—4 Jahre.

Ernte: Sobald die Samenstengel gelb werden und der Same sich dunkel färbt, zieht man die Pflanzen aus der Erde, stellt sie zum Nachtrocknen auf und klopft den Samen aus. Vor der allgemeinen Reife empfiehlt es sich, die Mitteldolden auszuschneiden, weil diese sonst beim Raufen verlorengehen.

Außer dem Samenbau verdient auch Beachtung die Verwertung der Spreu und der Stengel zur Ölgewinnung. In gewissen Gegenden Thüringens (in Erfurt und den Dörfern Walschleben, Dachwig, Großrudestedt usw.) gewinnt man solches Anisöl in ziemlich bedeutenden Mengen.

Ricinus communis L.
Ölnußbaum, Christuspalme, Wunderbaum.

Euphorbiaceae.

Allgemeines: Diese im tropischen Afrika und Asien einheimische Pflanze wird jetzt in allen Tropengebieten in zahlreichen Varietäten kultiviert. Während in heißen Ländern Ricinus communis zu einem über 10 m hohen Baumstrauch wird, gedeiht er zwar in unserem Klima noch, jedoch nur als einjährige krautige Staude. Aus dem braun und weiß marmorierten Samen wird Öl gepreßt (50—60%).

Anbau: Nur in den wärmsten Gegenden kann der Anbau dieser Pflanze Erfolg haben; in Norddeutschland und in den rauhen Gegenden Süddeutschlands bringt der Ricinus keine reifen Samen. Er erfordert dieselben Bedingungen wie der Mais, auch was die Bodenbeschaffenheit betrifft. Man sät am besten im zeitigen Frühjahr unter Glas und setzt im Mai die Pflanzen in einem Abstand von 1 m in lockeren nahrhaften Boden. Die Pflanzen sind sehr empfindlich gegen Frost.

Sinapis alba L.
Weißer Senf.

Cruciferae.

Allgemeines: Die Heimat dieser Pflanze ist Mittel- und Südeuropa, Nordafrika und Westasien. Die Stengel erreichen eine Höhe von 1 m, sind gestreift und rauhhaarig. Die Blätter sind gestielt, leierförmig, fiederteilig, gezähnt. Die gelben Blüten stehen in langer Traube. Die Schoten sind gleichfalls rauh, die Samen kugelig, ungefähr 2 mm dick. Die Samenschale ist weißlich bis hellrötlichgelb, sehr zart, grubig. Weißer Senfsame (Semen Sinapis alba oder Semen Erucae) schmeckt beim Kauen brennend scharf. Er enthält das Glykosid Sinalbin und das Alkaloid Sinapin sowie 31% fettes Öl.

Aufbau: Der Senf ist sehr anspruchslos und gedeiht auch auf

geringen Bodenarten, allerdings kommt ihm lockerer kräftiger Boden zustatten. Er wird wie Sommerraps behandelt. Der Same wird im Frühjahr dünn auf Beete, die schon im Herbst gepflügt und vor dem Bestellen mehrmals geackert und geeggt worden sind, ausgesät, möglichst in Reihen. Auf 1 a rechnet man etwa 300 g Samen. Nach 14 Tagen pflegt die Saat aufzulaufen, nach weiteren 4 Wochen stehen die Pflanzen in voller Blüte. Die Pflanzen werden bis auf 15 cm Zwischenraum verdünnt und mehrmals behackt.

Ernte: Sobald die Schoten sich gelblich färben, werden die Samenstengel abgeschnitten und zur Nachreife aufgehängt.

Der Bedarf an weißem Senf überwiegt den an schwarzem bedeutend, weshalb auch in Thüringen fast ausschließlich nur weißer gebaut wird. Je nach der Bodenbeschaffenheit liefert 1 a 8—12 kg Samen.

Trigonella Foenum graecum *L.*
Griechisches Heu, Bockshornklee, Siebenzeiten.

Papilionaceae.

Allgemeines: Schon die alten Ägypter, Griechen und Römer kannten diese Pflanze, welche als Viehfutter und Gemüse Verwendung fand. Seit dem Mittelalter werden die Samen medizinisch gebraucht und spielen heute noch eine große Rolle in der Tierheilkunde. Bockshornklee ist in Westasien heimisch und wird in Thüringen, im sächsischen Vogtlande, in Franken und im Elsaß, sowie in vielen außerdeutschen Ländern auf Feldern angebaut. Diese einjährige Pflanze ist charakterisiert durch abwechselnd gestellte dreizählige Blätter mit Nebenblättchen, schmetterlingsförmigen Blüten und langschnabeligen Hülsen. Die Samen sind vierkantig, rautenförmig, gelbbräunlich, sehr hart mit hakig gekrümmtem Keim. Geschmack ist bitter, schleimig, Geruch nach Honigklee; sie enthalten Cholin, Trigonellin, einen gelben Farbstoff, fettes Öl, Schleim und Mineralbestandteile.

Anbau: Im wesentlichen ist die Kultur dieselbe, wie bei Fenchel, Koriander und Anis angegeben. Man darf nicht zu dicht aussäen, damit der Same sich gut ausbilden kann (auf 1 a rechnet man 200 g Saatgut). Man bedeckt schwach und walzt ein. Zweckmäßig sät man dazwischen vereinzelt große Bohnen, an denen die schwachen Pflanzen sich festhalten können.

Ernte: Man beginnt mit der Ernte, wenn der größte Teil der Schoten reif ist, bevor der reife Same auszufallen beginnt. Körnerertrag 16—20 kg von 1 a.

Verbascum thapsiforme *Schrader* et phlomoides *L.*
Königskerze, Wollblume.
Scrophulariaceae.

Allgemeines: Die Königskerzen sind in fast ganz Europa wildwachsende zweijährige Pflanzen. Sie liefern beide die offizinellen bis 2 cm Durchmesser erreichenden regelmäßig radförmigen fünfspaltigen goldgelben Blüten. Die Pflanzen erreichen eine Höhe bis 2½ m, haben eine möhrenartige ästige weiße Wurzel und einen durch herablaufende Blätter geflügelten Blütenschaft. Die Blätter sind runzelig, länglich-lanzettförmig, flach gekerbt und wie die ganze Pflanze sternhaarig-filzig bleichgrün. Die Fruchtform ist eine zweifächerige vielsamige Kapsel. Blütezeit: Juli bis September.

V. thapsiforme hat ganz herablaufende beiderseits dicht vollfilzige Blätter. Die längeren Staubfäden sind 1½—2 mal so lang wie die auf einer Seite lang herablaufenden Staubbeutel.

V. phlomoides ist etwas weniger hochwüchsig. Die Blätter sind kurz herablaufend, gelblich filzig. Die Staubfäden weißwollig, die längeren kahl oder nach oben spärlich behaart.

Die Wollblumen besitzen einen eigentümlichen angenehmen Geruch, der von Spuren ätherischen Öles herrührt und einen süßlichen, schleimigen Geschmack. Sie enthalten Zucker und Saponin, wodurch sie einen wirksamen Bestandteil des Brusttees ausmachen.

Anbau: Die Königskerze gedeiht am besten auf leichtem trokkenen Boden. Sie kann nie zuviel Sonne haben. Die Fortpflanzung geschieht durch Samen, den man Ende Juni oder Anfang Juli in gute Gartenerde sät. Das Auspflanzen kann noch im selben Herbst vorgenommen werden, sofern die Pflänzchen kräftig genug geworden, sonst nächstes Frühjahr im April, und zwar in Reihen, mindestens ¾ m voneinander entfernt. Einer besonderen Pflege bedürfen die Pflanzen weiter nicht mehr.

Ernte: Das Pflücken der Blüten ohne Kelch muß täglich vorgenommen werden und zwar in den Mittagsstunden, wenn dieselben vollständig trocken sind. Zwecks Samengewinnung reserviert man einige der schönsten Exemplare, von welchen man den obersten Teil des Blütenschaftes abschneidet. Man läßt den Samen möglichst lange in den Kapseln reifen. Die Blüten bringt man sofort nach dem Pflücken auf einen luftigen Trockenboden, wo man sie auf weicher Pappe oder Sackleinen dünn ausstreut. In der Sonne getrocknet, runzeln die Blüten zusammen und werden unansehnlich. Überhaupt empfiehlt es sich, die Blüten in welkem Zustande etwas zu pressen, indem man sie zwischen zwei Tücher nimmt und ein Brett aufdrückt, auch wohl darauf tritt. Wenn sie nach einigen Tagen halbtrocken geworden sind, vollendet man den Trockenprozeß im Dörrofen, wenn die Witterung nicht heiß genug dazu ist [1]. Als Aufbewahrungsort für die getrocknete Ware dienen Fässer aus Pappe, Holz oder Blech, deren Böden mit ungelöschtem Kalk handhoch beschickt sind. Die Blüten ziehen stets Feuchtigkeit aus der Luft an und werden dadurch mißfarbig und wertlos, ein öfteres Nachtrocknen ist unerläßlich. Für Apotheken können nur tadellos getrocknete Blüten von zitronengelber Farbe in Frage kommen. Eine Pflanze liefert bis zu 100 g trockene Blüten. Der Preis derselben ist großen Schwankungen unterworfen. Da die Pflanzen in der Natur nur vereinzelt vorkommen, und somit größere Posten nur mühsam gesammelt werden können, ist eine Kultur zu empfehlen. Der Schwerpunkt ist auf den Trockenprozeß und auf die Aufbewahrung zu verlegen. 1 a kann unter günstigen Bedingungen 15 kg trockene Blüten liefern.

Viola tricolor *L*.
Stiefmütterchen, Ackerveilchen, Freisamkraut, Samtveilchen.

Violaceae.

Allgemeines: Diese beinahe auf der ganzen nördlichen Erdhalbkugel auf Äckern allenthalben verbreitete Pflanze steht fast den ganzen Sommer hindurch, vom Mai bis September, in Blüte. An dem hohlen kantigen Stengel sitzen Blätter von verschiedener Gestalt. Die unteren sind langgestielt, herzförmig, am Rande ausgeschweift, die oberen kürzer gestielt, eiförmig bis lanzettlich; dazu gesellen sich leierförmige Nebenblätter. Die Blüten stehen blattwinkelständig, sind gespornt und dreifarbig, blau mit gelbem und weißem Grunde, aber bei der Varietät arvensis einfarbig gelblich. Medizinische Verwendung findet das ganze oberirdische Kraut als blutreinigendes Mittel in der Volksheilkunde. Es schmeckt bitterlich salzig und hat schwachen Geruch. Es enthält nach Dr. Gilg das Glykosid Violaquercitrin, Gerbstoffe sowie auch ein wenig Salizylsäure.

Anbau: Zum Anbau für Apotheken benützt man nur das kleinblumige Ackerstiefmütterchen mit hellgelben und weißlichen Blumenblättern. Besondere Bodenbeschaffenheit erfordert die Pflanze nicht. Man kann sie 1. als einjährige Pflanze im März oder

---

[1] Vgl. Allgem. Teil über Ernte, Trocknen usw. S. 30.

April in Reihen säen, begießt sie bis zum Keimen und behackt die Beete mehrmals, oder 2. man sät im Sommer (Juli), pflanzt im September und erntet im folgenden Mai, oder 3. man streut die Samen in Kleefelder und läßt die Pflanzen verwildern. Die Keimdauer beträgt 4 Wochen.

Ernte: Wenn die Pflanzen eben zu blühen beginnen, im Mai scheidet man sie ab, soweit sie mit grünen Blättern besetzt sind, und trocknet auf luftigem Boden unter öfterem Wenden.

Zweite Abteilung.

Ausdauernde oder perennierende krautartige medizinische Pflanzen oder Stauden.

Achillea millefolium *L.*
Schafgarbe.
Compositae.

Allgemeines: Man findet diese Pflanze vorläufig noch häufig an Wegen. Sie ist charakterisiert durch völlig behaarte mehrfach fiederspaltige Blätter und schirmtraubig gestellte weißstrahlige Blütenköpfchen. Der Stengel erreicht eine Höhe von $3/4$ m. Blütezeit Juni bis September. Sowohl Blätter als Blüten finden arzneiliche Verwendung und zwar als Blutreinigungsmittel in der Volksheilkunde. Der Geruch ist schwach aromatisch, der Geschmack schwach bitter-salzig. Bestandteile sind Bitterstoffe, ätherisches Öl, Harze, Gerbstoffe und Achilleasäure.

Anbau: Sowohl angesät als ausgepflanzt kommt die Schafgarbe noch auf solchen Bodenarten fort, auf denen Getreide nicht mehr gedeiht. Sie breitet sich immer mehr aus, teils durch Selbstaussaat, teils durch Wurzelausläufer, und dauert viele Jahre aus, ohne durch Hitze und Trockenheit zu leiden. Vorteilhaft bepflanzt man Maulwurfshaufen trockener Wiesen damit, wodurch die Wiesen verbessert werden, denn die Schafgarbe ist ein gutes Viehfutter. Die Saat geschieht breitwürfig auf das vorgeeggte Land, den Samen bringt man mit der Egge unter.

Ernte: Man erntet das Kraut kurz vor der Blüte; die Blütenköpfchen werden, wenn sie sich entfaltet haben, möglichst kurzstielig gepflückt.

Aconitum Napellus *L.*
Eisenhut, Sturmhut.
Helleboraceae.

Allgemeines: Die in den Gebirgen der gemäßigten Zone Europas und Asiens heimische Giftpflanze hat einen einfachen aufrechten etwa 1 m hohen Stengel. Die Blätter sind glänzend und fünfteilig mit dreiteiligen, eingeschnittenen, linienförmigen Ausschnitten. Der dunkelblaue helmförmige Kelch birgt zwei langgestielte kapuzenartige Blumenblätter. Die zwei zusammenhängenden kegeligen fingerlangen Wurzelknollen, deren eine (diesjährige) schwer, dicht, innen weißlich, die andere (vorjährige) leicht, oft hohl, innen bräunlich, zeigen auf dem Querschnitt sternförmig umgrenztes Mark. Die fast gleich aussehenden, meist nur etwas kleineren Knollen von Aconitum Stoerkianum (Reichenbach) dürften ebenso wirksam sein und sind als eigentliche Verwechslung nicht zu bezeichnen.

Aus dem frischen Kraut (Herba Aconiti) wird das in der Homöopathie viel angewandte Akonit bereitet. Die Knollen (Tubera Aconiti) enthalten bis 1 % Akonitin (sehr giftiges Alkaloid), Harz, Mannit u. a. m. Man gebraucht sie gegen Rheumatismus als Extrakt und Tinktur.

Anbau: In nicht zu nahrhaftem Boden an schattigen Stellen gezogene Pflanzen liefern ein ebenso brauchbares Kraut wie die wildwachsenden, so daß die gegen die kultivierten Pflanzen erhobenen Verdächtigungen nicht ganz berechtigt sind. Man vermehrt die Pflanzen durch Teilung; im ersten Jahre aber bleiben sie noch schwach. Es ist überhaupt ratsam, ab und zu die Beete ungestört zu lassen, anstatt durch alljährliches Abschneiden die Pflanzen zu erschöpfen. Man macht größere Pflanzungen in Parkanlagen und genießt sie gleichzeitig als hübsche Zierpflanzen. Man beobachtet einen Abstand von etwa 50 cm und sorgt für Lockerung des Bodens im Frühjahr. Der Same ist ein Frostkeimer, muß also im Herbst gesät werden.

Ernte: Man pflückt die Blätter zur Zeit der Blüte im Mai und Juni; auch die unterirdischen Knollen von den blühenden Pflanzen werden gesammelt, doch nur die noch nicht in einen Stengel verlängerten, dicken, prallen helleren Tochterknollen.

Acorus Calamus *L.*
Kalmus, deutscher Ingwer.
Aroideae.

Allgemeines: Die aus dem Orient stammende schilfähnliche Pflanze findet sich in Europa an Teichen und Bächen. Die Blätter sind schwertförmig und gestreift, umfassen sich wechselweise scheidenartig, erreichen eine Höhe von etwa 1 m und stehen aufrecht. Der Schaft ist von gleicher Länge, flach zusammengedrückt, fast zweischneidig. Aus seiner Mitte keimt aus der stumpfen Kante der 6—8 cm lange Kolben, dessen oberer Teil blattartig ist. Die Blüten sind grünlichgelb. Blütezeit: Juni und Juli; reife Früchte bildet der Kalmus bei uns niemals. Von Bedeutung ist der walzenförmige Wurzelstock mit grünlicher, rötlicher oder bräunlicher dicht beringelter Rinde, welche durch die Blattnarben in drei eckige Felder geteilt ist. Innen erscheint der Wurzelstock weißlich und durch zahlreiche Luftgänge schwammig. Der Querschnitt zeigt unter der porösen Rindenschicht ein ebenfalls poröses Holz mit zerstreuten Gefäßbündeln. — Geschmack ist bitter, Geruch aromatisch. Der Kalmus enthält ein ätherisches Öl, Akorin (ein Glykosid), sowie das Alkaloid Kalamin und Cholin. Kalmus dient als Magenmittel und findet als Extractum Calami und Tinctura Calami oder auch als kandierter Kalmus Anwendung.

Anbau: Wer in seinen Besitzungen Sümpfe, Gräben oder Teiche hat, dem sei eine Kultur dieser nützlichen Pflanze empfohlen. Dieselbe trägt auch bei zur Uferbefestigung. Die Fortpflanzung geschieht durch die Wurzel. Man wirft die schwachen unbrauchbaren Wurzelstücke in den Schlamm, wo sie von selbst fortwuchern und nach einigen Jahren reiche Ernte geben. Das Wasser darf nicht über 12—15 cm Tiefe haben.

Ernte: Zur Herbstzeit, wenn die Gräben und Teiche trocken gelegt werden, der Fischerei oder des Ausschlämmens wegen, reißt man mittels Misthakens die im Schlamm kriechenden Wurzelstöcke los und zieht sie ans Land. Sie werden vom Schlamm gereinigt und von den Wurzeln und Blättern befreit, dann gewöhnlich der Länge nach gespalten und bei gelinder Wärme getrocknet. Nur geschälte Rhizome sind zu arzneilicher Verwendung geeignet; für Bäder darf jedoch auch ungeschälter Kalmus abgegeben werden.

Der ähnliche vielfach als Verwechslung dienende Wasserschwertel, sog. falscher Kalmus, hat schöne gelbe Blüten, doch keinen Geruch.

Adonis vernalis *L.*
Adonisröschen, Teufelsauge.

Ranunculaceae.

Allgemeines: Der ausdauernde schon im April und Mai auf kalkhaltigen Hügeln blühende Frühlingsadonis weist alle charakteristischen Merkmale der Ranunculaceen auf, zeichnet sich aber ferner durch die großen zitronengelben Blüten und durch weichhaarige Früchtchen mit hakenförmigem Schnabel aus. Der Wurzelstock dieser Pflanze war früher offizinell. Das Kraut findet in einzelnen Ländern noch immer einen nicht unbedeutenden Absatz, und da diese Droge eigentlich nur arzneiliche Anwendung ähnlich wie Digitalis findet, hat man in ähnlicher Weise wie bei Folia Digitalis durch physiologische Prüfung den tatsächlichen Wirkungswert festgestellt. Dr. Focke ermittelte einen Valor von etwa 4,7, also einen ähnlichen Froschwert wie bei guter Digitalis.

Anbau: Die Vermehrung läßt sich sowohl durch Samen als auch durch Stockteilung vornehmen, und bietet eine Kultur keine besonderen Schwierigkeiten. Der Same fällt unter die Lichtkeimer, darf also nicht tief unter die Erde gebracht werden.

Agrimonia Eupatoria *L.*
Odermennig, Steinwurzel.

Rosaceae.

Allgemeines: Diese Pflanze wächst bei uns überall wild, besonders auf Waldwiesen. Die Blätter sind unterbrochen gefiedert, die gelben Blüten stehen in verlängerten Ährentrauben, der Fruchtkelch ist verkehrt-kegelförmig, tief längsgefurcht — angenehmer Geruch. Blütezeit: August und September.

Anbau: Auf magerem Boden, besonders an Waldrändern, wo kein Gras wächst, läßt sich durch Ausstreuen von Samen diese Pflanze leicht ziehen, doch dürfte wegen der nicht allzu großen Nachfrage vorläufig dazu noch keine Veranlassung vorliegen.

Alkanna tinctoria (*L.*) *Tausch.*
Rote Ochsenzungenwurzel, rote Schlangenwurzel.

Boragineae.

Allgemeines: Die Wurzel der im südlichen und südöstlichen Gebiete des Mittelmeeres wachsenden, zum Teil auch in wärmeren Gegenden Deutschlands angebauten Pflanze ist vielköpfig, 10 bis 15 cm lang und bis 1 m dick; sie ist meist etwas um ihre Achse gedreht, hat einen zerbrechlichen, gelblichweißen Holzkörper und dunkelviolette bis braunrote, leicht sich abblätternde Rinde, welche allein nur Verwendung findet, da sie der alleinige Träger eines roten Farbstoffes, des Alcannins, ist. Im Handel erhält man die Alkanna tinctoria aus Kleinasien, der Türkei und namentlich Ungarn, von den auf Sandgebieten wildwachsenden Pflanzen, man versendet sie in Ballen von etwa 100 kg. Die gewöhnliche Alkanna tinctoria wird zum Rotfärben von Haaröl, Pomaden, Polituren usw. benutzt. Die Einführung der neuen Teerfarben hat dem Verbrauch dieser Wurzel viel Abbruch getan.

Anbau: Man zieht sie aus Samen, der aber nur in guten warmen Lagen reift, oder durch Zerteilung von Wurzeln. Guter, nicht mit frischem Mist gedüngter Boden und tiefe Bearbeitung sowie öftere Lockerung sind Bedingung. Man gibt den Pflanzen einen Abstand von etwa 20 cm. Im Spätherbst bedeckt man das Beet mit Laub.

Althaea officinalis *L.*
Eibisch, Altheewurzel, weiße Pappel.
Malvaceae.

Allgemeines: Althee ist im östlichen Mittelmeergebiet einheimisch und wird in Nordbayern (Nürnberg, Bamberg, Schweinfurt), sowie auch in Ungarn, Belgien und Frankreich kultiviert. Die Pflanze wird 1—1,25 m hoch, der Stengel ist filzig-zottig; die beiderseits samtartig-filzigen Blätter sind eiförmig, spitz, schwach, 3—5 lappig und am Grunde etwas herzförmig; die mittelgroßen rötlichweißen Blüten stehen büschelartig gehäuft, die Büschel sind kürzer als das zugehörige Blatt. Die im Juli und August blühende Pflanze wächst wild an Gräben und auf feuchten Wiesen, besonders auf salzhaltigem Boden. Der mehrköpfige Wurzelstock trägt senkrecht absteigende, außen graugelbliche, innen weiße und schleimigfleischige Wurzeln, von denen vorzugsweise die zweijährigen der kultivierten Pflanzen als Eibischwurzel offizinell sind. Der Hauptbestandteil der Altheewurzel ist Schleim, daneben viel Stärke, Asparagin, Rohrzucker und bis 5% Mineralbestandteile. Auch die viel Schleim enthaltenden Blätter sind als Folia Althaeae offizinell.

Anbau: Die Fortpflanzung geschieht im Frühjahr sowohl durch Wurzelschosse, welche man in einer Entfernung von etwa 30 cm in Reihen pflanzt, als auch durch Samen, den man in gutes Gartenland sät. Die Keimung dauert etwa 3 Wochen. Die Sämlinge pflanzt man zum Herbst ins Feld ebenfalls mit 30—40 cm Abstand. Man wählt besonders guten humusreichen Sandboden von mäßiger Feuchtigkeit dazu; Lehmboden ist wenig geeignet. Zwischen den Pflanzenreihen wird der Boden behackt und das Unkraut entfernt. Da Eibisch den Boden sehr aussaugt, ist zuweilen Nachdüngung mit Stallmist und Kalisalzen sowie auch Platzwechsel zu empfehlen.

Ernte: Während die Blätter fortwährend gepflückt werden können, ist die Wurzel erst nach 2—3 Jahren brauchbar. Man gräbt dieselbe spät im Herbst aus und schält sie frisch; alsdann wird sie getrocknet und in Würfelform geschnitten. Die beim Schälen abfallenden Rindenteile und Faserwurzeln können als milchbildendes Kuhfutter verkauft werden.

1 a bringt im dritten Jahr durchschnittlich 30 kg trockene Wurzeln.

Eibisch wird von verschiedenen Schädlingen heimgesucht. So von Erdflöhen besonders bei Trockenheit; auch einseitige Düngung mit Stallmist und Jauche begünstigt deren Auftreten. Man schützt die Pflanzen durch fleißiges Gießen sowie Kali- und Phosphordüngung.

Ein weiterer Schädling ist die Erdraupe, die an jungen Trieben frißt, die Hopfenspinnmilbe, die Wühlmaus, und schließlich der Malvenrost, ohne allerdings so verheerenden Schaden anzurichten wie bei der Stockrose.

Anemone Pulsatilla *L.* und Anemone pratensis *L.*
Küchenschelle.
Ranunculaceae.

Allgemeines: Die Blätter sind grundständig, mehrfach fiederspaltig, zur Blütezeit noch nicht ausgewachsen. Der 10 cm hohe Blütenschaft trägt eine einzelne ansehnliche violettblaue glockige Blüte, die bei erstgenannter Art aufrecht, bei letztgenannter nickend ist. Etwa in der Mitte des Schaftes befindet sich eine zerfetzte Hülle. Das Kraut wird nur frisch gebraucht, da seine brennende Schärfe (Anemonin, Pulsatillenkampfer) beim Trocknen verschwindet. Man bereitet daraus Extrakt. Die Pflanze spielt eine Hauptrolle in der Homöopathie, und reichen die wildwachsenden Pflanzen kaum mehr aus, so daß der Anbau zu empfehlen ist.

Anbau: Wie der natürliche Standort erkennen läßt, gedeiht die Pflanze am besten auf sonnigen Bergen der Kalkformation, auf unfruchtbaren Grasplätzen und schlechten Waldwiesen, wo es im Frühling nicht an Feuchtigkeit, im Sommer nicht an Sonne fehlt. Die Vermehrung kann teils durch Stockteilung im Herbst vorgenommen werden, weil die Pflanzen schon bald nach dem Schmelzen des Schnees treiben, teils durch Samen, den man im Herbst aussät. Die Pflanzen können dicht stehen. Eine Bearbeitung des Bodens ist nicht ratsam, nur überhandnehmendes Unkraut hat man auszurotten. Nach mehreren Jahren ist der Platz zu wechseln und die Pflanzung zu erneuern.

Ernte: Die Blätter werden gesammelt, wenn sie vollkommen ausgewachsen sind; um die Pflanze nicht zu schwächen, nimmt man nicht alle Blätter von einer Pflanze. Das Trocknen muß schnell vor sich gehen, und hat man für gute Aufbewahrung Sorge zu tragen. Viel häufiger aber, wie bereits oben erwähnt, benutzt man die frischen Blätter.

Anthemis nobilis *L.*
Edle oder römische Kamille.
Compositae.

Allgemeines: Die römische Kamille hat mehrere etwa 20 cm lange niederliegende ästige Stengel. Die Blätter sind dreifach gefiedert, mit zarten Haaren überzogen. Durch die Kultur sind die Blütenköpfchen gefüllt, indem die gelben röhrigen Scheibenblüten größtenteils in weiße zungenförmige Strahlenblüten übergegangen sind. Der Fruchtknoten ist gewölbt, mit stumpfen zerschlitzten Spreublättchen besetzt; Federkrone fehlt. Blütezeit im Juni bis August. Geschmack ist bitter, Geruch aromatisch, kamillenähnlich. Die Blüten enthalten wesentlich ätherisches Öl und sind wie Flor. Chamomill. vulgar. ein Volksheilmittel.

Anbau: Die Pflanze verlangt mittelmäßigen, möglichst humusreichen Sandboden (fetter Boden erzeugt wenig Blüten), sonnigen trockenen Standort und öfteres Umpflanzen, wenn die Pflanzung lückenhaft zu werden beginnt, oder wenn die kriechenden Stengel ineinander wachsen und so faulen. Die Fortpflanzung geschieht durch Stockteilung, die Pflanzen werden im April zerrissen und geteilt und bekommen einen allseitigen Abstand von etwa 20 cm. Reinhalten von Unkraut und Behacken ist vorteilhaft.

Ernte: Man pflückt täglich, doch stets nur die vollständig kugelig entwickelten Blüten an trockenen Tagen, wenn kein Tau auf denselben liegt, breitet dieselben auf Dachböden aus und liest nach dem Trocknen die mißfarbigen aus. Der Trockenprozeß ist hier von größter Bedeutung, da die Blüten sehr empfindlich sind. Bei feuchter Witterung ist eine künstliche Trockenvorrichtung unentbehrlich.

1 ha liefert bis 20 Ztr. Blüten. In Sachsen, besonders in der Gegend um Leipzig und Borna, wurde die römische Kamille früher sehr nutzbringend im großen gebaut. Viele Zentner gingen alljährlich nach Amerika, England und Rußland, teils zur Gewinnung von ätherischem Öl, teils zur Verwendung in der Bierbrauerei. In Deutschland dient sie ausschließlich medizinischen Zwecken. Die einheimische Produktion ist stark zurückgegangen.

Aristolochia (clematitis — serpentaria — longa — rotunda) *L.*
Osterluzei — Schlangenwurzel usw.
Aristolochiaceae.

Allgemeines: Die Familie der Aristolochiaceen umfaßt etwa 200 der wärmeren gemäßigten Zone, vorzugsweise der nördlichen, und dem tropischen Amerika, wenige dem tropischen Asien angehörige Arten; meist krautartige Pflanzen, seltener Sträucher, vielfach aber Schlingpflanzen. Verschiedene Aristolochiaceen sind kostbare Zierpflanzen der Warmhäuser. Alle besitzen wechselständige gestielte ganzrandige oder 3—5 lappige Blätter, zwitterige Blüten und ein einfaches dem Fruchtknoten aufsitzendes dreilappiges oder unregelmäßig gezahntes Perigon; verschieden ist die Zahl der Staubblätter und der Narben. In Deutschland kommt nur A. Clematitis wild vor, die einen kriechenden Wurzelstock und je 5—7 in den Blattwinkeln stehende, etwa 2 cm lange Blüten mit schmutziggelbem leichtgekrümmten, in eine Zunge auslaufenden Perigon besitzt. Dieses Kraut findet sich vornehmlich in Weinbergen mit kalkigem Boden. Die Wurzel war früher offizinell. Zu ähnlichen Zwecken dienen die knolligen Wurzelstöcke zweier südeuropäischer Arten, der A. longa und rotunda. — A. serpentaria ist eine aufrechte Staude, deren aus vielen dünnen schlangenartig ineinander geflochtenen Wurzeln bestehender Wurzelstock unter dem Namen der virginischen Schlangenwurzel bekannt ist und früher als Radix Serpentariae offizinell war. Die trockene Wurzel des Handels hat einen starken baldrianähnlichen Geruch und einen bitteren kampferartigen Geschmack. Sie enthält ätherisches Öl und Bitterstoff. In ihrem Vaterlande wendet man sie als Gegengift gegen den Biß der Klapperschlange usw. an.

Anbau: Die künstliche Kultur dieser Pflanzen läßt sich aus ihren Standorten an sonnigen Bergen zwischen Steingeröllen und lichtem Gebüsch, an Hecken und ähnlichen unfruchtbaren Orten, besonders auf Kalkboden, leicht folgern. Die Vermehrung geschieht am besten durch Ableger oder Stecklinge. A. rotunda vermehrt sich auch durch die einer Kartoffel ähnliche Wurzelknolle. — Sämtliche Aristolochiaceen lassen sich auch durch Samen vermehren, den man auf guten Gartenboden aussät.

Arnica montana *L.*
Wohlverleih, Fallkraut, Johannisblume, St. Lucianskraut usw.

Compositae.

Allgemeines: Die Arnika ist eine der allerwichtigsten Arzneipflanzen und spielt auch im homöopathischen Arzneischatz eine Hauptrolle. Diese auf Gebirgswiesen und hoch gelegenen Moorwiesen in ganz Mitteleuropa verbreitete Staude wird bis $\frac{1}{2}$ m hoch; der Stengel ist einfach oder hat an der Spitze zwei bis vier gegenständige blattlose Blütenäste mit einem oder drei Körbchen; die Blätter sind ganzrandig, ungestielt; die Wurzelblätter rosettenartig. Die Stengelblätter gegenständig und kleiner; die einzelnen dottergelben Blütchen, teils weibliche zungenförmige Strahlenblütchen mit dreizähniger Zunge, teils zwitterige röhrenförmige Scheibenblütchen, sind alle mit haarförmiger rauher zerbrechlicher Federkrone versehen. Der federkieldicke schief oder horizontal verlaufende harte braune Wurzelstock ist nur auf der Unterseite mit zahlreichen zerbrechlichen Nebenwurzeln besetzt. Man benutzt von Arnica montana die Wurzel, das Kraut und die Blüten; letztere kommen in Apotheken nur ohne Hüllkelch und Blütenboden zur Verwendung. Der Geruch der Blüten ist schwach aromatisch, ihr Geschmack stark aromatisch und bitter. Bestandteile sind: ein Bitterstoff, Arnicin genannt, und Spuren von ätherischem Öl. Sie dienen zur Bereitung der Tinctura Arnicae, welche als Volksmittel zu Einreibungen und Umschlägen berühmt ist. Die Wurzel enthält ebenfalls ätherisches Öl, Arnicin und Harz. — Die Blütezeit erstreckt sich von Juni bis September.

Anbau: Infolge der vielseitigen Anwendung der Arnika wird den wildwachsenden Pflanzen so sehr nachgestellt, daß eine Kultur sicherlich empfohlen werden kann, vorausgesetzt, daß die geeignete Lage dazu vorhanden ist. In warmen trockenen Ebenen kommt Arnika nicht fort, dagegen gedeiht sie prächtig auf rauhen Hochebenen und in kalten Waldgegenden, auf schlechten Wiesen und Triften mit feuchtem moorigen Boden mit vielen Niederschlägen. Der Boden wird umgepflügt und geeggt, alsdann sät man im August oder im zeitigen Frühjahr Grassamen, gemischt mit etwa $\frac{1}{3}$ Arnikasamen, und walzt fest.

Die Blumenernte fällt in das zweite Jahr, während die Wurzeln nach 3—4 Jahren gestochen werden können. Läßt man Samen ausfallen, so pflanzt sich Arnika von selbst fort, ohne den Graswuchs zu beeinträchtigen. Man kann den Samen auch im August auf ein Gartenbeet säen und die Pflänzchen im folgenden Frühjahr in einem Abstand von etwa $\frac{1}{2}$ m versetzen. Schließlich kann die Fortpflanzung auch durch Stecklinge geschehen, ebenso wie bei Althaea angegeben.

Ernte: Blüten und Blätter (letztere werden am wenigsten gebraucht) werden gemeinsam gesammelt, und zwar an heiteren Tagen, nachdem kein Tau mehr auf den Pflanzen liegt. Der Trockenprozeß muß schnell und sorgfältig vor sich gehen; man vermeide das Einsammeln von angefressenen verkümmerten Blüten, um nicht Larven und Puppen der die trockenen Blüten zerstörenden Insekten (Artherix maculatus und Musca Arnica) mit einzubringen. Es empfiehlt sich, das Trocknen über Kohlenfeuer vorzunehmen, damit jene Insekten vertilgt werden. Am wertvollsten sind die reinen Strahlenblüten. Die Wurzeln gräbt man im Herbst.

Artemisia Absinthium *L.*
Gemeiner Wermut, bitterer Beifuß usw.
Compositae.

Allgemeines: Dieses in Süddeutschland stellenweise wild vorkommende, auch häufig angebaute Kraut besitzt ausdauernde Wurzel und einen 60—120 cm hohen rispigen gräulich-filzigen Stengel, doppelt und dreifach fiederspaltige Blätter beiderseits mit einem zarten seidenartigen weißlichen Haarbezug versehen, fast kugelige nickende gelbe Blüten und hat einen stark aromatischen Geruch und brennend gewürzhaften, äußerst bitteren Geschmack, namentlich die als Herba Absinth. offizinellen Blätter und die unter dem Namen Summitates Absinth. bekannten blütentragenden Ästchen, die ätherisches Öl, einen Bitterstoff, Absinthin genannt, ferner Apfelsäure, Bernsteinsäure und Gerbstoff enthalten. Der Bitterstoff (Absinthin, Wermutbitter) und das ätherische Öl sind sehr heilkräftig, weshalb der Wermut als magenstärkendes und wurmwidriges Mittel in verschiedener Form (Öl, Extrakt, Tinktur usw.) verwendet wird. Sehr ausgedehnt ist ferner die Verwendung der Pflanze zu dem unter dem Namen „Extrait d'absinthe" verkauften Likör (unter Zusatz von Anis und verschiedenen anderen Artemisiaarten), sowie als Denaturierungsmittel von Viehsalz. So häufig auch die Pflanzen bei uns in Gärten gezogen werden, wird der Bedarf nur schwer gedeckt. Die am meisten geschätzte Ware liefern trockene Gebirgsgegenden. Verlassene Steinbrüche und Schutthalden, steinige Hohlwege sind die geeignetsten Standplätze des Wermuts. Die Pflanzen blühen von Juli bis September.

Anbau: Der Wermut gedeiht auf jedem Boden, wenn derselbe nicht zu feucht ist; er ist sehr bescheiden in seinen Ansprüchen an die Bodenbeschaffenheit. Man sät gut ausgereiften Samen Ende Mai oder Anfang Juni in Gartenland aus, wo er in 10—14 Tagen keimt, und bringt im August die Pflänzchen auf mageren ungedüngten Boden in einem Abstand von etwa 50 cm. Auch durch Wurzelteilung alter Stöcke kann die Vermehrung vorgenommen werden. Ist der Wermut einmal angebaut, dann pflegt er sich selbst auszusäen, welcher Umstand auch begünstigt werden muß, da mehrjährige Stöcke im Winter leicht erfrieren. Zu diesem Zweck läßt man immer einige Stöcke dazwischen blühen und reifen. Im allgemeinen kann der Wermut meist viele Jahre stehen, ohne irgend

Arbeit zu verursachen, nur sind die etwa entstehenden Lücken auszufüllen.

Ernte: Sobald die Blüte beginnt, schneidet man die Spitzen der Stengel mit den Blättern und Blüten ab, sowie die noch frischen grünen Blätter vom unteren Stengel und trocknet unter häufigem Wenden an einem luftigen Orte im Schatten.

1 a bringt ungefähr 50 kg grobes Kraut, sog. technische Ware, woraus gegen 10% Apothekerware ausgelesen werden kann.

Artemisia Dracunculus *L.*
Estragon, Dragun.
Compositae.

Allgemeines: Das Vaterland des Estragons ist Sibirien und die Tatarei. Diese beliebte Gartenpflanze wird weniger mehr in Apotheken als zur Küchenwürze gebraucht. Besonders von Essig- und Senffabriken ist derselbe sehr gesucht und gern gekauft. Der faserigen Wurzel entspringen mehrere aufrechte ästige 1—1½ m hohe Stengel mit hellgrünen lanzettförmigen Blättern. Die Wurzelblätter sind dreispaltig. Die unscheinbaren gelblichgrünen Blüten stehen in langen schmalen Trauben an der Spitze der Stengel. Die Pflanze ist in allen ihren Teilen sehr aromatisch.

Anbau: Der Estragon liebt lockeren Boden und trockenen sonnigen Standort, die Vermehrung geschieht am einfachsten und sichersten durch Wurzelteilung im Frühjahr; die durch Stecklinge ist umständlicher, weil hierzu Frühbeete erforderlich sind. Die Teilung wird zweckmäßig alle 3—4 Jahre beim Umpflanzen vorgenommen. In einer Entfernung von etwa 60 cm pflanzt man die Wurzeln in gute Gartenerde. Überhaupt verlangt Estragon gute Düngung und gibt dann schon im ersten Jahre kräftige Pflanzen. Bei guter Behandlung soll eine Estragonpflanzung jahrelang anhalten. Die Pflanzen bilden allmählich starke Büsche, und kann man denselben jedes Jahr eine Anzahl Setzlinge für weitere Anpflanzungen entnehmen. Alle 3—4 Jahre ist aber ein Umpflanzen ratsam. Zur Erziehung jüngerer Pflanzen sät man den Samen in ein Frühbeet. Um die Fläche von 1 a zu bepflanzen sind 2 g Samen erforderlich. Der Blattertrag kann erhöht werden, indem die Blüte vor der Entfaltung abgeschnitten wird. Im Herbst schneidet man die Stengel kurz über der Erde ab und bedeckt sie mit kurzem verrotteten Pferde- und Kuhdünger.

Ernte: Die Pflanzen werden zum erstenmal im Juni, zum zweitenmal im September geschnitten. Das Abschneiden kann ziemlich nahe am Boden geschehen. Die Ernte wird am besten immer im frischen Zustand (und zwar die ganzen Stengel) an die Konsumenten verkauft und nur, wo dies nicht möglich ist, werden die Blätter abgestreift und getrocknet.

Artemisia vulgar. L.
Beifuß.
Compositae.

Allgemeines: Die Pflanze stammt aus dem Orient, kommt aber häufig wild bei uns vor, besonders an Ufern und in Hecken, an Wegen und auf Schutthaufen. Der Beifuß hat einen krautartigen, 1—1½ m hohen, am Grunde holzartigen Stengel, oben ästig und in einer langen pyramidalen Rispe endigend. Die eirunden Blätter sind fiederspaltig mit länglichen, zugespitzten, meist eingeschnittenen oder gesägten Zipfeln, oberseits dunkelgrün, kahl, unterseits weißlich, filzig. Die Scheibenblüten sind rötlich, die weiblichen gelblich. Blütezeit Juli bis September.

Anbau: Man vermehrt den Beifuß im Frühjahr durch Teilung alter Pflanzen oder durch Aussaat von Samen wild wachsender Pflanzen, der nur oberflächlich aufgestreut, schon nach etwa zehn Tagen keimt. Die Sämlinge pflanzt man im Abstand von etwa ½ m. Der Beifuß begnügt sich mit dem schlechtesten Boden.

Ernte: Im Juli und August erntet man die blühenden Stengelspitzen samt den unteren Blättern und trocknet im Schatten. Der Schnitt kann mit der Sichel geschehen, sofern es sich um Ware für technische Zwecke handelt. Ein zweiter Schnitt folgt im Spätherbst. Verwendung findet sowohl das Kraut (Herb. artemisia vulgi) wie auch die Wurzel (rad. artemisia).

Arum maculatum L.
Gefleckter Aron, Zehrwurz, Magwurz.
Aroideae.

Allgemeines: Die Pflanze hat ihren Standplatz in schattigen Laubgebüschen und Wäldern auf feuchtem, humosen Boden; ein niedriges Kraut mit scharf giftiger, getrocknet unschädlicher Knolle und spießförmigen braungefleckten Blättern. Innerhalb der außen bleichgrünlichen, inwendig schön weißen Kolbenscheide befindet sich ein nach der Spitze hin keulenförmig verdickter, violetter oder rotbrauner Kolben, der an der Basis eine Anzahl weiblicher Blüten (nackte Stengel), darüber viele männliche Blüten nackte Staubbeutel) trägt. Die Pflanze blüht im Mai und Juni und enthält in allen Teilen einen brennend scharfen Saft, besonders in den Knollen, die als Rhizoma oder Tubera Ari offizinell gewesen sind. Sie enthalten eine ziemliche Menge Stärkemehl (Aronstärke), weshalb sie in getrocknetem Zustande in manchen Gegenden gegessen werden, obwohl die Pflanze wegen ihres scharfen Saftes als giftig gilt.

Anbau: Vorläufig dürfte es kaum lohnen, die Pflanze zum Arzneigebrauch anzubauen, doch ist es nicht ausgeschlossen, daß die Knollen noch einmal in der Zukunft eine Rolle spielen werden wegen ihres hohen Stärkegehaltes als Nährmittel. Sicherlich wären Versuche nach dieser Richtung hin sehr interessant, und steht zu erwarten, daß durch entsprechende Düngung die Größe der Knollen noch bedeutend gefördert werden könnte. Man wähle zum Anbau feuchtes Land und lege im Herbst die Knollen wilder Pflanzen in Reihen nach Art der Bohnenkultur. Der Same keimt sehr langsam an.

Asarum europaeum *L.*
Haselwurz, wilder Nard.
Aristolochiaceae.

Allgemeines: Diese gewürzhafte duftende Pflanze gedeiht am besten in humoser feuchter Lauberde in schattigen Wäldern, Gebüschen und Hecken, hat einen unterirdisch kriechenden Wurzelstock, welcher langgestielte nierenförmige Blätter und am Ende der Äste zwischen je zwei gegenständigen Blättern stehende braunviolette, sehr kurzgestielte Blüten treibt. Der Wurzelstock war als Rhizoma Asari früher offizinell. Er war in Pulverform als Niesmittel, besonders als Zusatz zu dem bekannten Schneeberger Schnupftabak benutzt, heute fast nur mehr als Hausmittel und von Tierärzten angewendet. Gewöhnlich benutzt man Wurzel und Kraut (Radix cum Herba Asari) zusammen und sammelt sie im August, wenn die Blätter, welche erst im Juni sich bilden, vollkommen ausgewachsen sind. Einmal angepflanzt, erfordert die Haselwurz gar keine Pflege; die Haselwurz zum Verkauf in Menge anzubauen, dürfte jedoch kaum lohnen. Ihrer schönen Blätter wegen ist sie als Zierpflanze in Gärten nicht zu verachten.

Asperula odorata *L.*
Waldmeister, Herzfreude, Meserig, Sternleberkraut.
Stellatae.

Allgemeines: Der Waldmeister, dessen aromatisches Kraut man zur Bereitung von Maitrank braucht, wächst in schattigen Laubwäldern (besonders Buchenwäldern). Das zarte Pflänzchen hat einen fadenförmigen kriechenden Wurzelstock, aufrechten vierkantigen Stengel, zu acht gestellte länglich-lanzettförmige Blätter und weiße, angenehm duftende Blüten in endständiger dreiteiliger Trugdolde. Die Früchte tragen Hakenbörstchen. Das Aroma rührt von Cumarin her. Er liefert das in den Apotheken gebrauchte Herba Matri silvae s. Hepaticae stellatae. Der Waldmeister kommt nicht gerade häufig vor, zudem wird ihm so sehr nachgestellt, daß künstliche Anpflanzungen nicht genug empfohlen werden können.

Anbau: Die Anzucht aus Samen, welchen man von den meisten größeren Handelsgärtnereien beziehen kann, ist nicht schwierig. Die Aussaat geschieht im Frühjahr in flache Kästen in sandige Laub- oder Heideerde; im Herbst pflanzt man an Ort und Stelle aus und bedeckt die Pflänzchen gut mit Laub. Vorteilhafter aber ist es, die Fortpflanzung durch Stecklinge zu machen. Man hole aus dem Walde im Juli oder August Pflanzen, und zwar achte man besonders darauf, daß die langen unter dem trockenen Laube hinkriechenden Wurzeln möglichst unversehrt bleiben, und pflanze diese sofort in gute Erde, bedecke sie mit Laub oder halb verwester Lauberde und halte sie anfangs feucht. Bald wird man eine immer stärkere Ausbreitung der Pflanzung beobachten. — Auch in Töpfen oder Mistbeeten läßt sich Waldmeister auf diese Weise ziehen.

Soll der Waldmeister in getrocknetem Zustand aromatisch und wirksam sein, so müssen die kurz vor der Blüte geschnittenen Stengel im Schatten rasch getrocknet werden.

Aspidium Filix mas. (*L.*) *Sw.*
Männliches Farnkraut, männlicher Tüpfel- oder Wurmfarn, Nierenfarn.

Filices.

Allgemeines: Von allen den Farnkräutern, welche sich durch ihre schön geformten Wedel auszeichnen, ist dieses das wichtigste, weil sein dicker, schief im Boden liegender unterirdischer Stamm einen sehr kräftigen wurmwidrigen Stoff enthält. Der äußerlich mit den dachziegelförmig übereinander liegenden schwarzbraunen Basen der abgestorbenen Wedel sowie mit zahllosen braunen Schuppen bedeckte innerlich grasgrüne Wurzelstock (Rhizoma Filicis maris) auch Teufelsklaue oder Johanniswurzel genannt, hat einen widerlichen Geruch und Geschmack. Das ätherische Extrakt desselben (als Extractum Filicis offizinell) ist ein wichtiges Bandwurmmittel. Im Alter ändert die grüne Farbe des Parenchymgewebes sich in eine zimtbraune um. Das Farnkraut findet sich bei uns häufig in feuchten Laubwäldern, besonders an steinigen schattigen Orten. Wie bei allen Farnen ist die Fortpflanzung eine geschlechtliche und ungeschlechtliche (sog. Generationswechsel). Die erste Generation schließt mit einer geschlechtlich befruchteten Keimzelle, die zweite Generation mit einer ungeschlechtlich entstandenen Zelle, der Spore. Letztere keimt nämlich zum sog. Vorkeim, einem blattähnlichen Gebilde (Prothallium) mit männlichen und weiblichen Geschlechtsorganen, den Antheridien und Archegonien. Das Produkt der geschlechtlichen Befruchtung ist eine Keimzelle, aus der sich das Farnkraut entwickelt. Auf diesem, also auf der zweiten Generation, entstehen ohne Befruchtung die Sporen, eingeschlossen in den Sporangien, welche bei der Reife sich öffnen und die Sporen ausstreuen. Solche Sporangien stehen viele in Häufchen (sori) vereinigt auf der Unterseite der Wedel. Die wirksamen Bestandteile der Wurzel sind Filixsäure und Filixgerbsäure, außerdem enthält dieselbe ätherisches Öl, Harz und Bitterstoff.

Anbau: Man hole im zeitigen Frühjahr gut mit Wurzeln versehene Pflanzen aus dem Walde und pflanze sie an feuchten, mit reichlichem Humus bedeckten Stellen an, wo sie sich alsbald von selbst vermehren. Um die Pflanzen aus Sporen zu ziehen, müßte man die Blätter mit der Unterseite auf gelockerten Boden legen und mit faulem Holz oder Erdstückchen beschweren.

Ernte: Die Farnkrautwurzelstöcke gräbt man vom Juli bis September. Man entfernt die Spreublättchen und Nebenwurzeln und trocknet den Wurzelstock sowie die Wedelreste gut im Schatten. In Apotheken muß die Farnwurzel alljährlich erneuert werden; die Bruchfläche muß eine grünliche Färbung aufweisen.

Atropa Belladonna *L.*
Tollkirsche, Teufelsbeere, Wolfskirsche, Belladonna usw.

Solanaceae.

Allgemeines: Diese gefährliche Giftpflanze ist charakterisiert durch ihre glockigen blauvioletten fünfmännigen Blüten und glänzend schwarzen kirschähnlichen Beeren, ovale, in den Blattstiel verschmälerte spitze ganzrandige, oberseits dunkelgrüne Blätter, in jugendlichem Zustand weichhaarig, in älterem fast kahl. Der Stengel erreicht eine Höhe bis zu $1\frac{1}{2}$ m, ist schwach gestreift, nach oben gewöhnlich dreispaltig; die Äste sind gabelförmig. Die Blätter sind am Stengel abwechselnd gestellt, an den Ästen zu zweien beisammen, je ein größeres und ein kleineres. Die Wurzel ist ziemlich dick, lang und ästig, in frischem Zustand fleischig. Die Blütezeit erstreckt sich vom Juni bis August. Die Belladonna liebt tiefgelockerten sandigen humusreichen Boden und hat daher ihren Standort in der Wildnis meist auf Waldschlägen und Lichtungen.

Tollkirschenblätter schmecken etwas widerlich und schwach salzig und bitter; sie enthalten hauptsächlich zwei Alkaloide: Atropin und Hyoscyamin, daneben noch Hyoscin, Asparagin usw.; sie sind giftig und müssen vorsichtig aufbewahrt werden. Die Wurzel enthält

Abb. 18. Atropa Belladonna.
B aufgespaltene Blüte, C Staubbeutel, D Fruchtknoten, E Griffel,
F Querschnitt der Beere, G Querschnitt der Samen.
(Aus Gilg-Schürhoff, Botanik 7. Aufl.)

ebenfalls das giftige Alkaloid Atropin (0,3%), Atropasäure und Stärke. Die Pflanze dient als stark narkotisches (die Pupille erweiterndes) Mittel zu Extrakt, Tinktur und Pflaster und spielt auch eine besondere Rolle in der Homöopathie. Das Extrakt wird aus den Blättern der blühenden Pflanze gewonnen. Daß die Blätter kultivierter Pflanzen an Wirksamkeit nicht zurückstehen, ist neuerdings mehrfach bewiesen worden.

Anbau: Ohne Zweifel ist der künstliche Anbau der Tollkirsche lohnend und empfehlenswert, wo derselbe sich mit Sicherheit ausführen läßt, d. h. wo kein Schaden für Kinder zu befürchten ist, die sich von den kirschähnlichen Beeren leicht verlocken lassen. Man zieht junge Pflanzen leicht aus Samen, den man entweder im Herbst ins Freie oder im Frühjahr in Kästen unter Glas sät und stets feucht hält. Vorteilhaft ist es, besonders älteren Samen vor der Aussaat in Wasser aufzuquellen, da derselbe mehrere Wochen zum Keimen braucht. Die im März in Kästen erfolgte Aussaat liefert Ende Mai oder Anfang Juni kräftige Pflanzen, die man in einem Abstand von mindestens ½ m in lehmigen humusreichen düngerkräftigen Boden bringt. Sowohl halbschattige als auch sonnige Plätze eignen sich gut hierzu. Die Tollkirsche gehört zu denjenigen Schattenpflanzen, welche ohne Schädigung zum Sonnenleben übergehen können. Sie ist imstande, sich durch Bildung einer Lichtform den ins Gegenteil verkehrten Licht- und Feuchtigkeitsverhältnissen vollkommen anzupassen[1]. Die Pflanzen sind höchst anspruchslos in ihrer weiteren Behandlung. Zweckmäßig ist es, mit den in Frühbeetkästen erzogenen Pflanzen Kulturen auf Waldschlägen und in Schonungen anzulegen, wo sie, ohne den Waldbäumen Nachteil zu bringen, wenigstens 6 Jahre lang zwischen den jungen Bäumchen gezogen werden.

Ernte: Die Blätter werden von blühenden Pflanzen gesammelt, und zwar können dieselben dreimal gepflückt werden, sie finden sowohl in frischem wie in getrocknetem Zustand Verwendung zu pharmazeutischen Präparaten. Die Wurzel wird im Herbst des zweiten oder dritten Jahres gegraben und kommt ungeschält meist gespalten, in den Handel. Über ein Jahr aufbewahrt, verliert sie an Wirksamkeit.

Bryonia alba *L.* und B. dioica *Jacq.*
Zaunrübe, Gichtrübe, Hundsrübe, Hundskürbis.

Curcurbitaceae.

Allgemeines: Diese beiden gurkenartigen Schlingpflanzen findet man an Zäunen rankend. Die erstere ist einhäusig und bringt als Früchte schwarze Beeren, während die letztere zweihäusig ist und rote Beeren trägt. Die große rübenförmige Wurzel beider Arten

---

[1] Wissenschaftl. Mitteilung zum Kapitel „Fol. Belladonnae" von Dr. W. Unger, Würzburg, Apoth.-Ztg., Jahrg. 1912, Nr. 78.

wirkt in frischem Zustand abführend und war ehemals offizinell, heute spielt sie nur mehr in der Homöopathie eine Rolle.

Anbau: Wenn männliche und weibliche Pflanzen in Nachbarschaft miteinander leben, läßt sich Samen ernten, woraus sich Pflanzen leicht erziehen lassen. Man sät den Samen, der sehr langsam keimt, im Frühjahr auf guten Gartenboden dünn, möglichst in Reihen aus und läßt die Pflanzen bis zum Absterben des Krautes, also bis in den Herbst hinein, stehen. Im Herbst oder auch erst im nächsten Frühjahr gräbt man die unterirdischen Knollen aus und gibt ihnen einen Standort, der dem Vorkommen in der Natur entspricht, also im Gebüsch oder an Zäunen auf lockerem guten, aber ungedüngten Boden in einem Abstand von etwa ½ m. Im Herbst darauf haben die Wurzelknollen meist die Größe einer Kohlrübe erreicht; man gräbt sie aus, schneidet sie in Scheiben und trocknet sie schnell, indem man sie vorteilhaft auf Fäden zieht.

Carlina acaulis *L.*

Gemeine oder weiße Eberwurzel, Wetterdistel, Mariendistel usw.

Compositae.

Allgemeines: Die Eberwurzel findet sich auf sonnigen Bergabhängen. Der Stengel ist kaum bemerkbar. Die Blätter sind länglich rosettenartig ausgebreitet und dornig gezahnt. Die großen Körbchen sitzen auf der Blätterrose, die äußeren Hüllblätter sind fiederspaltig, braungrün, die inneren schmal, länglich und glänzendweiß; die Blüten sind lilarot, ins Bläuliche spielend; die Pflanze blüht im Juli und August. Gebraucht wird von der Pflanze die Wurzel, und zwar hauptsächlich in der Tierheilkunde.

Anbau: Die Vermehrung läßt sich sowohl durch Samen als auch durch Wurzelbrut bewerkstelligen, und zwar auf trockenen Kalkbergen an Stellen, wo kaum andere Pflanzen gedeihen. Die einfache, daumendicke, lange Wurzel wird im Herbst ausgegraben und getrocknet, ohne vorher geschält zu werden. Sie enthält ätherisches Öl, Harz und Inulin.

Cicuta virosa *L.*

Wasserschierling, Wüterich usw.

Umbelliferae.

Allgemeines: An sumpfigen, überschwemmten Orten oder in Teichen der nördlichen gemäßigten Zone findet sich diese ausdauernde krautartige Pflanze. Sie zählt zu den furchtbarsten Giftpflanzen, und finden Wurzel und Kraut auch heute noch arzneiliche Verwendung. Die Blätter sind mehrfach gefiedert, die Blattzipfel schmal lanzettlich, scharf gesägt, die Wurzel hohl. Wegen ihrer Ähnlichkeit mit anderen Umbelliferen hat diese Pflanze schon manches Opfer gefordert. Der Anbau dürfte sich kaum empfehlen.

Abb. 19. Cicuta virosa.
(Aus Gilg-Schürhoff, Botanik 7. Aufl.)

Colchicum autumnale *L.*
Herbstzeitlose,
nackte Jungfer usw.

Colchicaceae.

Allgemeines: Die Zeitlose ist eine bekannte Giftpflanze unserer Wiesen, welche im Herbst (September und Oktober) direkt aus ihrer Knollenzwiebel ihre rosenroten oder lilafarbenen Blüten treibt. Die Pflanze besitzt eine tief im Boden steckende eiförmige 2,5—5 cm lange Stammknolle und entfaltet die tulpenartigen Blätter mit der grünen, einer Tulpenfrucht gleichenden dreifächerigen Kapsel erst im folgenden Frühling. Sowohl die sehr stärkemehlreiche Zwiebel als auch der dunkelbraune runzlige Same sind giftig. Aus dem offizinellen Samen (Semen Colchici), der das übrigens in der ganzen Pflanze vorhandene Colchicin enthält, werden Zeitlosentinktur (Tinctura Colchici) und Zeitlosenwein (Vinum Colchici) bereitet, welche Präparate gegen Asthma, Rheumatismus, Gicht usw. innerlich angewendet werden. Die Knollen (Bulbi oder Tubera Colchici) waren früher ebenfalls offizinell. —Vergiftungen mit Colchicum kommen namentlich bei Kindern vor, die die Samen essen. Milchende Kühe geben, wenn sie die Blumen oder Blätter gefressen haben, eine mit Blut vermengte Milch.

Abb. 20. Colchicum autumnale.
(Aus Gilg-Schürhoff, Botanik, 7. Aufl.)

Anbau: Vorläufig liefert uns die freie Natur wohl noch genügende Mengen dieser Pflanze, so daß die Anlage einer Kultur kaum Zweck hätte. Immerhin kann die Zeit kommen, wo man dazu gezwungen sein wird, da man der Herbstzeitlose wegen ihrer Schädlichkeit sehr nachstellt und sie auszurotten versucht. Wollte man sie anbauen, so würde man ähnlich wie beim Safran verfahren. Der Pflanze sagt besonders feuchter Wiesenboden zu. Der Samen braucht 2—3 Jahre zur Keimung.

Ernte: Im Mai sammelt man die grünen halbreifen Samen; dieselben sind kugelig, sehr hart, anfangs klebrig, nach längerem Aufbewahren beim Zusammendrücken in der Hand nicht mehr aufeinander haftend. Die Wurzelknollen erhält man bei Umarbeitung der Wiesen im Juni und Juli.

Crocus sativus L.
Safran.
Iridaceae.

Allgemeines: Die Heimat des echten Safrans ist Kleinasien, doch wird derselbe schon längst in Frankreich und Österreich, besonders zwischen Wien und Linz, mit Erfolg gebaut; auch in Böhmen, Mähren und Österreichisch-Schlesien findet man ausgedehnte Kulturen dieser ebenso farbenprächtigen wie nutzbringenden Pflanze. Crocus sativus ist ein ausdauerndes Zwiebelgewächs mit dichter, von netzfaseriger brauner Hülle umgebener Zwiebel, aus welcher unmittelbar die langröhrigen Blumen und die schmalen linealen, in der Mitte mit einem weißen Streifen gezeichneten Blätter hervorkommen. Zum Unterschiede von den meisten anderen Krokusarten, den bekannten Frühlingszierpflanzen unserer Gärten, blüht Crocus sativus im Herbst und bringt die Blätter erst im folgenden Frühling hervor. Was man kurz mit „Safran" bezeichnet, sind die 2—3 cm langen, fast rinnigen, nach der Spitze zu verbreiterten und gekerbten Narben von dunkelorangeroter Farbe, zu drei einem gelben Griffel aufsitzend (also der weibliche Blütenteil der Pflanze). Der Geschmack ist bitterlich, Geruch stark. Beim Kauen färbt sich der Speichel gelbrot. Nicht nur zu medizinischen Zwecken wird Safran verwandt, viel mehr noch als Färbemittel in der Nahrungsmittelbranche. Sein Auszug (1:10) erteilt noch 10000 Teilen Wasser eine gelbe Farbe. Der Safran enthält nach Gilg einen glykosidartigen Farbstoff, Polychroit oder Crocin genannt, ferner das bittere, farblose Picrocrocin und Spuren ätherischen Öls. Er wirkt anregend und krampfstillend und dient zu Sirup, Tinktur, Pflaster usw. Es gibt kaum eine zweite Droge, die so viel verfälscht in den Handel kommt wie diese. Der Safran kann verfälscht sein durch ausgezogenen Safran, durch zu starke Beimischung des gelben Griffels (sog. Feminell), durch Narben anderer Krokusarten, durch Kunstprodukte, z. B. fein zerschnittene Blumenblätter des Saflors, Granatbaumes u. a., sowie getrocknete Fleischfasern usw.

Anbau: Obwohl Safran überall gezogen werden kann, wo Wein noch reif wird, hat sich der Anbau von Safran wunderbarerweise noch in sehr bescheidenen Grenzen gehalten. Im allgemeinen liebt er eine gegen Norden geschützte ebene oder etwas nach Süden abhängige Lage mit gutem nicht allzu feuchtem Boden. Vorteilhaft baut man denselben in Spargelbeete. Gegen die Kälte ist Safran ganz unempfindlich und bedarf keiner Bedeckung. Die Vermehrung geschieht im Herbst durch Zwiebelbrut, und zwar in folgender Weise: Das Land, auf dem unmittelbar vorher Weizen oder Roggen gebaut sein kann, wird durch mehrmaliges Pflügen recht locker vorbereitet und so klar wie möglich gearbeitet; dabei wird kurzer Mist (am besten Schafmist) untergegraben. Im August beginnt man mit dem Legen der Zwiebeln, welche man eine Woche hat trocken liegen lassen, in Reihen von 8—10 cm voneinander entfernt und gegen 15 cm tief, darauf bedeckt man sie mittels eines Rechens. War die Witterung günstig, d. h. feucht und warm, so zeigen sich schon nach wenigen Wochen die Blüten, während die Blätter erst viel später sich entwickeln. Mitte Oktober ist dann meist die Blütezeit schon vorüber. Die Blätter sterben im Frühjahr ab, doch werden sie vorher abgemäht oder vom Vieh abgeweidet, worauf man das Land behackt und vom Unkraut säubert. Im zweiten Jahr ist die Blütezeit früher und bedeutend reicher als im ersten Jahr, desgleichen im dritten. Nach 3—4 Jahren werden die Zwiebeln in der Regel herausgenommen, im Schatten getrocknet, gereinigt und zerteilt, um im August wieder aufs neue gelegt zu werden. Will man eine Krokusanlage noch länger belassen, so wäre eine Zwischendüngung unerläßlich. In der Zwischenzeit, also während der Sommermonate, könnte recht gut das Land zu einem Anbau von Kamillen dienen, die bekanntlich schon sechs Wochen nach der Aussaat blühen.

Ernte: Das Sammeln sowohl wie das Trocknen ist von allergrößter Wichtigkeit beim Safranbau. Wie alle Blüten werden diese nur an trockenen Tagen möglichst in den Mittagsstunden gesammelt, und zwar täglich. Die Ernte zieht sich gewöhnlich mehrere Wochen hin. Von den gesammelten Blüten werden die Narben sogleich, d. h. noch an demselben Tag, abgeknipst und in geeignetem Trockenofen scharf getrocknet, bis sie hart sind. Wie mühsam die Gewinnung von Safran ist, geht daraus hervor, daß der Durchschnittsertrag eines Hektars ungefähr nur 20 kg trockenen Safrans beträgt, daß man, um 1 kg trockenen Safrans zu erhalten, die Narben von 70—80000 Blüten braucht. Allerdings wird heute das Kilo weit über 15000 RM gehandelt. In Österreich soll ein Joch (= 2¼ preußischer Morgen) durchschnittlich 7—8 Pfund bringen. Der Safran fällt bald hellgelb, bald dunkelrot aus. Letzterer steht im Preis am höchsten, und kommt es daher nicht selten vor, daß der helle Safran künstlich dunkler gefärbt wird.

Der Safranbau ist in Niederösterreich bereits im XV. Jahrhundert urkundlich nachweisbar. Anno 1409 wurde in den Gärten um die Stadt Korneuburg häufig Safran gebaut, und im Bannkreis von Wien reichte der Safranbau bis Ende des XVII. Jahrhunderts. Von da ab ist die Kultur in der österreichisch-ungarischen Monarchie, welche ehemals mehr als 25 große Ortschaften beschäftigte, stets bergab gegangen und konnte sich nicht wieder erholen. Dieser Niedergang ist nicht allein auf Rechnung der starken Konkurrenz von seiten Spaniens und Frankreichs zu setzen, sondern er erklärt sich hauptsächlich aus der von den Ökonomen behaupteten fortschreitenden Abnahme der Jahrestemperatur Niederösterreichs, welche der Safrankultur auf freiem Felde eine Grenze gezogen hat. Dr. Kronfeld weist in einer interessanten Monographie[1] darauf hin, daß hiermit ein wichtiger nationalökonomischer Kulturzweig für die Österreicher vernichtet ist und nichts anderes übrig bleibt, als den Safranbau in solchen Teilen der Monarchie einzurichten, wo die klimatischen Verhältnisse günstiger liegen als in Niederösterreich. In diesem Sinne wurde Dalmatien vorgeschlagen. Südtirol (wo der Crocus verwildert vorkommt), das südliche Istrien, Ungarn, Kroatien, Slawonien und Bosnien könnten neuen Boden für diese uralte österreichische Kultur geben. In der Produktion steht heute Spanien weitaus an erster Stelle (La Mancha, Hudelva am Golf von Cadix, Albacete, Alicante, die Insel Mallorca usw.). Der spanische Export betrug 1901: 97846 kg, 1902: 86017 kg, 1903: 72275 kg. Direkt aus Spanien empfing Deutschland 1908: 9100 kg, 1909: 12500 kg, 1910 (bis Ende Juni): 4500 kg. Weit geringere Mengen, meist aber bessere Qualität liefert Frankreich. Die Kulturen gehen aber dort stark zurück, sie haben durch Krankheiten gelitten („Tacore" besteht in einer Fäule der Zwiebeln, „mort du safron" wird durch einen unterirdisch lebenden Pilz veranlaßt. Auch drückt die spanische Konkurrenz sehr auf die Preise. Deutschland bezog aus Frankreich 1908: 11 100 kg, 1909: 11 200 kg,

---

[1] Kronfeld, Dr. M.: Geschichte des Safrans und seiner Kultur in Europa: Zeitschrift für Nahrungsmittel-Untersuchung und Hygiene 1892.

1910 (bis Ende Juni): 4000 kg. Alle übrigen Kulturen haben nur lokale Bedeutung.

Cynanchum Vincetoxicum L.
Gemeine Schwalbenwurz.

Asclepiadeae.

Allgemeines: Diese Pflanze erreicht eine Höhe von etwa $3/4$ m. Der Stengel ist einfach, die Blätter kurz gestielt und einfach. Die Blüten sind radförmig weiß mit fünf etwas gedrehten Zipfeln und einem fleischigen fünflappigen Schlundkranz. Die Frucht besteht aus zwei Balgkapseln. Der Same ist mit einem Haarschopf versehen. Man findet sie ziemlich häufig, besonders an Waldrändern, Bergen und in niederem Gebüsch; sie blüht im Juni bis September.

— Die Pflanze liefert die Radix Vincetoxici, die jedoch obsolet geworden ist und höchstens noch als Hausmittel oder in der Tierheilkunde Anwendung findet. Da die Pflanze besonders in frischem Zustand brechenerregend und purgierend wirkt, wird sie als giftig bezeichnet.

Anbau: Die Vermehrung geschieht durch Samen, den man im Frühjahr auf lockeren, sandigen Boden, am besten auf Hügeln und Bergen ausstreut. Im Herbst wird die Wurzel gegraben.

Gentiana lutea L. (gelber Enzian). Gentiana purpurea L. (purpurroter Enzian). Gentiana pannonica Scop. (ungarischer Enzian).
Gentiana punctata L. (punktierter Enzian).

Gentianeae.

Allgemeines: Sämtliche vier Arten liefern die sowohl in Apotheken als in den Likörfabriken noch viel gebrauchte Radix Gentianae. Sie wachsen auf den höheren Alpen sowie auch ab und zu im Mittelgebirge. In allen Teilen der Pflanze herrschen Bitterstoffe vor, weshalb sie auch Bitterlinge genannt werden.

Gentiana lutea kommt hauptsächlich in der Schweiz und auf den Vogesen vor, hat eine über $1/2$ m lange armästige dicke fleischige, außen ringförmige, gelblichbraune, innen gelbliche Wurzel; der Stengel ist einfach, über 1 m hoch, dick und hohl. Die Blätter sind oval, starknervig und gegenständig, oberseits lebhaft unterseits bläulich grün. Die Wurzelblätter sind gegen 30 cm lang und 10 cm breit, die oberen sitzend und am Grunde verwachsen. Die Blüten stehen in vielblütigen Quirlen. Die Blumenkrone ist radförmig, 5—9 spaltig, goldgelb, blüht im Juli und August. Die frische Wurzel hat einen starken, unangenehmen Geruch und enthält ebenso

Krautartige medizinische Pflanzen. 109

wie alle die übrigen Bitterstoff (Gentiopikrin), Farbstoff (Gentisin), Zucker, aber kein Stärkemehl. Sie dient als Bittermittel zu Extrakt und Tinktur. Das Pulver findet in der Vieharznei bedeutende Anwendung zur Anregung der Verdauung usw. Gentiana purpurea ist der vorigen Art sehr ähnlich, doch kleiner, hat glockige, innen meist gelbliche, außen purpurrötliche, reihenweise getüpfelte Blumenkronen. Die Wurzel ist dünn und mehr graubraun[1].

Gentiana pannonica unterscheidet sich von den anderen Arten hauptsächlich durch die ovalen und länglichen Blätter, glockige, violettrot-schwärzlich punktierte Blumenkrone und glockigen Kelch mit zurückgekrümmten Saumlappen. Die ansehnlichen Blüten stehen zu 6—12 in Quirlen. — Blütezeit Juli und August. Die Verwendung der Wurzel ist dieselbe wie bei den vorigen Arten.

Gentiana punctata ist seltener. Die Blüten sind kleiner wie bei den vorigen, matt strohgelb mit purpurroten Tupfen. Sie blüht im Juli und September.

Anbau: Bei dem großen Verbrauch der Enzianwurzel, die in der Wildnis immer seltener wird, kann ein Anbau im großen nur empfohlen werden, zumal derselbe keine besonderen Schwierigkeiten macht. Der Enzian verlangt seiner tiefgehenden Wurzel halber einen lockeren, feuchten, gut gedüngten Boden. Die Lage kann rauh und nördlich sein. Die Fortpflanzung geschieht sowohl durch Samen wie durch Wurzelteilung. Man verfährt zweckmäßig folgendermaßen: Im Juli oder August geernteten Samen von Gentiana lutea (im Samenhandel ist frischer keimfähiger Same nur äußerst selten zu erhalten) sät man entweder sofort oder doch noch im selben Herbste in flache Holzkisten. Diese Kistchen werden mit Erde bis auf 2 cm vom oberen Rande gefüllt. Hierauf wird die Erde mit einem Brettchen geebnet und etwas angedrückt, die Samen auf die Erde ausgestreut, diese ½ cm (nicht höher) mit Erde bedeckt, nochmals angedrückt und mit einer Brause vorsichtig, ohne die Samen aus der Erde zu schwemmen, begossen. Diese Kistchen stellt man im Freien an schattiger Stelle auf und bedeckt sie im Winter mit Tannenreisig. Die Behandlung dieser Aussaaten besteht in gleichmäßigem Feuchterhalten der Erde durch tägliches Überbrausen derselben bei trockener Witterung. Frost und Licht begünstigen die Keimung. Eine Schneedecke im Winter ist dem Aufquellen des Samens besonders förderlich. Haben bis zur Mitte des Juni die meisten Samen gekeimt, so werden die Saatkästen an einem sonnigeren Orte zur Aufstellung gebracht, doch

---

[1] Vgl. Dr. R o ß: Der gelbe Enzian und sein Anbau, Heil- und Gewürzpflanzen, Jahrg. II, Heft 5. T u n m a n n: Apth.-Ztg. 1912.

so, daß sie nicht gerade den Strahlen der direkten Mittagssonne ausgesetzt sind, wo sie bis zum Eintritt des Winters stehen bleiben und auf dieselbe Weise eingewintert werden wie im Herbste des Vorjahres. — Man kann das Samenbeet auch in der Weise anlegen, daß man im Herbst einige Rasenstücke von einem lehmigen Boden aussticht und damit das im Halbschatten gelegene Samenbeet auslegt, die Rasenseite nach unten. Darauf streut man den Samen, bedeckt ihn schwach mit Heideerde und Moos und begießt häufig. Nach einigen Wochen erscheinen die Pflänzchen. Man entfernt das Moos nach und nach und bedeckt leicht mit Reisig. Zu Anfang Mai des nächstfolgenden Jahres verschult man die Sämlinge auf die 1 m breiten, gegrabenen, von ausdauernden Unkrautwurzeln gesäuberten Beete in Reihen und Abständen von 20 cm und hält diese über Sommer von Unkraut rein. Im dritten Jahre nach der Aussaat verpflanzt man diese nun zweijährigen Schulpflanzen an ihren endgültigen Bestimmungsort, gleichgültig ob auf der Alpe oder in der Niederung. Die Fortpflanzung durch Wurzelteilung geschieht im Herbst. Das Pflanzen geschieht im Gebirge mit dem eisenbeschlagenen Bergstocke, und müssen die Wurzeln senkrecht in den Boden kommen, ohne die Spitzen derselben nach aufwärts zu verbiegen. Man wähle, wenn möglich, tiefgründigen Boden und halbschattige Standorte. Zur Blüte gelangen die ersten Pflanzen nach etwa 6 Jahren. In den Alpen finden wir Enzian meist auf reinem Humusboden in der Region der Alpenrosen, doch dringen die Wurzeln der älteren Pflanzen auch in den felsigen Untergrund ein.

Ernte: Im dritten und vierten Jahre sind die Wurzeln hinlänglich stark, um ausgegraben zu werden, was im Herbst geschieht. Die schwächsten Wurzeln verwendet man zu neuen Anlagen, während man die starken Wurzeln in Scheiben geschnitten oder gespalten trocknet.

In Deutschland wird die Droge (von Gentiana lutea) in geringem Maße gesammelt in Thüringen und auf der schwäbischen Alp; auch die Vogesen decken nur örtliche Bedürfnisse. Wechselnde Quantitäten liefern die bayerischen Alpen. In der Schweiz werden erhebliche Mengen im Wallis und im Waadtländer Jura sowie in Uri, Schwyz und Graubünden gesammelt. Doch deckt die Schweiz ihren Bedarf nicht völlig im Lande, führt aber anderseits Enzianwurzel aus. Für die Alpenwirtschaft ist Gentiana ein lästiges platzraubendes Unkraut. Das Recht der Grabung wird verpachtet. Alte Wurzeln sind oft 2 kg, aber auch bis 6 kg schwer. Einen Teil unseres Bedarfes beziehen wir über Österreich aus den Balkanländern. Größere Quantitäten gelangen auf dem Seewege (Verpackung: ge-

preßte Säcke zu 50—90 kg) aus Frankreich, Spanien, der Türkei nach Hamburg.
Vergleichende Untersuchungen über kultivierte und wilde Enzianwurzeln hat R. Lachmann angestellt. Aus den Befunden schließt der Verfasser, daß die kultivierte der wild wachsenden Wurzel ganz entschieden ebenbürtig, wenn nicht überlegen ist. Bei längerem Lagern läßt sich eine Zersetzung gewisser Substanzen nachweisen.

Glycyrrhiza glabra *L.* et echinata *L.*
Süßholz, Lakritzenwurzel.

Papilionaceae.

Allgemeines: Besonders ist es die erstere Art, die kahle (Glycyrrhiza glabra), welche in Deutschland angebaut wird, während die stachelige (Glycyrrhiza echinata), welche in Südrußland und den Donauländern vorkommend das russische Süßholz liefert, in Deutschland angebaut fast wertlos ist. Diese perennierende Pflanze hat eine buschige Gestalt, indem sich von dem Wurzelstock oder -kopf gegen sieben runde kahle fast einfache Stengel in gerader Richtung nach oben über die Erde hinaus entwickeln, welche eine Höhe von 1½ m erreichen, so daß ein Süßholzfeld einem jungen Walde ähnelt. Die Blätter sind wechselständig gestielt, unpaarig gefiedert, kurz gestreift zu 3—8 Paaren. Die Blattoberseite ist kahl, die Unterseite blasser und klebrig am Rande, der gerinnte Blattstiel ist mit sehr kleinen Haaren besetzt, die Ährenstengel sind gestreift, der Kelch behaart, von einem eirunden lanzettlich spitzen Deckblatt unterstützt, welches viel kürzer als der Kelch ist. Die Zähne sind ungleich, sehr spitz, der unterste ist der längste, die anderen paarweise kleiner. Die Blütenstände bilden kurzgestielte Ähren mit voneinander abstehenden Blüten von blaßvioletter Farbe. Die Frucht ist eine stachelspitze Hülse von 3—4 und mehr Samen, die im Herbst reifen. Die Blütezeit fällt in Mitte Juni. Von medizinischer Bedeutung ist nur die Wurzel. Die daumenstarke Pfahlwurzel dringt senkrecht und tief in den Boden ein, und ihre Seitenwurzeln kriechen oft viele Meter weit horizontal unter der Oberfläche hin, mäßig dicken Stricken vergleichbar, innen gelb und von süßem, etwas kratzendem Geschmack. Die Wurzel enthält als wirksamen Bestandteil Glycyrrhizin (Süßholzzucker), außerdem Asparagin, kratzendes Harz und Stärkemehl. Sie dient zu Teemischungen gegen Entzündungen der Schleimhaut und als Versüßungsmittel. Der aus den frischen Wurzeln ausgepreßte Saft zu Extraktdicke eingedampft und in Stangen ausgerollt ist als Lakritz bekannt.

Anbau: In Deutschland wird der Süßholzbau hauptsächlich in der Gegend um Bamberg betrieben, wo mehrere hundert Morgen Land damit bebaut werden. Bei dem kolossalen Konsum an Süßholz spielt jedoch diese Produktion noch eine ganz minimale Rolle im Vergleich zur Einfuhr aus Spanien, Italien und Rußland, und verdient der Anbau von Süßholz größere Beachtung. Es unterliegt keinem Zweifel, daß der Süßholzbau gewinnbringend ist, da man doch sonst in der Bamberger Gegend diesem nicht den Vorzug vor dem Gemüsebau geben würde, der dort die Äcker schon sehr ertragreich gestaltet. Zudem gestattet das Süßholz, zumal wenn die Pflanzen nicht allzu dicht stehen, recht gut einen Zwischenanbau von anderen einjährigen Arzneipflanzen oder Gemüse, da die Wurzeln des Süßholzes ihre Nahrung aus der Tiefe holen. Die schwachen Stengel bilden außerdem ein beliebtes Viehfutter. Das Süßholz verlangt mäßig feuchtes wärmeres Klima, in rauhen Gegenden mit langen strengen Wintern ist sein Gedeihen höchst unsicher. Der Boden muß tiefgründig und sandig sein. Je lockerer der Boden ist, desto mehr bilden sich die Wurzeln aus, es entwickeln sich mehr Fechser und Glieder, die Pfahlwurzeln werden dicker und dringen tiefer in den Untergrund, der zwar feucht sein muß, doch stockendes Wasser nicht enthalten darf, da sonst die Wurzeln Schaden leiden würden. Wo Boden und Klima es gestatten, kann man Süßholz auch auf ebenen Bergrücken anbauen, doch eignen sich Berghänge, die Überschwemmungen durch Regengüsse ausgesetzt sind, nicht zum Süßholzbau. Was die Süßholzplantagen um Bamberg betrifft, so liegen diese sämtlich in der Ebene, teilweise unmittelbar an der Regnitz, die fast jedes Frühjahr einige Tage sie etwas überschwemmt. Diese Durchnässung des Bodens gewährt den Wurzeln den Sommer hindurch die nötige Feuchtigkeit. Der Boden besteht dort durchweg aus sandigem Lehm. Die 5—10 km breite und ebenso lange Ebene ist ringsum von Höhenzügen eingeschlossen und vor kalten Winden geschützt, dabei haben Sonne und Luft freien Zutritt, so daß den Sommer hindurch eine Temperatur von durchschnittlich 18° R herrscht. Nach diesem Muster müßten sich die norddeutschen Sandebenen recht gut zu einem Anbau eignen, wenn der magere Oberboden mit dem lehmigen Untergrunde durch Rigolen untermischt würde.

Die Fortpflanzung des Süßholzes kann sowohl durch Samen wie durch Wurzeln geschehen. Die letztere Art ist die leichteste und gebräuchlichste und ganz ähnlich wie beim Meerrettich. Im zeitigen Frühjahr (März), nachdem das Land im Herbst vorher etwa ½ m tief rigolt und dabei gedüngt wurde und in rauhen Furchen den Winter hindurch liegen geblieben ist, damit das Erdreich gelockert und das Unkraut zerstört ist, muß das Land mit dem Spaten oder Pflug wenigstens ½ m tief bearbeitet werden, und zwar so, daß etwa 6–8 m breite Beete entstehen, die durch ¼ m tiefe Furchen begrenzt sind. In diese Furchen werden im März oder April die beim Graben der alten Süßholzfelder gewonnenen ½—1 m langen Fechser gelegt, d. h. einige Zoll tief senkrecht in die Erde gesteckt und alsdann horizontal von der Linken zur Rechten quer über das Beet hinweg gelegt und etwas angedrückt. Der Abstand der einzelnen Fechser voneinander soll etwa 10 cm betragen. Ein solches Beet heißt Bank. Ist eine Bank in dieser Art mit Fechsern belegt, so bedeckt man sie mit zersetztem Rindviehmist und lockerer Erde. Was nun die Fechser selbst betrifft, so versteht man darunter die von den Augen des Wurzelkopfes aus in horizontaler Richtung sich entwickelnden Wurzeln. In einem Alter von 3—6 Jahren besitzen diese ihre kräftigsten Augen und sind zur Fortpflanzung am geeignetsten. Fechser mit zu viel Augen bilden selten kräftige Pflanzen, und sucht man daher durch Verkürzung der Fechser sowie durch Einschnitte, wie bei den Ablegern, dahin zu wirken, wenige, aber kräftige Augen zu erhalten. Einmal bepflanzt, braucht das Süßholzbeet wenig Abwartung. Die grünen Stengel der Pflanzen zeigen sich nach 4—5 Wochen im Frühjahr, erreichen im ersten Jahre eine Höhe von etwa ½ m und werden vor Eintritt des Winters jedes Jahr kurz über der Erde abgeschnitten. Während des Sommers behackt man die Felder 2 bis 3 mal teils zur Beseitigung des Unkrautes, teils zur Lockerung der Erde; die Blüte darf dabei aber nicht beunruhigt werden. Jedes zweite Jahr gibt man eine oberflächliche Düngung mit Rindviehmist, den man in seichte Furchen legt und mit der zur Seite geworfenen Erde wieder bedeckt. Als Schutz gegen Kahlfrost bedeckt man die Süßholzstöcke leicht mit etwas strohigem Rindviehmist, der im Frühjahr wieder entfernt wird. Nicht selten befällt ein Pilz (Rhizoctonia violacea) die Wurzeln und bringt die Pflanzen zum Absterben. Nach drei Jahren, vom Auslegen an gerechnet, kann mit der Ernte der Wurzeln begonnen werden.

Ernte: Das Ausgraben der Wurzeln kann sowohl im März und April als auch im September und Oktober geschehen. Mit dem Spaten wird einen Fuß rings um den Wurzelstock die Erde entfernt, um die Lage der Wurzeln zu erforschen, die alsdann vorsichtig freigelegt werden. Wo die Seitenwurzeln mit dem Wurzelkopf zusammenhängen, schneidet man mit dem Messer durch und zieht sie aus dem Boden. Die Pfahlwurzeln müssen noch tiefer untergraben werden, um ausgezogen werden zu können. Etwa zehnjährige Wurzeln sind die gehaltreichsten und wertvollsten; doch erntet man nicht alle Wurzeln zugleich, um den Wurzelkopf nicht zu sehr zu erschöpfen, besonders läßt man die Hauptpfahlwurzel etwas älter als drei Jahre werden. Die entblößten Stöcke sind bald wieder mit Erde zu bedecken. Solange überhaupt Wurzeln in der Erde bleiben, geht die Kultur gleichmäßig fort, und kann ein Feld über 20 Jahre davon eingenommen werden, worauf dann schließlich das Land gründlich zu rigolen ist. Wenn die Pflanzung immer von gleicher Ergiebigkeit sein soll, so muß jedes Frühjahr so viel Land neu angepflanzt werden als ausgegraben wird. Mit der Ernte der Süßholzwurzeln werden gleichzeitig in demselben Felde neue Süßholzanlagen zwischen den alten Stöcken vorgenommen. Wird also die Ernte der Wurzeln jedesmal nach drei Jahren eingehalten, so findet sie nach 6, 9, 12, 15 usw. Jahren wieder statt, wo die vor drei Jahren gelegten Fechser und mit diesen die älteren Wurzeln geerntet werden. Die geernteten Wurzeln werden je nach ihrer Stärke sortiert und in Bunden in den Handel gebracht.

Ertrag: Nach Angabe von Dr. Löbe stellt sich in Bamberg der Ertrag nach drei Jahren auf 4—5 Zentner — nach sechs Jahren 9 Zentner — nach neun Jahren 14 Zentner — nach zwölf Jahren 14 Zentner — nach fünfzehn Jahren 14 Zentner pro bayr. Tagwerk wozu noch die Stengel von fünfzehn Jahren kommen.

In den Handel gelangen als spanisches Süßholz die ungeschälten, 1—3 cm dicken, bis 1 m langen, außen graubraunen, innen gelben zähen Wurzelausläufer von Glycyrrhiza glabra, sie besitzen einen rein süßen, etwas schleimigen Geschmack und sinken in Wasser unter. Am geschätztesten ist das katalonische Süßholz aus Tortosa — als minder gute Sorte gilt das Süßholz aus Alicante. Spaniens Ausfuhr beträgt jährlich gegen 2,5 Millionen Kilogramm. Das russische Süßholz stammt von Var. glandulifera und kommt in einfachen geschälten gelben armdicken Wurzeln und bis 3 cm dicken und 30 cm langen geschälten Wurzelausläufern in den Handel. Es ist größer und lockerer als das spanische Süßholz und schwimmt auf Wasser. Sein Geschmack ist rein süß. Hauptproduktionsgegend dafür ist das Wolgadelta. Die Produktion Italiens (über 20 Millionen Kilogramm) wird im Lande selbst auf Lakritze verarbeitet. Syrien führt nach Amerika über 10 Millionen Kilogramm aus.

Gratiola officinalis *L.*
Gnadenkraut, Gottesgnadenkraut, Gichtkraut, Purgierkraut, wilder oder weißer Aurin usw.

Scrophulariaceae.

Allgemeines: Diese Pflanze ist zwar heute nicht mehr offizinell in den Apotheken, im Volke aber ein noch oft begehrtes Mittel. Das Gnadenkraut wächst in vielen Gegenden wild, besonders auf feuchten Wiesen und an Ufern; nichtsdestoweniger wäre ein Anbau zu empfehlen, weil diese Pflanze sehr häufig mit anderen Pflanzen verwechselt wird und doch auch nicht in allen Gegenden vorkommt. Die Pflanze ist charakterisiert durch einen vierkantigen kahlen Stengel, gegenständige, sitzende, lanzettliche, entfernt gesägte, 3—5nervige, kahle, punktierte Blätter; die Blüten sind gestielt, einzeln in Blattwinkeln mit röhriger, fast lippenförmiger, rötlichweißer Blume. Der Stengel wird bis $\frac{1}{2}$ m hoch, ist einfach und ästig; die Wurzel ist kriechend gegliedert und hat die Dicke eines Federkiels. Die Pflanze blüht im Juni bis September. Die Wurzel und das vor dem völligen Aufblühen gesammelte Kraut sind medizinisch (Herba und Radix Gratiolae). Der Geschmack ist unangenehm bitter, brennend. Das Kraut enthält Bitterstoff, Harz, Gerbsäure und Salze. Es dient als drastisches Purgiermittel, frisch zu Extrakt. Man findet diese Pflanze auch unter den Giftpflanzen aufgeführt.

Anbau: Das Gnadenkraut läßt sich sowohl durch Samen als durch Zerteilen der Pflanzen vermehren. Es liebt als Standort feuchte Ufer und Hohlwege und kommt auch auf schlechten Wiesen und unter Bäumen fort. Man streut den Samen gleich an Ort und Stelle in eng beisammenstehende Reihen. Die Wurzeln werden im Herbst gesammelt.

Helleborus niger *L.*
Schwarze Nieswurz, Christwurz, Schnee- oder Weihnachtsrose usw.

Helleboraceae.

Allgemeines: Diese Pflanze hat lederartige fußförmig geteilte Blätter, deren Zipfel nur gegen die Spitze hin schwach gesägt sind. Die großen, weit geöffneten, weißen, später purpurn anlaufenden Blüten mit ihren weißen Staubfäden und schön gelben Staubbeuteln erscheinen je nach Standort und Witterung vom Dezember oder Januar bis zum Februar, bisweilen auch noch im März. Das Rhizom erreicht einen Durchmesser von über 2 cm, ist ästig, äußerlich schwarz, innerlich weiß, mit vielen langen Fasern besetzt; aus jeder Knospe treibt ein langgestielter, blattloser, ein- oder zweiblütiger Schaft. Die Wurzel war früher als Nieswurz (Radix Hellebor. nigri) offizinell. Sie enthält einen sehr giftigen Saft, der bei Menschen und Tieren hemmend auf die Respiration und den Herzschlag wirkt und nach vorausgegangener Muskelschwäche und Darmentzündung den Tod herbeiführen kann.

Anbau: Da die Nieswurz in Deutschland ziemlich selten vorkommt und von den Kräutersammlern häufig verwechselt und gefälscht wird, wäre ein Anbau sicherlich zu empfehlen. Die Pflanzen verlangen kräftigen, etwas humosen, jedoch keineswegs nassen Boden und gedeihen auch in schattiger Lage, so daß man sie als Nebennutzung unter Bäumen recht gut ziehen kann. Die Fortpflanzung geschieht durch Aussaat oder durch Zerteilen der alten Pflanzen im Herbst. Der Abstand der einzelnen Pflanzen voneinander soll 30 cm betragen. Auf gutem Boden erreichen die Wurzeln im dritten Jahr nach der Pflanzung die brauchbare Größe, doch darf man sie nicht oft durch Umgraben und Behacken stören. Die Wurzeln werden im März gegraben.

Helleborus viridis *L.*
Grüne Nieswurz, Bärenfuß.
Helleboraceae.

Allgemeines: Der schwarzen Nieswurz ist diese grüne, ähnlich in bezug auf Größe und Blüten, doch sind die Blätter handförmig geteilt, weicher, schmaler und mattfarbiger. Die Blüten sind grün. Der nach oben ästige Wurzelstock ist dicht besetzt mit langen dünnen zerbrechlichen Nebenwurzeln, außen braunschwarz, innen weißlich. Geschmack ist bitter (nicht scharf). Vielfach wird kein Unterschied zwischen der grünen und schwarzen Nieswurz gemacht. Um die Wurzel der grünen Nieswurz von der der schwarzen zu unterscheiden, soll sie noch mit den Wurzelblättern versehen sein.

Anbau: Hellebor. virid. ist leichter zu behandeln als Hellebor. niger, da sie schneller und selbst im Gebüsch wächst und sich auch leichter vermehren läßt.

Humulus lupulus *L.*
Hopfen.
Urticaceae.

Allgemeines: Diese meist zur Bierbereitung kultivierte Pflanze ist im nördlich temperierten Europa und Asien einheimisch, sie ist eine zweihäusige rechtswindende Schlingpflanze. Die weibliche Pflanze liefert die Hopfenähren, d. h. die Fruchtkätzchen, welche aus Deckblättern bestehen, welche kleine Nüßchen unterstützen. Sowohl letztere wie die Unterseite der Deckblätter ist mit feinen Drüschen, dem Lupulin, bedeckt, welches man durch Absieben gewinnt. Das Lupulin (Glandulae Lupuli, Hopfenmehl) stellt frisch ein grünlichgelbes, später gold- oder organgegelbes gröbliches Pulver von eigentümlich durchdringendem, angenehm aromatischem Geruch und gewürzhaft bitterem Geschmack dar. Der Aschegehalt soll weniger als 10% und der Gehalt an ätherischen Substanzen (Harz und ätherischem Öl) nicht unter 70% betragen. Mit der Zeit, besonders bei schlechter Aufbewahrung, nehmen Hopfendrüsen einen käseartigen Geruch an infolge Bildung von Baldriansäure aus dem im ätherischen Öl enthaltenen Valerol. Sie sind deshalb vor Licht geschützt und nicht über ein Jahr lang aufzubewahren. Sie werden bei Blasenleiden und Neuralgien gebraucht.

Ein Anbau von Hopfen im kleinen lediglich zur Lupulingewinnung dürfte nicht zu empfehlen sein. Es sei hier nur auf die Nebennutzung hingewiesen.

Hydrastis canadensis *L.*
Kanadisches Wasserkraut.
Ranunculaceae.

Allgemeines: Diese Pflanze ist heimisch in den Wäldern der östlichen Staaten von Nordamerika. Man hat sich um die Kultur dieser äußerst wichtigen, kaum ersetzbaren Arzneipflanze in Deutschland schon lange bemüht. Wäre die Beschaffung von Mutterpflanzen nicht so erschwert, so wäre die Kultur auf deutschem Boden gewiß schon weiter vorgeschritten. Wichtige Mitteilungen über die Hydrastiskultur verdanken wir Senft (Pharm. Post 1917) und Röntsch (Heil- und Gewürzpflanzen, III. Jahrg., Heft 5).

Anbau: Hydrastis verlangt humusreiche Lauberde und gedeiht in mäßigem Halbschatten. Die Fortpflanzung geschieht sowohl durch Samen als auch durch Wurzelteilung. Der Abstand der Pflanzen soll 15—20 cm betragen. Die Pflanzen erreichen eine Höhe von 45 cm. Die Blätter sind handförmig gelappt. Zur Überwinterung bedarf die Anlage einer 10 cm hohen Laubbedeckung.

Von medizinischer Bedeutung ist der dunkelgelb grüne Wurzelstock, der im Herbst des zweiten Jahres gegraben wird. Rhizoma Hydrastis bildet bis 5 cm lange und bis 1 cm dicke knorrige Stücke.

Die Droge enthält außer Eiweiß die Alkaloide Berberin, Canadin und besonders Hydrastin. Die Wirkung besteht in der Verengung der Blutgefäße namentlich des Unterleibes. Hydrastisrhizom wurde erst seit 1833 in Amerika, seit 1884 in Europa medizinisch angewendet.

Hyssopus officinalis *L.*
Ysop, gemeiner Ysop.

Labiatae.

Allgemeines: In Südeuropa auf sonnigen, steinigen Hügeln findet man diese Pflanze wildwachsend in einer Höhe von 30 bis 60 cm, staudig-halbstrauchartig mit stiellosen oder kurzgestielten Blättern; dieselben sind lanzettförmig-schmal, ganzrandig, spitz, vertieft punktiert. Die blauen, rötlichen oder weißen Blüten stehen in langer ununterbrochener Ähre, alle nach einer Seite gerichtet. Die Pflanze ist nach oben durch kurze Härchen wie bestäubt. Blütezeit: Juni bis August. — Herba Hyssopi wird in Apotheken noch viel gebraucht zu allerlei Brustteemischungen usw. Die blühende Pflanze hat einen eigentümlichen starken Geruch.

Anbau: Der Ysop kommt zwar in jedem Boden fort, liebt aber vorzüglich trockene sonnige Plätze und leichten nicht allzu nahrhaften Boden; frische Stalldüngung ist unzuträglich. Man vermehrt ihn meist durch Samen; doch ist auch die Vermehrung durch Stecklinge und Stockteilung möglich. Im März oder April sät man in gewöhnliche Gartenerde in etwa 30 cm voneinander entfernten Reihen aus, bedeckt nur leicht mit Erde und drückt mittels eines Brettes fest. Nach 3—4 Wochen zeigen sich die Pflänzchen, die man, wenn sie kräftig genug geworden, auf etwa 30 cm Entfernung versetzt. Einmal angebaut, pflanzt sich Ysop von selbst fort. 1 a bringt etwa 25 kg.

Ernte: Das Unkraut wird kurz vor der Blüte im Juni geschnitten, wozu im August noch der zweite Schnitt kommt. Das Trocknen hat im Schatten zu geschehen.

Imperatoria Ostruthium *L.*
Meisterwurz, Kaiserwurz, Astrenz, Magistrenz- oder Strenzwurzel.

Umbelliferae.

Allgemeines: Diese Pflanze trifft man wild an in den Alpen und in der Schweiz, wie überhaupt auf den höheren Gebirgen des Südens, ab und zu auch in der Ebene. Von mehrjährigen Pflanzen wird zeitig im Frühjahr die Wurzel gesammelt (Radix Imperatoriae). Ein gestreckter fingerdicker, warziger und geringelter, etwas flach gedrückter, graubrauner, innen gelblicher Wurzelstock von fleischiger Konsistenz. — Geschmack bitterlich, brennend, Geruch stark gewürzig. — Früher war die Wurzel ein berühmtes Anregungs- und Schweißmittel, wird aber heute nur noch in der Tierheilkunde gebraucht.

Anbau: Man sät den Samen bald nach der Reife und verfährt ähnlich wie bei Angelica.

Inula Helenium *L*.
Alant, Helenenkraut.

Compositae.

Allgemeines: Der im östlichen Mittelmeergebiet, Südungarn und Kroatien heimische Alant ist eine mannshohe Staude mit großen gelbstrahligen Köpfchen; rauhhaarigem zottigen Stengel und sehr großen lanzettförmigen, unterseits grünfilzigen Blättern. Sein Standort ist an feuchten Plätzen. Die Blütezeit ist Juli und August. In den Apotheken wird die Wurzel (Radix Inulae — Enulae — Helenii usw.) noch viel gebraucht. Die dicke Hauptwurzel kommt der Länge nach zerschnitten nebst den dünneren walzlichen geschälten Nebenwurzeln in den Handel. Sie ist hellgrau, frisch fleischig, trocken, hart und spröde, auf dem Querschnitt mit vielen glänzenden braunen Ölgängen und weißen Kristallen (Alantolakton, Alantsäureanhydrid nach Tunmann) durchsetzt. Die Droge enthält außerdem ätherisches Öl, Helenin; sie soll harntreibend wirken und dient zu Extrakt. Geschmack ist bitter, Geruch eigentümlich gewürzig.

Anbau: In der Gegend um Jena und Cölleda wird Alant in ziemlich umfangreichem Maßstabe mit Erfolg kultiviert. Die Pflanze liebt tiefen, Feuchtigkeit haltenden Lehmboden, doch soll derselbe nicht fettig oder sumpfig sein. Zur Anzucht wird der Boden tief bearbeitet, da die Pfahlwurzel tief eindringt. Die Lage kann rauh und nördlich sein. Man kann auch schlechte Waldwiesen zum Alantbau verwenden. Die Düngung hat mit kräftigem Kompost zu erfolgen.

Die Vermehrung geschieht durch Samen und Wurzelkeime. Den Samen sät man im Frühjahr in gute Gartenerde und verpflanzt die Sämlinge noch im selben Sommer oder im folgenden Frühjahr etwa 30 cm voneinander. Die Wurzelkeime legt man im Herbst in gleichem Abstand. Frische Pflanzungen hält man durch Begießen anfangs feucht, späterhin hat man nur für Lockerung des Bodens durch Behackung zu sorgen, sowie für Reinhaltung von Unkraut.

Ernte: Im 3. bis 4. Jahre wird die Wurzel im Herbst gegraben, von der anhängenden Erde gereinigt, doch nicht geschält. Während man die schwachen Wurzeln zur weiteren Fortpflanzung benutzt, werden die etwa 3 cm starken Stücke gespalten und rasch getrocknet. 1 a bringt 20 kg trockene Wurzel.

Ipomoea Purga W.
Wahre Jalappe, mexikanische Purgierwinde.
Convolvulaceae.

Allgemeines: Diese windende Pflanze ist auf den Gebirgen Mexikos heimisch. Sie wächst in schattigen Wäldern und auf feuchtem Boden. Sie rankt etwa 3 m hoch und trägt schöne rote Blüten. Für den Arzneischatz liefert die Purgierwinde die Jalappenknollen (Tubera Jalappae), kugelige oder birnförmige, auch wohl walzenförmige dichte schwere Knollen, außen braun und runzelig, in den Runzeln mit dunklem Harz überkleidet, innen hellbraun mit zahlreichen konzentrischen dunkel glänzenden Harzringen durchzogen, hornartig spröde. — Der Geschmack ist kratzend, Geruch eigentümlich schwach. Sie dienen als drastisches Abführmittel. Sie enthalten ein Harz, welches größtenteils aus Convulin und zum geringeren Teil aus Jalapin besteht. Der Gehalt an in Weingeist löslichem Harz soll mindestens 9% betragen. Jalappenknollen sind giftig.

Anbau: Mehrfache Versuche, diese Pflanze auch in Deutschland anzubauen, waren von gutem Erfolg. Besonders hat sich um die Kultur Medizinalassessor und Apotheker Wild in Kassel verdient gemacht. Nach den angestellten Versuchen von Wiedemann, München soll die Knolle der bei uns kultivierten Pflanze sogar bedeutend harzreicher und wirksamer sein. Leider scheinen die begonnenen Anbauversuche nicht fortgesetzt worden zu sein, obwohl der hohe Preis der Droge einen Gewinn versprechen ließe, so z. B. in Bern, wo nach Tunmann zwar harzreiche Knollen, doch in zu geringer Menge geerntet wurden. Die Zufuhren sind ganz unzulänglich und bleiben oft längere Zeit gänzlich aus, so daß die Droge ganz außerordentlich starke Hausse durchmacht. Eine Änderung dieser gegenwärtigen Verhältnisse ist in absehbarer Zeit auch nicht zu erwarten.

Die Fortpflanzung geschieht durch Brutknollen, ähnlich wie bei den Kartoffeln. Im April oder Mai legt man die möglichst im Frühbeet etwas angetriebenen Knollen in guten, jedoch nicht frisch gedüngten tiefgelockerten Gartenboden, wobei ein Abstand von 40 bis 50 cm zu beobachten ist. Man wählt eine geschützte Lage, so daß die Herbstfröste der im September und Oktober blühenden Pflanze nicht schaden können. Man behäufelt die Pflanzen und gibt ihnen Stangen ähnlich wie den Bohnen. Unter günstigen Umständen erhält man schon im ersten Jahre brauchbare Knollen, sicher aber im zweiten Jahre, nachdem man sie während des Winters etwas bedeckt hat.

Ernte: Die Knollen werden im Spätherbst vor Eintritt von Frost gegraben, und über Feuer langsam getrocknet und zwar meist an Fäden, wie man dies beim Obst zu tun pflegt.

Ipomoea Orizabensis *P.*
Haarige oder spindelförmige Purgierwinde.

Convolvulaceae.

Diese ebenfalls aus Mexiko stammende Pflanze unterscheidet sich von I. Purga durch die Behaarung des Stengels, der Blätter und Blütenstiele. Die Blüten sind dunkler gefärbt und die Blätter tief eingeschnitten herzförmig. Die Wurzeln sind faserig, spindelförmig und kommen als „Jalappenstengel" in den Handel. — Auch diese Pflanze ist zu Kulturversuchen bei uns geeignet, ja sie ist sogar noch weniger empfindlich gegen Kälte.

Iris florentina *L.*
Veilchenwurz, Florentiner Schwertel.

Iridaceae.

Allgemeines: Die Florentiner Iris stellt gleich den übrigen bei uns als prächtige Zierpflanzen bekannten Schwertlilien ein krautartiges Gewächs dar mit knolligem kriechenden Wurzelstock, schwertförmigen zweizeilig stehenden Blättern und regelmäßigen eigenartig gebauten Blüten. Dieselben sind weiß, auf den äußeren Abschnitten gelb gebartet. Die Pflanze wird besonders in Oberitalien in der Gegend um Florenz und Toskana auf Feldern gebaut wegen ihres Wurzelstockes, der vielfach Anwendung findet in der Likörfabrikation, als Bestandteil von Brustteemischungen und zu wohlriechenden Wässern, ferner zu Erleichterung des Zahnens der Kinder. Ein harter, aus knollig verdickten, rundlich glattgedrückten Jahrestrieben gegliederter Wurzelstock, durch Abschälen der gelblichen Rinde außen und innen weißlich, unterseits von den abgeschnittenen Nebenwurzeln genarbt. Geschmack bitterlich, schleimig, etwas scharf, Geruch veilchenartig. Die Veilchenwurzel enthält etwas ätherisches Öl und Harz sowie Stärkemehl.

Anbau: Die Veilchenwurzel liebt warme Lage und trockenen

tiefgründigen, aber nicht sandigen Boden und kann recht wohl auch bei uns kultiviert werden. Man legt bewurzelte Stöcke des Stammes in einem Abstand von etwa 40 cm (ähnlich wie bei Kalmus) und erntet nach 3—4 Jahren, wenn die kriechenden Wurzelstöcke sich gegenseitig erreichen. Der Same liegt lange und keimt nur im Licht.

Ernte: Im Herbst gräbt man die starken Wurzeln aus, die am wertvollsten sind, die schwachen Wurzelstöcke können zur weiteren Fortpflanzung im Boden bleiben. Man schält die Stücke noch frisch möglichst dünn und trocknet sie an der Luft. Das Zerkleinern hat unter Beobachtung gewisser Vorsichtsmaßregeln zu geschehen, indem der Staub eingeatmet leicht Erbrechen und Blutspucken erzeugt.

Lappa major et tomentosa *L.*
Klette, Klettenwurzel.
Compositae.

Allgemeines: Diese Pflanze ist eigentlich zweijährig, d. h. sie blüht im zweiten Jahre, ohne jedoch ganz abzusterben. Sie hat eine spindelästige, dicke, lange, graubraune, innen weißliche Wurzel mit schwammigem lockeren Kern; der Stengel ist bis 1 m hoch, steif, zähe und gefurcht; die Blätter sind gestielt, breit herzförmig gezahnt, die untersten sind am größten, meist etwas wellig; die Blumenkrone ist purpurrot oder weißlich, selten ganz weiß. Bei Lappa major sind die Blumenkörbchen meist traubig gehäuft, kurz gestielt, die Blütenköpfe so groß wie eine kleine Haselnuß. — Bei Lappa tomentosa sind die Blumenkörbchen mittelgroß, die Blumenkrone meist dunkel gefärbt.

Anbau: Da die Klettenwurzel in großer Menge zur Darstellung des sog. Klettenwurzelöls (welches angeblich auf die Haarerzeugung wirken soll) verbraucht wird, verdient sie angebaut zu werden. Man sät den Samen dünn aus auf guten, aber ungedüngten Boden. Es genügt auch schuttartiger steiniger Boden, wenn derselbe nur tiefgründig ist. Die einmal vorhandene Pflanze vermehrt sich sowohl durch Samenausfall als auch durch Wurzelausläufer, und erreichen die Wurzeln in tiefem Boden im zweiten Jahre eine große Länge. Die getrocknete Wurzel ist dem Wurmfraß sehr unterworfen.

Levisticum officinale *K.*
Liebstöckel, großer Eppich.
Umbelliferae.

Allgemeines: Diese Pflanze ist die einzige Art der in den Gebirgsgegenden des mittleren Europas einheimischen Gattung Levisticum aus der Familie der Umbelliferen; eine krautartige Pflanze, bis zu 2 m hoch, mit unbehaarten, glänzenden, einfach oder doppelt gefiederten Blättern mit breiten, verkehrt eiförmigen Blättchen. Der Stengel ist zartrillig, kahl, glänzend, oberwärts ästig. Der Blütenstand ist eine kleine 6—12 strahlige Dolde mit schmutziggelben Blüten. Die reifen Früchte sind bogig gekrönt. Die Wurzel ist lang, dick und ästig, außen gelbbraun, innen weiß, fleischig, schwammig. Die Rinde der Wurzel ist zerklüftet, der Querschnitt läßt kreisförmig geordnete Balsamschläuche erkennen. Offizinell ist nur die Wurzel (Radix Levistici). Dieselbe hat einen eigentümlich gewürzhaften Geruch und süßlich brennenden Geschmack. Sie enthält ätherisches Öl, Harz und Extraktivstoff und wird als harntreibendes Mittel benutzt. Levisticum blüht im Juni bis August.

Anbau: Die Pflanze wird vielfach in Bauerngärten, besonders in Sachsen, angebaut; sie verlangt tiefen, frischen, etwas feuchten Boden und einen Abstand von mindestens ½ m. Grabenränder und sonstige unbenutzte, etwas feucht gelegene Plätze eignen sich zu einer Anlage. Die Vermehrung geschieht lediglich durch Zerteilung alter Stöcke im Frühjahr oder Herbst. Die Wurzeln werden im Frühjahr gegraben. Die Behandlung ist im allgemeinen dieselbe wie bei Angelika.

Ernte: Dieselbe ist einfacher als bei der Engelwurz, aber auch mühsam. 1 a soll bis 68 kg trockene Ware ergeben.

Linaria vulgaris *Mill.*
Gemeines Leinkraut, gelbes Löwenmaul,
Wald- oder Frauenflachs usw.

Scrophulariaceae.

Diese allenthalben auf bebautem Boden, in Steinbrüchen, an Ruinen, Waldrändern usw. wachsende Pflanze, welche lineale Blätter, dichte Blütentrauben und hellgelbe gespornte Blumen mit orangegelben Gaumen besitzt, war früher offizinell, indem man ihre Blätter (Herba Linariae) als zerteilendes und schmerzstillendes Mittel (in Form von Breiumschlägen oder Salbe) anwendete. Sie liebt trockenen Boden und sonnigen Standort. Zum Anbau eignet sich jeder, selbst der geringste Boden; die Fortpflanzung kann sowohl durch Samen als durch Stockteilung erfolgen. Die geringen heute noch zur Verwendung gelangenden Mengen lassen sich leicht überall sammeln, so daß zur Zeit ein Anbau kaum viel versprechen ließe.

Lycopodium clavatum *L.*
Bärlapp, Kolbenbärlapp, Drudenkraut.
Lycopodiaceae.

Allgemeines: Diese Pflanze bedeckt oft weite Strecken von Heide oder Moorgegenden, kommt jedoch auch häufig auf dem Boden der Nadelwälder vor; sie ist fast über die ganze Erde verbreitet. Die Stengel, welche oft bis 1 m und darüber lang sind, kriechen auf dem Boden hin. Die Sporangien stehen in Fruchtähren, die gewöhnlich zu zweien beisammen sitzen, die sporangientragenden Blättchen sind bei der Sporenreife gelblich gefärbt und etwas kleiner als die übrigen Blätter. Die Reife der Sporen tritt im Juli oder August ein. Unter dem Namen Semen Lycopodii sind die Lycopodiumsporen offizinell und sowohl in der Medizin als Streupulver als auch in der Technik zum Einstäuben von Formen noch ziemlich viel gebraucht. Lycopodium ist den Verfälschungen ausgesetzt wie nicht leicht eine zweite Droge. So findet man darunter Gips, Kalziumkarbonat, Bariumsulfat, Talk, Sand, Stärke, Pollenkörner verschiedener Pinusarten, Schwefel usw., oft sogar bis 20%. Die mikroskopische Untersuchung sowie verschiedene chemische Reaktionen lassen jedoch leicht jede Verunreinigung erkennen. Lycopodium enthält etwa 50% fettes Öl, ferner Spuren eines flüchtigen Alkaloids, Zucker und bis 40% Aschenbestandteile; es ist ein geruch- und geschmackloses, blaßgelbes, äußerst leicht bewegliches Pulver, welches auf Wasser oder Chloroform schwimmt, ohne etwas an sie abzugeben. Unter dem Mikroskop zeigt Lycopodium eine typische Struktur.

Anbau: So verbreitet auch die Pflanze selbst ist, so lassen die oben erwähnten Verfälschungen, welche die Droge im Zwischenhandel erfährt, einen künstlichen Anbau nicht überflüssig erscheinen. Wo Wald zur Verfügung steht, legt man im Juli einige Stellen frei, bringt Heideerde darauf, wenn nicht schon vorhanden, und kratzt mit einem eisernen Rechen den Boden locker. Dann bringt man fruktifizierende Stengelteile darauf, beschwert sie etwas mit Holz oder Steinen und überläßt sie der Ruhe. Man kann aber auch im zeitigen Frühjahr Pflanzen samt Wurzeln einsetzen. Wo einmal die Pflanze Wurzeln geschlagen hat, geht die Verbreitung bald von selbst vor sich. Die Sporen des Bärlapp keimen wahrscheinlich nur mit Hilfe bestimmter im Boden befindlicher Pilze.

Ernte: Man sammelt die Sporen in Deutschland, Rußland und der Schweiz in der Weise, daß die Ähren kurz vor der Reife im Juli und August geschnitten und zum Nachreifen und Trocknen in Glasgefäßen der Sonne ausgesetzt werden; dann klopft man dieselben aus und siebt.

Marrubium vulgare L.
Weißer Andorn, Lungenkraut, Gottvergessen usw.

Allgemeines: Dieses aromatische Kraut findet man auf trokkenen Feld- und Wegrändern sowie auf Schutt ab und zu, doch immerhin selten. Die Blätter sind runzelig filzig, Blütenquirle reichblütig kugelig mit weißen Blüten. Der Saft galt früher als Heilmittel gegen Katarrh und Schwindsucht; ebenso waren die frischen Blätter, die nach Moschus riechen, offizinell als Herba Marrubii alb. Man benutzt das zur Blütezeit gesammelte Kraut samt den Blumenspitzen auch heute noch viel als Hausmittel.

Anbau: Man vermehrt Marrubium entweder durch Aussaat Ende April oder, und zwar am besten, durch Teilung des Wurzelstockes, welche Arbeit im Oktober, nachdem die Stengel abgeschnitten sind, vorgenommen wird. Die Saat läuft nach 4—5 Wochen auf. Die geteilten Pflanzen setzt man auf Beete mit 30 cm Entfernung oder als Einfassung auf Rabatten und andere bebaute Beete. Marrubium verlangt einen mehr trockenen als feuchten Boden und ist höchst genügsam. Von 12 qm erntet man durchschnittlich 1 kg trockene Ware.

Melissa officinalis L.
Garten- oder Zitronenmelisse.

Labiatae.

Allgemeines: Die in Südfrankreich und der Schweiz wildwachsende etwa ¾ m hohe Pflanze treibt ästige, vierkantige Stengel, mit kurzen weichen Drüsenhaaren besetzt und nach oben etwas zottig. Die Blätter sind lang gestielt, dünn, herzeiförmig, mit kerbig gesägtem Rande und kleinen Öldrüsen auf der Fläche; sie sind nur an den Nerven etwas behaart, grün, unterseits blässer. — Geschmack ist bitterlich, Geruch gewürzig, zitronenartig, zumal beim Zerreiben. Die Blätter enthalten ätherisches Öl und Gerbsäure. Die Blüten stehen in 2—4 blütigen Afterdöldchen; die Blumenkrone ist klein, weiß oder schwach rötlich, vor der Entfaltung gelblich. Blütezeit: Juni bis September. Offizinell sind die Blätter (Folia Melissae). Man benützt sie zur Destillation von Aqua und Spiritus Melissae cpt. sowie zur Bereitung eines mild anregenden auf die Unterleibsorgane beruhigend wirkenden Tees.

Anbau: Die Melisse gedeiht zwar überall, doch läßt sich leicht beobachten, daß sie in einem fetten, trockenen, sonnig gelegenen

Lande einen stärkeren aromatischen Geruch annimmt als in feuchtem und schattig gelegenem Boden. Die wichtigsten Kulturorte für diese Pflanze sind zur Zeit Aken a. E., Heiligenstadt (Thür)., Gotha, Jenalöbnitz, Saarunion (Els.), Heldrungen (Hemleben, Gorsleben), Cölleda, Ringleben, Haßleben, Wernigerode, Sonderburg (Alsen), Söflingen b. Ulm, Heznach (Württemberg). Ferner in Baden und im Schwarzwald und in zahlreichen sog. Apothekergärten.

Man kann die Melisse durch Samen vermehren, indem man denselben im April oder Anfang Mai auf gutes nahrhaftes, sonnig gelegenes Land sät und schwach bedeckt. Keimdauer beträgt etwa 3—4 Wochen. Wo die Pflanze zu dicht aufgegangen, hebt man sie aus und versetzt sie auf ein anderes Beet so, daß ein Abstand von etwa 50 cm bleibt. Vor der Vermehrung durch Samen gibt man aber der durch Zerteilung alter Pflanzen den Vorzug. Man erhält auf diese Weise viel früher starke Pflanzen, und bedürfen diese weniger Pflege. Die alten Stöcke müssen alle vier Jahre durch Wurzelsprosse verjüngt werden, weil sie sonst leicht auswintern. Das Zerteilen der alten Stöcke nimmt man im Herbst vor.

Ernte: Zu Johanni, wenn eben ein Blütenansatz zu beobachten ist, macht man den ersten Schnitt, dem dann bis zum September gewöhnlich noch ein zweiter, eventuell unter günstigen Bedingungen auch noch ein dritter Schnitt folgt. Von den abgeschnittenen Stengeln streift oder pflückt man die Blätter ab und trocknet diese schnell an der Luft im Schatten, am vorteilhaftesten auf einem luftigen Dachboden. Man rechnet auf 1 a einen Ernteertrag von 20 kg trockene Ware.

Mentha crispa *L.*
Krauseminze.
Labiatae.

Allgemeines: Der aufrechte oben ästige Stengel entspringt einem kriechenden Wurzelstock. Die Blätter sind fast sitzend, herzeiförmig, wollig, wellenförmig, fast blasig, eingeschnitten, gesägt. Die Pflanze erreicht eine Höhe von über $\frac{1}{2}$ m und treibt rötlichviolette Blüten in Quirlen an der Stengelspitze im Juli und August. Der Blütenkopf überragt die Nebenblätter. Offizinell sind die Blätter, welche einen brennenden (nicht kühlenden) Geschmack und stark gewürzigen Geruch besitzen. Sie enthalten ein ätherisches Öl und Gerbsäure und werden ähnlich der Pfefferminze gebraucht.

Als Stammpflanzen für die in Apotheken gebrauchten Fol. Menth. crisp. werden auch noch andere Menthaarten genannt, wie

z. B. Menth. silvestr. crispa, eine Spielart der Roßminze oder Waldminze, Mentha sativa L., die auch den Namen Herzminze, Gartenminze führt, sowie M. crispata. Überhaupt entstehen durch Kreuzung der Arten mancherlei oft schwer zu unterscheidende Mittelformen; auch variieren die meisten Arten in betreff der Behaarung oder Kahlheit der Oberfläche sowie mit kleiner oder großer Blumenkrone und langen oder kurzen Staubgefäßen.

Anbau: Die Krauseminze gedeiht am besten in einem guten feuchten Boden in etwas schattiger Lage und kann kräftige Düngung wohl vertragen. Die Pflanze verträgt selbst harte Fröste, nur passiert es bei alten Stöcken ab und zu, daß sie auswintern, weshalb ein Umpflanzen alle vier Jahre geboten erscheint. Fleißiges Jäten und Behacken ist dem Gedeihen der Krauseminze sehr förderlich. Die Vermehrung geschieht im Herbst oder Frühjahr durch Zerteilen alter Stöcke oder durch Absenker im Herbst, die man in einer Entfernung von etwa 20 cm steckt und anfangs feucht hält.

Ernte: Kurz vor der Blüte wird das Kraut bei trockenem Wetter zum ersten Male geschnitten, was man späterhin noch einmal, eventuell auch noch zweimal wiederholen kann. Von den geschnittenen Stengeln streift man die Blätter ab und trocknet diese im Schatten auf luftigen Böden. Zwischen den einzelnen Ernten nimmt man vorteilhaft eine flüssige Düngung vor, indem man etwas Schlamm aus Teichen oder Schleusen mit Stalldünger mischt und mit Wasser zu einer Brühe verdünnt, die über die Pflanzen hinweggegossen wird. Kurz vor Eintritt des Winters bestreut man die abgeschnittenen Stöcke mit frischer Erde, damit die Wurzel im folgenden Jahre besser treibt.

Den Ernteertrag von 1 a berechnet man auf 22 kg.

Mentha piperita *L.*
Gemeine Pfefferminze.
Labiatae.

Zu denjenigen Kulturen, welche am meisten Aussicht auf Rentabilität haben, gehört die der Pfefferminze. Ob Mentha pipt. als eine eigene Art zu bezeichnen ist oder als ein Bastard zwischen verschiedenen Menthaarten, bes. Menth. aquat. und M. viridis, darüber ist man noch im Zweifel. Man begegnet der Anschauung, daß verschiedene Varietäten von Mentha unter besonderen Umständen in die mentholreiche Kulturform M. piperita überzugehen vermögen, zumal der Habitus dieser Pflanze in den verschiedenen Kulturen sich oft deutlich verändert[1].

[1] Vgl. Dr. A. Reclaire: Die Pfefferminze und die im Deutschen Reich wild vorkommenden Minzearten. Heil- u. Gewürzpfl. II. Jahrg. Heft 1.

Allgemeines: Mentha pipt. hat einen 1—3 Fuß hohen vierkantigen ästigen, rötlich angelaufenen Stengel, gegenständige gestielte eirunde und gesägte Blätter, die oberseits kahl und dunkelgrün, unterseits an den Nerven mit kleinen steifen Haaren besetzt und überall mit gelben glänzenden Drüschen bedeckt sind. Die Blütenstiele stehen zu 10—16 an der Spitze des Stengels beisammen; die lippenförmigen Blüten sind rötlich oder dunkellila. — Blütezeit: August und September.

Anbau: Die Pfefferminze kommt zwar in jedem Boden fort, gedeiht aber am besten in einem leichten, lockeren, nicht lehmigen Boden in halbschattiger feucht-warmer Lage. Freihalten von Unkraut und Anharken des krustig gewodenen Bodens ist erforderlich. Bei neuen Anlagen wird der Boden mit Kompost oder verrottetem Mist gedüngt. Vorzüglich eignet sich dazu Schlamm aus Teichen, Senkgruben oder Schleusengräben, also ein Unrat, wofür sonst gewöhnlich keine Verwendung ist. Erwiesen ist ein starkes Kalibedürfnis[1]. Die Pfefferminze verlangt Bodenwechsel, meist steht sie in Fruchtwechsel mit Gerste. In England, wo man die Pflanze hauptsächlich zu dem Zwecke der Öldestillation anbaut, hat man die Erfahrung gemacht, daß sich bei keiner anderen Pflanze der Einfluß des Bodens mehr bemerklich macht als bei der Pfefferminze, was den Gehalt derselben an ätherischem Öl betrifft. Es kommt vor, daß das Kraut zweier nebeneinander gelegenen Felder einen bemerklichen Unterschied hinsichtlich des Ölgehalts zeigt; ja man hat sogar schon beobachtet, daß junge, in Mitscham gezogene und dann in das benachbarte Kirchspiel Carshalton versetzte Pflanzen bei der Destillation Öl lieferten, welches nicht allein von dem der in Mitscham verbliebenen Pflanzen in der Quantität, sondern sogar im Geruch abwich. Gleiches hat man auch in Deutschland beobachtet.

Die Pfefferminze wie überhaupt alle Minzen verbreiten sich durch Wurzelsprosse oder Ausläufer nach allen Seiten. Diese bilden neue Pflanzen, während die alten bald absterben und große Lücken in den Beeten hinterlassen. Aus diesem Grunde müssen die Minzenanlagen alle zwei Jahre umgepflanzt werden. Mancherorts erspart man sich die Mühe des Umpflanzens, indem man die Felder umgräbt oder behackt, eggt und hinterher walzt. Hierdurch entsteht eine Art von Verpflanzen durch Wechseln des Platzes. Andere graben oder hacken nur die kahlen Stellen nach dem letzten Schnitt im September um und bepflanzen sie mit daneben ausgestochenen

---

[1] Vgl. Pilz: Mentha pipt. und ihre Ansprüche an den Vorrat von Pflanzennährstoffen im Boden, Zeitschr. für landw. Versuchswesen in Österreich 1912. — Heil- u. Gewürzpflanzen II. Jahrg. Heft 3.

Pflanzen; doch sind alle diese Verpflanzungsarten nur sehr unvollkommen und können das reguläre Umpflanzen auf einen anderen Platz schon darum nicht ersetzen, weil die Felder bald mit Unkraut überzogen würden. Bei Neuanlagen pflanzt man die Senker Ende April in einer Entfernung von 15—20 cm (auf den Quadratmeter rechnet man 25 Stück). Will man die Pfefferminze im großen anbauen, so legt man die zerteilten Pflanzen im Frühjahr während des Pflügens in die Furchen und tritt sie hinterher an, war der Boden etwas zu mager, so kann in der ersten Wachstumsperiode mit künstlichem aber nur ganz mildem Dünger nachgeholfen werden, wozu sich Streuen von Hornmehl oder Begießen mit Aufguß von Hornspänen und Hufabfällen vorzüglich eignet. — Die Vermehrung geschieht fast ausschließlich nur durch Wurzeln, nicht durch Samen. Im zweiten Jahr hat man genügend Pflanzenmaterial übrig für eine 14—15mal so große Fläche. Man kann auch die Spitzen der kräftigeren Triebe mit dem obersten Blattpaare vor Beginn des zweiten Blattpaares in Frühbeetkästen pikieren. Auf diese Weise erhält man binnen 14 Tagen Pflanzen zum Ausbessern der Kulturen oder zu neuen Anlagen. Über Winter ist eine leichte Bedeckung mit Stallmist oder Komposterde sehr vorteilhaft, teils zum Schutze gegen den Frost, teils um dem Boden die erforderliche Pflanzennahrung zuzuführen.

Ernte: Pfefferminze wird zweimal geschnitten; der erste Schnitt — es ist eigentlich kein solcher, denn die Blätter werden abgestreift — findet zwischen Mitte und Ende Juli kurz vor der Blüte statt, der zweite Mitte September. Der erste ist der beste, er liefert nur Blätter, die eigentliche Apothekerware; der letzte liefert auch Sprosse, die vorwiegend zur Öldistillation verwandt werden. Das Schneiden des Krautes geschieht mittels einer Schere (Schafschere, Buchsbaumschere), im großen mit Sicheln und Sensen etwa 6—8 cm über dem Erdboden. — Es ist zweckmäßig, die Blätter frisch von den Stengeln zu pflücken bzw. zu streifen um Raum beim Trocknen zu ersparen, auch weil bei dem Entblättern trokkener Ware die Blätter leicht brechen. Das Trocknen gelingt am besten im Schatten auf luftigem Dachboden.

Es ist zweckmäßig und erhöht den Ertrag sehr, wenn man nach dem ersten und zweiten Schnitt eine leichte Kompostdüngung anwendet, indem man Düngererde oder alten Dünger über das Beet streut. Diese Prozedur führt man am erfolgreichsten kurz vor eintretendem Regen aus. Bei anhaltender Trockenheit ist auch Bewässerung nötig, da sonst die Blätter gelb und leicht von Erdflöhen befallen werden.

Das Erträgnis beläuft sich bei sachgemäßer Behandlung auf 20 bis 30 kg trockener Blätter pro Ar. Es empfiehlt sich als Nebennutzung auf der Menthakultur gleichzeitig hochstämmige Beerensträucher oder kleine Obstbäumchen zu ziehen. Die meiste Pfefferminze wird in Thüringen gebaut, und wird eine Sekundäreisenbahn, die Saale-Unstrutbahn, spottweise die Pfefferminzbahn genannt. Der Haupthandelsplatz ist das preußische Städtchen Cölleda, wo etwa 200 Morgen unter Pfefferminzkultur stehen. An eine Überproduktion ist durchaus noch nicht zu denken, zumal die Öldestillation sehr in Blüte steht. Schimmel-Miltitz allein verarbeitet jährlich gegen 300000 kg frischen Krautes.

Pfefferminzblätter schmecken und riechen kräftig nach dem darin zu 1—1,2% enthaltenen ätherischen Öl. Dieses besteht aus Menthol und Menthon. Die Blätter finden in Teeaufgüssen als Magenmittel Verwendung und dienen zur Bereitung von Oleum Menth. pipt., Aqua Menth. pipt. und Sirupus Menth. pipt.

Da die Pfefferminzblätter ausschließlich aus Kulturen gewonnen werden, so kommt eine Verfälschung der Handelsware kaum vor, auch wäre eine solche leicht am Geruch zu erkennen. Die sonst ähnlichen Blätter von Mentha viridis sind ungestielt, die von Mentha crispa wellenförmig, mit gekräuseltem Rande.

Leider wird Mentha pipt. nicht selten von einer Krankheit befallen. Puccinia graminis (Getreiderost) macht sich kurz vor der Blüte bemerkbar, indem die gelbrotgefärbten Äcidien auf kleinen Gewebepolstern der Blätter und jungen Zweige erscheinen, die sich rasch über die ganze Kultur verbreiten. Im weiteren Verlauf der Entwicklung wird die Epidermis der befallenen Blätter von den Teleutosporenhäufchen durchbrochen.— Um die Verbreitung dieses Pilzes zu beschränken, ist in erster Linie die möglichst, gänzliche Entfernung der Pflanzen nötig; am besten werden sie verbrannt. Bei nicht allzu großen Flächen genügt es, die Pflanzen bis kurz über der Erde abzuschneiden und eine Bestäubung mit Schwefelblüte vorzunehmen, welche man in einen weitmaschigen Sack füllt und auf den Boden aufklopft. Vielfach trägt die Schuld an dem Auftreten dieser Krankheit unrichtige oder übermäßige Düngung oder Mangel an freier Luft.

Menyanthes trifoliata *L.*
Bitterklee, Fiebertee usw.
Gentianaceae.

Allgemeines: Diese krautartige Pflanze wächst auf sumpfigen Wiesen und Torfmooren in Mittel- und Nordeuropa, dem nördlichen Asien und in Amerika, eine schön blühende Pflanze mit kriechendem Wurzelstock. Der Stengel ist fingerdick, fleischig, weitkriechend, gegliedert, seine Enden ganz von häutigen, trockenen Scheiden bedeckt, daselbst zwei Blätter und einen Schaft tragend. Die Blätter sind dreizählig mit saftigen, fast lederigen, eirunden Blättchen. Der Blütenschaft tritt unmittelbar unter den diesjährigen Blättern aus der Achsel einer Stengelscheide hervor und trägt eine hübsche Blütentraube von 10—20 weißen oder blaßroten Blüten mit weißem Bart und zurückgezogenen Zipfeln. Die Staubbeutel sind erst mennigrot, dann violett. Die Pflanze blüht im Mai und Juni. Die Blüte gleicht fast einer Hyazinthe. — Die geruchlosen sehr bitteren Blätter sind als Folia Trifolii fibrini, das daraus bereitete bittere Extrakt (Bitterklee-, Fieberklee-Extrakt), welches gegen Trägheit der Verdauungswerkzeuge und Unterleibskrankheiten angewandt wird, als Extractum Trifolii fibrini offizinell. Das Kraut enthält einen eigentümlichen, nicht kristallisierbaren Bitterstoff von hellgelber Farbe, das Menyanthin.

Anbau: Wassergräben, Teiche oder Sümpfe eignen sich vorzüglich zum Anbau von Bitterklee. Bei dem nicht allzu häufigen Vorkommen der Pflanze in der freien Natur und der nicht unbedeutenden Nachfrage dürfte sich eine Kultur recht wohl empfehlen, zumal eine solche höchst einfach ist. Man verfährt ganz ähnlich wie beim Kalmus, indem man Wurzelstöcke in den Boden wirft, dieselben in den Schlamm andrückt und mit etwas Erde bedeckt.

Orchis mascula *L.*
Männliches Knabenkraut.
Orchis Morio *L.*
Knabenkraut, Kuckucksblume, kleine Ragwurzel.
Orchis militaris *L.*
Helmartiges Knabenkraut.
Orchis fusca *Jacq.*
Braunes Knabenkraut.
Orchideae.

Allgemeines: Alle diese Arten von Knabenkraut besitzen zwei fleischige eiförmige Knollen am Grunde des Stengels, woraus Salep gewonnen wird. Die auf feuchten Waldwiesen nicht selten vorkommenden Pflanzen sind etwa 30 cm hoch. Die Blätter sind lanzettförmig, dunkelgrün; die Blüten stehen in lockerer Ähre, sind' schön purpurn gefärbt und durch eine gespornte dreizipflige Lippe charakterisiert. Sie blühen im Mai und Juni. Offizinell sind die Knollen (Tubera Salep). Durch das dem Trocknen vorausgegangene

Abbrühen werden diese durchscheinend und hornartig fest, innen und außen schmutzig weiß. — Der Geschmack ist schleimig fade, Geruch fehlt. Der Salep enthält viel Schleim (bis 48%) und Stärkemehl. Er wird gegen Diarrhöe in Form von Mucilago Salep gebraucht.
Anbau: Derselbe gelingt nicht immer leicht. Der Same der Knabenkräuter keimt nur beim Vorhandensein bestimmter Pilze im Boden. Diese Pilze leben auch im Innern der Orchideenwurzeln, und muß durch alte Wurzeln für Verbreitung der Pilze im Boden vor der Aussaat gesorgt werden. Man kann eine Anlage auch durch Knollen vornehmen, die man im Herbst etwa 10 cm tief bei 15 cm Abstand legt. Feuchte, wenn auch schlechte Wiesen, die man nach der Grummeternte umgepflügt und klar geeggt hat, eignen sich dazu. Zwei Jahre läßt man die Knollen in der Erde liegen, während welcher Zeit Gras angesät und geerntet werden kann.

Ernte: Im Herbste des zweiten Jahres werden die Knollen gegraben. Man findet stets an jeder Pflanze zwei Knollen, von denen die eine weiche, runzelige (Mutterknolle), die blühende Pflanze trägt, während die andere glatte, prall gefüllte (Tochterknolle), für die nächste Vegetationsperiode bestimmt ist; diese allein kommt in Betracht für die Salepgewinnung. Man reinigt sie, überbrüht sie mit kochendem Wasser und trocknet sie entweder auf Horden oder praktischer noch, indem man sie auf Fäden zieht. Es unterliegt keinem Zweifel, daß mit der Zeit der Salepbau sich zu einem wichtigen Kulturzweig gestalten wird; der Verbrauch steigert sich von Jahr zu Jahr. Die Hauptzufuhren kommen aus der Levante, doch genügen diese dem laufenden Bedarf nicht annähernd. Weil die Orchisknollen sehr tief unter der Erde zu finden sind, lassen sie sich nicht ausgraben, ohne die Wiesen zu beschädigen, so daß die Wiesenbesitzer sich dies wohl kaum gefallen lassen. Es kann also mit gutem Gewissen der Anbau dieser wichtigen Arzneipflanzen empfohlen werden.

Es gibt außerdem noch eine Reihe von salepliefernden Orchideen, deren Knollen nicht rund, sondern handförmig gestaltet sind, wie z. B. O. maculata, Platanthera bifoliata usw. Dieser sog. Händchensalep wird nicht angebaut, wohl aber in der Natur gesammelt, besonders im Spessart.

Origanum vulgare *L.*
Wilder Majoran, gemeiner Dost, Wohlgemut.
Labiatae.
Allgemeines: Wir finden diese Pflanze ziemlich häufig an steinigen trockenen Orten, besonders an den Abhängen von Kalk-

bergen und in lichten Wäldern. Sie wird bis ½ m hoch; die Blätter sind eiförmig, mehr oder weniger spitz, der Kelch drüsig, kurzhaarig mit purpurnem Saum. Sie blüht von Juli bis Oktober und trägt kegelige Köpfchen, braune Kelche und rosen- oder fleischrote Blumen. Das ätherische Öl (Ol. Origan. vulgar.), spanisches Hopfen- oder Dostenöl, dient als beruhigendes Mittel bei Zahnschmerzen. Außerdem wird das Kraut (Herba Origan.) in Apotheken noch viel verlangt.

Anbau: Man sät den Samen im Frühjahr auf trockenwarme Plätze mit leichtem Boden möglichst in Reihen, ohne mit Erde zu bedecken; derselbe bedarf 4—5 Wochen zur Keimung. Man erntet kurz vor der Blüte.

Paeonia officinalis *L.*

Gichtrose, Pfingstrose, Klatschrose usw.

Ranunculaceae.

Allgemeines: Man findet diese oft sehr umfangreiche Büsche bildende Pflanze mit ihren leuchtend roten Blüten häufig in Gärten. Die ausdauernde Wurzel treibt mehrere Stengel mit abstehenden Ästen. Die Blätter sind doppelt dreizählig, die unteren langgestielt, die oberen kleiner mit kürzeren Stielen. Die Kelchblätter überdauern die Blumenblätter. Die purpurne Blüte ist meist ganz gefüllt, selten kommen fleischfarbige oder bunte Blüten vor. Die Staubfäden sind rot, die Staubbeutel gelb. In früheren Zeiten galten Wurzelstock und Samen als heilkräftig. Die Wurzel diente früher in Pulverform (sog. Markgrafenpulver) gegen Epilepsie und stand schon im Altertum als Mittel gegen Gicht und einige andere Krankheiten in hohem Ansehen. Die auf Schnüre gereihten Samen werden zuweilen heute noch den Kindern zur Erleichterung des Zahnens um den Hals gehängt (Zahnkorallen). Die Blumenblätter werden der Farbe wegen dem Räucherpulver oder gewissen Teemischungen zur Verschönerung zugesetzt, doch sind dieselben zu diesem Zweck fast gänzlich zu entbehren, da Flor. Rhoeados und eventuell auch rot gefärbte Iriswurzel oder Pomeranzenmark einen sehr preiswerten und guten Ersatz bieten.

Anbau: Die Gichtrose wächst in jedem Boden, der eher trocken als feucht sein soll, auch im Schatten. Die Fortpflanzung erfolgt durch Wurzelteilung. Man gibt den Pflanzen etwa ¾ m Abstand. Im allgemeinen dürfte bei der allgemeinen Verbreitung dieser beliebten Gartenpflanze ein Anbau nicht lohnen.

Ernte: Man sammelt die Blumenblätter, wenn sie eben abfallen wollen, an trockenen Tagen und trocknet sie im Schatten, da die Sonne die Farbe bleichen würde. Von den Wurzeln gräbt man nur die stärksten Stücke im Herbst aus.

Pimpinella saxifraga *L.* und P. magna *L.*
Gemeine weiße Pimpinelle, Steinpeterlein, Bibernell.
Umbelliferae.

Allgemeines: Diese beiden über ganz Europa und Vorderasien verbreiteten Pflanzen liefern uns die Pimpinellwurzel, die seit dem frühen Mittelalter vielfach als Heilmittel gebraucht wurde und auch noch heute als Volksmittel gegen Heiserkeit sehr gangbar ist. Während Pimpinella saxifraga mehr auf steinigen Grasplätzen zu finden ist, bevorzugt Pimpinella magna nasse Wiesen. Beide Pflanzen haben einfach gefiederte Blätter. Die vor dem Aufblühen überhängenden Dolden tragen weiße Blüten. Die Wurzel der erstgenannten Art ist über federkieldick, meist einköpfig und einfach, die der zweiten öfters verzweigt, oben stets mehrköpfig. Beide sind schwach geringelt, der Quere nach warzig, außen braun, innen weiß. Geruch eigentümlich bocksartig, Geschmack süßlich, hinterher scharf beißend. Die Bibernellwurzel enthält ätherisches Öl, Harz, Zucker usw. Sie dient zur Tinctura Pimpinellae (auch Extrakt).

Anbau: Diese Pflanzen verlangen keinen besonders guten Boden. Man sät den Samen im Frühjahr dünn in Reihen aus, behackt das Land und gräbt die Wurzeln im dritten Jahre.

Polygala vulgaris *L.*
Gemeine Kreuzblume, Kreuzwurzel.
Polygaleae.

Allgemeines: Dieses kleine auf Wiesen und Triften häufig vorkommende Kraut zeigt aufsteigenden Stengel, alle Blätter stehen abwechselnd, die Blütentrauben stehen endständig. Die Blüten sind intensiv blau oder rot, selten weiß gefärbt. Im Gegensatz zu der folgenden Polygalaart besitzt P. vulgar. keinen bitteren Geschmack, doch wird das Kraut als Magenmittel noch ab und zu gebraucht.

Der Anbau dieser Pflanze dürfte kaum lohnen.

Polygala amara *L.*
Bittere Kreuzblume.
Polygaleae.

Allgemeines: Diese der vorigen Polygala vulgar. ganz ähnliche Pflanze findet man nicht selten auf trockenen Wiesen. Die dünne gelbliche Wurzel treibt fingerlange Stengel sowie eine Rosette eirunder oder spatelförmiger, ziemlich großer, grundständiger Blätter. Die Stengel sind mit kleinen lanzettlichen Blättern besetzt und tragen in endständigen Trauben kleine blaue oder weiße Blüten mit je zwei blumenblattartigen Kelchblättern (sog. Flügel). Geschmack ist stark bitter, Geruch schwach. Man benutzt die ganze Pflanze in der Blüte samt Wurzel (Herba cum Radice Polygal. amar.).

Auch diese Pflanze dürfte kaum mit großem Nutzen zu kultivieren sein.

Polygala Senega *L.*
Senega- oder Klapperschlangenwurzel.

Polygaleae.

Allgemeines: Diese in Nordamerika auf trockenen Hügeln wachsende Pflanze ist wegen ihrer Wurzel sehr geschätzt. Die federkieldicke, mehrköpfige, häufig gewundene Wurzel ist auf der Außenseite höckerig, von gelber Farbe und hat spröde Konsistenz. Geschmack ist kratzend, Geruch schwach; die Abkochung schäumt beim Schütteln, bedingt durch das mit dem Saponin identische Senegin. Außerdem enthält die Wurzel Harz, Gummi, Gerbstoff, Virginsäure, doch ist sie ohne Stärkemehl. Sie dient zu Decoctum, Extractum und Syrupus Senegae gegen Husten.

Anbau: Mit großer Wahrscheinlichkeit ließe sich Senega in geeigneten Gegenden Deutschlands kultivieren. Jedenfalls ist ein Versuch schon vom wissenschaftlichen Standpunkte anzuraten. Leider ist es schwer, keimfähigen Samen zu erhalten. So sind wir bekanntlich selbst über die physiologische Bedeutung des anatomischen Baues der Wurzel nur auf Wahrscheinlichkeitsgründe angewiesen; denn trotzdem Arthur Meyer schon vor Jahrzehnten den Wunsch nach lebenden Pflanzen aussprach, sind solche bei uns noch nicht einmal in den botanischen Gärten vertreten. Es würde eine Großdrogenfirma wie Gehe, Brückner, Lampe, Caesar & Loretz oder andere sich ein großes Verdienst erwerben, wenn sie lebende Rhizome dieser Pflanze einführen würde. Das Experiment ist doch mit Hydrastis canad. ganz vorzüglich gelungen.

Der Verbrauch von Rad. Seneg. ist ein gewaltiger[1]. 1900 wurde in einem reichen Erntejahr der Gesamtertrag auf 300000 Pfund (engl.) angegeben, 1903 (Mittelernte) auf 200000 Pfund. Die Senegaernte ist nicht ausschließlich von dem Gedeihen der Pflanzen abhängig. Beim Freiwerden von Arbeitskräften durch geringe Ge-

---

[1] Beitrag zur Handelsgeographie der Drogen von O. Tunmann in Bern.

treide- oder Baumwollernte und durch schlechten Geschäftsgang steigt der Ernteertrag, ebenso bei frühzeitigem Schluß der Getreideernte. Starke Fröste im Spätherbst hemmen die Ernte. Durch diese Verhältnisse werden große Preisdifferenzen bedingt, und ist die Droge ein Spekulationsobjekt. Ein New Yorker Maximalpreis war 1913 mit 1 S 15 c per 1 Pfund (engl.), ein niedriger Preis 1901 mit 30 Cents für das gleiche Quantum. In Hamburg waren niedrige Preise 1898—1899 mit 291 Mk. pro 100 kg, hohe Preise 1904 und 1905 mit 489 Mk. Heute wird in Deutschland 1 kg mit etwa 6,00 bis 7,00 RM gehandelt.

Die Einfuhr in Hamburg beträgt jährlich im Durchschnitt gegen 60000 kg.

$^2/_3$—$^3/_4$ der Einfuhren kommen aus den Vereinigten Staaten (New York), der Rest direkt aus Kanada oder über England. Allerdings führt Hamburg auch Senega wieder aus. Jedenfalls ist Senegawurzel eine Droge, die trotz aller modernen chemischen Erzeugnisse im Gebrauch nicht zurückgegangen ist. Sicherlich würde die Anwendung noch mehr zunehmen, wenn die Droge billiger würde. Es wäre nur zu wünschen, daß es bald gelänge, Kulturen in Deutschland anzulegen.

Polygonum Bistorta *L.*
Schlangenkraut, Natterknöterich.

Polygoneae.

Allgemeines: Auf nassen Wiesen, besonders im Gebirge, trifft man diese Pflanze ziemlich häufig an. Die Blätter sind unten blaugrün, die oberen mit herzförmiger Basis ansitzend. Der Wurzelstock ist doppelt gekrümmt, Blüten rosenrot. Die Wurzel (Radix Bistortae) war früher offizinell.

Anbau: Bei der beschränkten Anwendung der Wurzel dürfte heute kaum ein Anbau lohnen. Derselbe hätte ähnlich, wie bei Arnica angegeben, zu geschehen.

Ptarmica moschata *Dc.*
Achillea moschata *Wulf.*
Honigkraut.

Compositae.

Allgemeines: Ein kahles, schwach nach Moschus riechendes Pflänzchen der Alpen (namentlich Schweizer Alpen) mit stark zerteilten Blättern und kleinen trugdoldenartig angeordneten Blütenköpfchen, welches nebst zwei anderen Alpenpflanzen, der A. atrata L. und der weißwolligen A. nana L., das echte Genippi (Genipi,

Genepi) der Schweizer bildet und auch in der Pharmazie als Herba Ivae oder Genippi veri als stärkendes Mittel bei Magenschwäche, Diarrhöe usw. verwendet wird. Sie ist ein Bestandteil des Schweizer Tees und wird namentlich zur Bereitung des Ivalikörs benutzt, welcher nebst anderen ihrer Präparate viel exportiert wird.

Anbau: Auf etwas feuchtem Boden in höherer Lage läßt sich die Pflanze genau wie Arnica recht gut kultivieren. Man sollte sich wirklich dafür interessieren, denn die Nachfrage steigt fortwährend, und dürfte die Pflanze noch einmal eine Hauptrolle im Arzneischatz spielen.

Pulmonaria officinalis *L.*
Lungenkraut.
Boragineae.

Allgemeines: Diese krautartige Pflanze, welche uns eine der ersten Frühlingsblumen bringt, findet sich in Deutschland allerwärts in Laubgehölzen, Wäldern, an Bächen wild mit erst hellroten, dann violetten, zuletzt dunkelblauen Blüten. Dieselben haben einen glockig-fünfkantigen Kelch, eine trichterförmige Blumenkrone, fünf Staubgefäße und vier getrennte Fruchtknoten, die sich zu vier einsamigen Nüßchen entwickeln. Das saftige Kraut wie die Wurzel war als Herba et rad. Pulmonariae maculosae als Mittel gegen Blutspeien, Heiserkeit und Halsentzündung früher offizinell und erfreut sich auch heute noch immer lebhafter Nachfrage in Apotheken.

Anbau: Pulmonaria erfordert Kalkboden, ist sonst aber wenig anspruchsvoll und gedeiht auch im Halbschatten. Die Vermehrung geschieht durch Samen, den man im Herbst aussät. Späterhin pflanzt sich Pulmonaria von selbst fort, und kann man sie verwildern lassen.

Pyrethrum (Chrysanthemum) roseum *Bieb.*
Pyrethrum (Chrysanthemum) cinerariaefolium *Trev.*
Persische Kamille.
Compositae.

Allgemeines: Die Stammpflanze des echten persischen oder kaukasischen Insektenpulvers ist die in den Gebirgsgegenden Kleinasiens wachsende persische Kamille (Pyr. roseum Bieb.); die gleiche Wirkung besitzt eine in Montenegro und Dalmatien einheimische und dort kultivierte Art: Pyrethrum cinerariaefolium Trev.; es werden außerdem noch genannt: Pyrethrum caucasic., carneum usw., die aber meist unwesentliche Spielarten sind. Wie alle Chrysanthemumarten sind auch diese beiden prächtige Zierpflanzen. Es sind ausdauernde Stauden von 30—40 cm Höhe mit zierlichen tief eingeschnittenen Blättern und einzeln stehenden großen hellroten Blüten. Pyrethrum roseum hat etwas dunklere Blüten, Pyrethrum cinerariaefolium hat graugrüne breitere Blätter.

Anbau: Die große Nachfrage nach Insektenpulver hat schon längst zu ausgedehnten Kulturen dieser Pflanze allerorts Veranlassung gegeben. Die Kultur macht absolut keine Schwierigkeit und weicht nicht ab von der anderer mehrjähriger Pflanzen. Es sind zwar ausdauernde Stauden, doch empfiehlt es sich, dieselben öfters neu aus Samen zu ziehen, weil alte Pflanzen schlecht werden. Stockteilung liefert keine so kräftigen Pflanzen. Sie gedeihen auf jedem Boden in trockener sonniger Lage. Um gutes Insektenpulver daraus zu gewinnen, darf man sie nur in magerem Boden ziehen. Kalk- und Mergelboden eignet sich besonders dazu. Man sät den feinen Samen, der heute ohne Schwierigkeiten aus größeren Samenhandlungen zu beschaffen ist, im April oder Mai auf guten Gartenboden dünn aus und bedeckt ihn schwach. Wo die Pflänzchen zu dicht stehen, verzieht man und bringt die ausgezogenen Pflanzen auf ein anderes Beet in einem Abstand von 10—15 cm. Man lege die Beete nur ganz schmal an, damit das tägliche Abpflücken der Blüten nicht erschwert und der Boden zwischen den Pflanzen dabei nicht so fest getreten wird. Das Behacken der Beete ist jährlich nur einmal nötig vor der Blüte, auch reinigt man die Pflanzen von trockenen Blättern. Im Winter gibt man den Pflanzen einen leichten Schutz. Frische Düngung ist den Pflanzen nicht zuträglich, und ist auch eine neue Anlage nur auf ein solches Stück Land zu bringen, das im Jahre vorher stark gedüngt wurde.

Ernte: Die vollkommen aufgeblühten Blumen werden möglichst alle Tage zu ganz trockener Zeit ohne Stiel gepflückt. Besondere Sorgfalt ist auf das Trocknen der Blüten zu verwenden. Im allgemeinen ist das Trocknen im Schatten auf luftigen Böden vorzuziehen, doch geschieht es auch in der Sonne; öfteres Wenden empfiehlt sich, weil sonst leicht Moder entsteht; auch dürfen nur vollständig ausgetrocknete Blüten eingepackt werden. Der Trockenverlust wurde auf 73,4% des Gewichtes berechnet.

Ursprünglich verstand man unter dem Namen Insektenpulver nur das persische oder kaukasische I., welches aus den gemahlenen Blütenköpfchen von Pyrethrum oder Chrysanthemum roseum, Pyrethrum carneum oder caucasic. besteht. Später ist das Dalmatiner Insektenpulver mehr in Aufnahme gekommen, welches durch Mahlen der Blütenköpfe von P. cinerariaefol. gewonnen wird. Beide

Sorten Insektenpulver sind mit bloßem Auge nicht zu unterscheiden und bilden ein graugelbes Pulver, das in frischem Zustande sich durch eine etwas lebhaftere Färbung auszeichnet. Die Wirksamkeit beider Pulver ist bedingt durch die Sorgfalt, welche beim Sammeln, Trocknen und Vermahlen der Blütenköpfe angewendet worden ist sowie durch die möglichst frische Beschaffenheit. Die wirksamen Bestandteile der Pyrethrumblüten sind mit Sicherheit noch nicht ermittelt, ebensowenig die Art der Wirkung auf die Insekten. Nach Dr. Gilg sollen die Blüten folgende Bestandteile aufweisen: ätherisches Öl, Harze, Chrysanthemin, Pyrethrosin und Pyrethrosinsäure[1]. Es soll das Insektenpulver die Atmungsorgane der Insekten verstopfen. Das Insektenpulver muß fein zerteilt und möglichst durch einen Zerstäuber in der Luft aufgewirbelt angewendet werden. Einige Importeure von Insektenpulver bringen ihre Ware unter einer ihrer Firma geschützten Marke in den Handel, wie z. B. Zacherlin, Turmalin usw.

Rheum *L.*
Rhabarber.

Allgemeines: Diese zur Familie der Polygoneae gehörige ist eine dem Ampfer nahestehende Pflanzengattung, die sich von dem letzteren durch ein aus sechs gleich großen Abschnitten bestehendes Perigon, neun Staubgefäße, drei kopf-schildförmige Narben und eine dreiflügelige Schließfrucht unterscheidet. Sämtliche Arten der Gattung Rheum sind sehr stattliche Kräuter Mittelasiens mit einem starken ästigen, fast fleischigen Wurzelstock. Der Stengel ist aufrecht, erreicht die Stärke eines Armes, ebenso die Äste. Die Knospe ist von einer großen häutigen Scheide umhüllt. Die Blätter sind sehr groß, ganz oder gelappt. Der mächtige rispenförmige Blütenstand ist aus kleinen weißlichen oder roten Blüten zusammengesetzt.

Von großer Bedeutung ist Rhabarber wegen des Wurzelstockes. Das Rhizoma Rhei des Deutschen Arzneibuches kommt vornehmlich aus den chinesischen Provinzen Jün-nan und Szetschuan sowie aus Tibet und stammt von Rheum officinale Baillon und wahrscheinlich auch von Rheum palmatum L., var. tanguticum Regel. Der Verbreitungsbezirk der Rheumpflanzen liegt auf dem großen Plateau von Mittelasien in einer Höhe von 11000 Fuß über der

---

[1] Von Dr. Rud. Kuráz: Zur Frage der Wirksamkeit des in der Kultur gewonnenen Insektenpulvers. Heil- u. Gewürzpflanzen, I. Jahrg., Heft 2.
Über die physiolog. Wirkung des zu Korneuburg bei Wien gewonnenen Insektenpulvers vgl.: Archiv für Chemie und Mikroskopie, Jahrg. VIII, Heft 1 u. 2, sowie Jahrg. X, Heft 1.

Meeresfläche zwischen dem 22. und 40.° nördlicher Breite. Die Pflanzen wachsen dort ohne jede Kultur, und zwar in einem sandiglehmigen trockenen Boden, der von Maulwürfen und anderen Nagetieren durchwühlt und locker gehalten wird. Man hat beobachtet, daß der bessere Rhabarber in einem tiefgründigen sand- und kalkreichen Lehm wächst, welcher nie anhaltend feucht ist, aber aus der Tiefe immer etwas Feuchtigkeit an sich ziehen kann. Da man das vorzügliche Gedeihen der Rhabarberpflanzen auf wenig nahrhaftem Gipsboden beobachtet hat, liegt der Gedanke nahe, daß Gipsboden sowie Gips- und Kalidünger vorteilhaft auf die Beschaffenheit der Wurzeln einzuwirken vermögen.

Die Rhabarberwurzel bildet gelbe, dicke, verschieden gestaltete, mehr oder minder von der äußeren Schicht befreite, durch Bestreuen mit Rhabarberpulver gelb erscheinende abfärbende Stücke; häufig sind sie mit einem Bohrloche versehen. Rhabarber zeigt milden, urinartigen Geruch und eigenartig aromatisch bitteren Geschmack. Bestandteile sind: Chrysophansäure, Emodin, Rheumgerbsäure, mehrere harzartige amorphe Körper und oxalsaurer Kalk. Während kleinere Gaben von Rhabarber als magenstärkendes, tonisch adstringierendes Mittel gebraucht werden, wirkt Rhabarber in größeren Gaben als gelindes Abführmittel. Offizinelle Rhabarberpräparate sind außerdem: Rhabarberextrakt (Extractum Rhei), alkoholische und wässerige Rhabarbertinktur, ein zusammengesetztes Rhabarberextrakt (Extr. Rhei compt.), Rhabarbersaft usw. Die Bezeichnung: ,,russischer Rhabarber" rührt davon her, daß der Rhabarber früher auf dem Karawanenweg über Kiachta nach Petersburg und Moskau kam und von dort in den europäischen Handel gelangte. Dieser Handelsweg ist heute aufgegeben worden. Die Kennzeichen des guten echten Rhabarbers sind rötlichgelbe Farbe des Bruches mit weißlichrötlicher Marmorierung, Knirschen zwischen den Zähnen beim Kauen, schweres Gewicht und feste Struktur. Hauptausfuhrhäfen für Rhabarber sind Schanghai (jährlich gegen 420000 kg) und Tientsin (etwa 90000 kg).

Anbau: Der hohe Preis des chinesischen Rhabarbers und der kolossale Bedarf an dieser Droge hat schon längst zum Nachanbau dieser wichtigen Arzneipflanze auch in Europa geführt. In den verschiedensten Gegenden, besonders in Ungarn, Mähren und Frankreich hat man mehrfache Versuche gemacht, aus chinesischen Samen die Rhabarberwurzel zu bauen. Namentlich ermunterte dazu das einst vom niederösterreichischen Gewerbeverein in Wien erlassene Preisausschreiben. Leider sind die Erfolge bis jetzt hinter den Erwartungen zurückgeblieben. Die in Europa gezogenen Wurzeln sind meist ziemlich arm an wirksamen Bestandteilen befunden worden. Immerhin hat man in Europa schon hier und da auch vorzügliche Wurzeln gebaut, die manchem chinesischen Rhabarber nicht nachstanden. Die Möglichkeit hierzu ist somit erwiesen. Den relativ besten Erfolg hat man wohl bis jetzt in Mähren zu verzeichnen, wo man in der Gegend um Brünn Pflanzungen in größerem Stil seit Jahren betreibt und jährlich über 4000 Zentner schöne Wurzeln in den Handel bringt. Es scheint sonach, daß das mährische Hochland ein besonders für den Rhabarber geeignetes Klima hat.

Interessant sind die Versuche, welche Fürst Schwarzenberg in der Obersteiermark auf verschiedenen Bodenarten angestellt hat. Er konstatierte folgendes:

Auf humusreichem Boden gedeihen die Rhabarberpflanzen zwar üppig, die Blätter erreichen bedeutende Größe, doch bildet sich keine möhrenartige Pfahlwurzel, sondern eine große Zahl langer verzweigter Wurzelfasern. Außerdem sind die Wurzeln schwammig, meist hohl und wenig aromatisch.

Auf verwittertem Tonschiefer gingen die Pflanzen bald an Trockenheit zugrunde. Gut gedeihen die Pflanzen in Holzschlägen neben alten Baumklötzen auf sandig-lehmigem Untergrund (Gneis und teilweise Granit).

Am besten aber gedeihen die Pflanzen auf lettenartigem Tonboden der Alluvialformation, wo auch eine glatte freie Wurzel zur Bildung kam.

Die auf Gütern des Fürsten Schwarzenberg in Velde in einer Höhe von 3200 Fuß betriebenen Rhabarberpflanzungen gaben vorzügliche Erträge.

Recht befriedigende Resultate in der Kultur von Rhabarber hat auch die Arumgesellschaft in Rothenburg o. T. zu verzeichnen, die allerdings heute nicht mehr existiert.

Außerdem wird in Ungarn und Mähren vielfach Rheum Rhaponticum L., gemeiner pontischer Rhabarber, Rapontik kultiviert, welche Pflanze die in der Tierheilkunde viel verwandte Rhapontikwurzel, Rheum austriacum, liefert.

Was die Vermehrung der Pflanzen betrifft, so geschieht das meistens und auch am besten aus Samen, der bei uns vollständige Keimfähigkeit erlangt. Man gibt der Herbstsaat vor der Frühjahrssaat den Vorzug. Meist im Oktober, bald nach der Reife sät man in lockere, etwas sandige Erde in Reihen aus. Wird der Same zu tief gelegt, so geht er nicht auf, er verlangt eine Bedeckung von höchstens 1 cm Erde. Bei einer Temperatur von etwa 20° und zureichender Feuchtigkeit keimt der Same schon in 14 Tagen. Bei der Kultur im Freien geht der Same in 30—40 Tagen bei der Frühjahrssaat und in 30 Tagen bei der Herbstsaat auf. Zu dicht stehende Pflänzchen zieht man aus und versetzt sie im zweiten Jahre an den bestimmten Platz, wobei man einen Abstand von etwa $3/4$ m beobachtet. Das neu zu bepflanzende Land muß gut vorbereitet werden, es muß vor allem möglichst tief, mindestens $1/2$ m tief, rigolt werden, wobei halb verrotteter oder langsam wirkender Dünger, in sehr magerem Boden auch etwas Schafdünger untergegraben werden kann. Der Boden rings um jede Pflanze wird in jedem Frühjahr mit Spaten und Hacke etwas gelockert. Im ersten Jahre bildet die Pflanze nur höchstens sechs Blätter, welche bis zum Wintereintritt ganz welken. Mitte April des zweiten Jahres erscheinen die roten Spitzen der Rhabarberpflanze, die sich bis zu zehn Blättern ausbilden und zwar bedeutend größer als im ersten Jahre. Im dritten Jahre treiben die Pflanzen auch Stengel und Blüten (gewöhnlich Mitte Juni). Der Same erlangt in etwa 5 bis 6 Wochen vom Zeitpunkt der Blüte an gerechnet vollkommene Reife. Manche Pflanze trägt über 200 Samen.

Es läßt sich recht gut das Land zu einer Nebennutzung verwenden, da die Pflanzen schon Ende Juli absterben. Sowohl Gemüse wie auch Kamillen oder dgl. können auf dem Land gezogen werden. Beobachtet man ein kümmerliches Wachstum der Rhabarberpflanze aus Mangel an Nährstoffen, so kann ab und zu mit einer leichten Düngung mit Gips, Kainit oder etwas Schafmist nachgeholfen werden; letzterer trägt vornehmlich zur Warmhaltung des Bodens bei. Für die Rhabarber bauende Bevölkerung Asiens dürfte auch nur diese Art von Dünger in Frage kommen. In nahrhaftem Boden erreichen die Wurzeln ihre nötige Stärke; besser aber ist es, dieselben bis zum siebenten oder sogar bis zum zehnten Jahre im Boden zu belassen, da die wertvollen Eigenschaften, besonders auch die rötliche Färbung, den Wurzeln erst in diesem höheren Alter zukommen.

Ernte: Das Ausgraben der Wurzeln erfolgt zweckmäßiger im Herbst als im Frühjahr, möglichst schon im Spätsommer, wenn die Pflanzen eben abgestorben sind. Später hinaus beginnt sich schon wieder Triebkraft in den Pflanzen zu regen. Zunächst werden die Wurzeln gereinigt, nicht aber gewaschen, dann zieht man die äußere Haut ab, wobei aber das darunter liegende Gewebe nicht verletzt werden darf, schneidet in Stücke und zieht diese auf Fäden, um sie zu trocknen. Dabei werden alle schwammigen und schadhaften Stücke ausgeschieden, um eine gleichmäßige Ware von schön rötlichgelbem Bruch zu erhalten. Die wertvollsten Stücke sind die oberen dicken Teile. Der Trockenprozeß muß schnell vor sich gehen, und dürfte wohl bei uns in allen Fällen eine künstliche Wärme von etwa 30° vorzuziehen sein. Es sei an dieser Stelle nochmals besonders aufmerksam gemacht auf die eingangs des Buches besprochenen Mayfarthschen Trockenapparate.

Man hat vom preußischen Morgen auf einer 8—9jährigen Anlage etwa 30 Zentner Wurzeln geerntet.

Rubia tinctorum *L*.
Krapp.
Stallatae.

Allgemeines: Diese Pflanze wird wegen der Färbekraft ihrer Wurzel, die auch als Radix Rubiae tinctorum in Apotheken geführt wird, angebaut und zwar besonders in Frankreich, Syrien, Kleinasien, der Insel Cypern und Griechenland, in Holland, in einigen Gegenden Deutschlands (Elsaß, Baden und in der bayerischen Pfalz). Seit Entdeckung des künstlichen Alizarins hat die Verwendung des Krappfarbstoffes bedeutend nachgelassen. Der Hauptsitz der färbenden Materie ist die Mittelschicht der Unterrinde nebst dem Holz, weshalb man bei den besseren Handelssorten die oberen Teile nebst den Faserwurzeln möglichst zu entfernen sucht und letztere als Abfallprodukte unter der Bezeichnung „Mullkrapp" in den Handel bringt. Der Krapp enthält den färbenden Stoff nicht fertig gebildet, sondern in Form einer eigentümlichen Säure, der Ruberythrinsäure, die erst durch Einwirkung von Fermenten, Säuren oder Alkalien die beiden Farbstoffe: Alizarin und Purpurin liefert.

Anbau: Der Anbau erfordert vor allem tiefen, lockeren Boden und eine warme Lage, ähnlich wie der Wein. Die Fortpflanzung geschieht durch Samen, den man in Reihen aussät, um dann entweder zu verziehen oder zu verpflanzen. Im Winter bedürfen die Pflanzen Schutz gegen die Kälte.

Ruta graveolens *L*.
Gartenraute, Weinraute.
Rutaceae.

Allgemeines: Die Raute ist ein kleines, duftendes, fast strauchartiges Kraut des südlichen Europas mit gelben 8- resp. 10männigen Blüten in Trugdolden. Die Blätter sind dreifach fiederteilig mit spatelförmigen Endzipfeln, kahl, graugrün. Alle grünen Teile sind mit Drüsen besetzt, in denen ein stark riechendes, ätherisches Öl enthalten ist. Die Frucht ist eine glatte, drüsige Kapsel, deren Fächer an der Spitze voneinander entfernt stehen und bei der Reife nach innen aufspringen. Der Geruch ist sehr aromatisch, Geschmack unangenehm bitterlich. Die Blätter werden als anregendes Mittel gebraucht, allerdings bedeutend weniger als früher; auch zur Würze von Brühen finden sie Verwendung.

Anbau: Die Pflanze verlangt einen warmen, lockeren, trokkenen Boden von guter Beschaffenheit; frische Stalldüngung vermindert jedoch den Ertrag. Man sät den Samen im zeitigen Frühjahr flach aus, ohne mit Erde zu bedecken, und pflanzt später in einer Entfernung von 30 cm auf Beete. Die Keimung wird vom Lichte günstig beeinflußt und dauert 28 Tage. Öfteres Lockern des Bodens durch Behacken sowie Reinhalten von Unkraut ist von wesentlicher Bedeutung. Einmal angepflanzt, sät sich die Raute leicht von selbst aus, wenn man den Samen reifen läßt. Auch durch Stecklinge und Teilung älterer Stöcke läßt sich die Raute vermehren.

Ernte: Man erntet das Kraut, bevor es zu blühen beginnt, und trocknet es im Schatten unter fleißigem Wenden so schnell als möglich.

1 a brachte 21 kg trockene Ware.

Salvia officinalis *L.*
Salbei.
Labiatae.

Allgemeines: Der Salbei ist ein in Südeuropa heimischer Halbstrauch; er hat einen bis 50 cm hohen am Grunde ästigen Stengel und eilängliche oder lanzettförmige, feingekerbte, runzelige, eisgraue Blätter. Die Blüten sind lackmusblau-violett, drüsigpunktiert, innen bärtig mit zwei ausgebildeten Staubgefäßen und stehen in genäherten Knäueln, die eine Traube bilden. Die ganze Pflanze riecht sehr stark aromatisch. Die Blätter werden vor dem Aufblühen (Mai) gesammelt; sie enthalten ein ätherisches Öl, Gerbsäure und etwas Bitterstoff und sind als Folia Salviae offizinell. Ihr Aufguß dient als zusammenziehendes und mild anregendes Mittel, innerlich in Form als Tee, äußerlich als Mund- und Gurgelwasser. Außerdem werden die Blätter als Würze zu allerlei Speisen verwendet.

Anbau: Der Salbei wächst fast in jedem Boden, besonders gehaltreich wird er in magerem Land an sonnigen Bergabhängen; frische Stalldüngung ist unzuträglich. Die Vermehrung geschieht durch Zerteilung alter Stöcke oder durch Samen, den man im zeitigen Frühjahr unter Glas aussät, derselbe keimt binnen zehn Tagen. Die im Mai etwa 30—40 cm voneinander gesetzten Pflanzen geben im Juli die erste Ernte. Starkes Zurückschneiden der Pflanzen begünstigt die Blattbildung. Meist stirbt der Strauch im Herbst ab, schlägt aber im Frühjahr wieder aus. Nur wenn die Pflanzen

zu alt werden, wintern sie aus, weshalb für Nachzucht zu sorgen ist. Übrigens sät sich Salbei leicht von selbst aus. Hauptkulturorte für Salbei sind Aken, Jenalöbnitz, Cölleda, Heldrungen, Saarunion (Els.), Söflingen bei Ulm, Hegnach (Württemberg). Immerhin dürfte der geschätzten und anspruchslosen Pflanze noch mehr Interesse geschenkt werden. Besonders ist Salbei bei den Chinesen beliebt, die ihn gern gegen ihren besten Tee eintauschen. Aus Südengland gehen alljährlich Schiffsladungen von Salvia nach China.
1 a bringt 20—25 kg trockene Blattware.

Sambucus Ebulus *L.*
Attich, Zwergflieder.

Caprifoliaceae.

Allgemeines: Man trifft Attich hin und wieder in feuchten Gebüschen an. Die 1½ m hohe Staude hat eine starke kriechende ästige Wurzel, welche mehrere aufrechte, krautartige Stengel treibt. Die Blätter sind groß, einfach gefiedert, mit ziemlich großen Nebenblättern. Der Blütenstand ist groß und schirmartig, mit rötlichweißen Blüten. Die Blütenstiele sind glatt, gefurcht, anfangs weiß, bei der Reife rot, die Früchte sind schwarze Beeren mit violettem Safte und dreieckigen Samen. Der Attich war früher eine sehr geschätzte Heilpflanze. Manche Bücher führen ihn unter den Giftpflanzen auf. Sowohl die Wurzel als die Blätter, besonders aber die Beeren wurden zu blutreinigenden Mitteln verarbeitet. Der eingedickte Saft figuriert heute noch in den Apotheken unter dem Namen: Succus Sambuci Ebuli, und die Wurzel wurde durch Pfarrer Kneipp wieder zu Ehren gebracht. Außerdem findet der ausgepreßte Saft Verwendung zum Nachfärben von Rotwein.

Anbau: Wegen seines Ausläufer treibenden Wurzelstockes ist der Attich nicht überall in den Gärten verwendbar, eignet sich aber vorzüglich zur Verdichtung des Unterholzes in Parkanlagen. In Hohlwegen, an Grabenrändern, zwischen Steingeröllen und auf anderen ähnlichen Plätzen kann er recht wohl angebaut werden; im allgemeinen liebt er guten, tiefen, etwas feuchten Boden. Die Vermehrung geschieht durch Zerteilung der Stöcke; man gibt den Pflanzen einen Abstand von mindestens ½ m.

Saponaria officinalis *L.*
Seifenkraut, Speichelwurz.

Sileneae.

Allgemeines: Das Seifenkraut wächst wild an steinigen Orten zwischen Geröllen und an kiesigen Flußufern; es ist ein ausdauerndes Kraut mit kriechendem, vielköpfigem Wurzelstock, 30—60 cm hohem Stengel, lanzettförmigen, dreinervigen Blättern und großen, zu einem endständigen, aus kleinen Trugdolden bestehenden Strauß gruppierten Blüten mit purpurn angehauchtem Kelch und weißen oder rötlichen Blumenblättern. Der Wurzelstock (Seifenwurzel) war als Radix Saponariae offizinell und wird jetzt noch zum Waschen von Seiden- und Wollstoffen benutzt. Das seifenartige Schäumen des wässerigen Wurzelaufgusses beruht auf dem Vorhandensein von Saponin.

Anbau: Um Seifenwurzel im großen anzubauen, sät man entweder den Samen im Herbst gleich an Ort und Stelle und walzt die Erde etwas, ohne vorher zu eggen, oder man legt Wurzelstöcke.

Ernte: Das Graben der Wurzel findet im Herbst statt und zwar unter günstigen Umständen schon nach dem ersten Jahre. Man fahndet besonders nach den feinen Wurzeln, welche am meisten geschätzt sind, aber allerdings etwas tief in den Boden eindringen. Die Wurzeln werden gewaschen und nach dem Trocknen in Bündel gebunden in den Handel gebracht.

Scilla maritima *L.* (Urginea Scilla *St.*).
Gemeine oder echte Meerzwiebel.

Liliifloren.

Allgemeines: Heimisch ist diese Pflanze an den sandigen Küsten des Mittelländischen und Atlantischen Meeres. Der etwa 1 m hohe, stielrunde Schaft mit seiner reichen Traube weißlicher Blüten entwickelt sich im Herbst nach dem Vertrocknen der im Frühjahr hervorgesprossenen Blätter. Die Zwiebel ist schuppig, erreicht die Größe eines Kinderkopfes und das Gewicht von 2 kg. Als „Bulbus Scillae" sind die mittleren Schalen (Blätter) der Zwiebel gebräuchlich. Der widerliche, bittere Geruch der Meerzwiebel rührt von den Bitterstoffen Scillipikrin und Scillitoxin her, welche in der Hauptsache den wirksamen Bestandteil der Droge bilden; außerdem sind Scillin, das giftige Glykosid Scillain, Schleim und ein dextrinartiger Stoff, „Sinistrin" genannt, darin enthalten; das in der frischen Meerzwiebel enthaltene senfölartig riechende ätherische Öl geht beim Trocknen verloren. Meerzwiebel wirkt harntreibend und wird zur Darstellung von Acetum Scillae, Extractum Scillae, Tinctura Scillae und Oxymel Scillae verwendet. Die ganzen Meerzwiebeln dienen auch frisch zur Rattenvertilgung.

Anbau: Obgleich die Meerzwiebel als keine besonders schöne Pflanze anzusprechen ist, findet man sie allerorts in Töpfen bei armen Leuten in Fenstern stehen; es dürfte, wo die Bedingungen gegeben sind, eine Kultur in größerem Maßstabe sicherlich auf

Nutzen zu rechnen haben. Die Kultur ist die gleiche wie bei den meisten zwiebelartigen Gewächsen. Man legt im Mai, wenn die Fröste vorbei sind, kleine Zwiebeln in sehr sandige Erde und nimmt sie im Herbst heraus. Die Fortpflanzung erfolgt durch Brutzwiebeln.

Ernte: Nach dem Abblühen der Pflanze, aber noch vor dem Austreiben der Blätter im Herbst werden aus der frischen Zwiebel die mittleren Schalen herausgeschält, indem man die äußeren rotbraunen und häutigen, vertrockneten, ebenso die innersten noch schleimigen und weichen Schalen unbenutzt läßt. Sie kommen in Streifen geschnitten und an der Sonne getrocknet in den Handel. Die Handelsware ist von gelblichweißer Farbe, hornartig, hart und durchscheinend; die einzelnen Stücke sind durchschnittlich 3 mm dick und bis 5 cm lang, oft stark gekrümmt; sie brechen fast glasig. Die Droge zieht leicht Feuchtigkeit aus der Luft an und ist daher sorgfältig trocken aufzubewahren, besonders das Pulver.

Symphytum officinale *L.*

Schwarzwurzel, Beinwell.

Boragineae.

Allgemeines: An Bachufern und auf feuchten Wiesen ist dieses Kraut heimisch und überall zu finden. Es ist charakterisiert durch einen ästigen Stengel, herablaufende große Blätter und eine spindelförmige Wurzel. Die röhrig-glockigen Blüten sind violettrot, hellrot oder weiß. Die Wurzel wurde früher viel in der Tierheilkunde gebraucht als Radix Consolidis major. Die Blätter dienen nicht selten als Verfälschung der Digitalisblätter. Neuerdings scheint man dieser alten Arzneipflanze wieder etwas mehr Beachtung zu schenken.

Zum Anbau könnte man höchstens aus dem Grunde veranlaßt werden, weil durch das Ausgraben der Wurzeln die Wiesen stark beschädigt werden. Das Ausgraben geschieht im Frühjahr zeitig. Bei der Kultur hätte man ähnlich wie bei Althaea offic. zu verfahren.

Tanacetum vulgare *L.*

Rainfarn, Wurmfarn, falscher Wurmsamen.

Compositae.

Allgemeines: Der gemeine Rainfarn ist an Feldrainen und auf Dämmen, auf verlassenen Kies- und Tongruben sowie auf Schutthalden häufig zu finden. Es kann somit behauptet werden, daß diese Pflanze sich mit dem schlechtesten Boden begnügt. Sie wird etwa 1 m hoch, hat starre, steif aufrechte, am Grunde meist purpurrötliche Stengel und doppelfiederspaltige Blätter. Der Blütenstand ist eine Scheindolde. Die Köpfchen sind dicht ebensträußig, goldgelb, sowohl Randblüten wie Scheibenblüten röhrenförmig mit nacktem Blütenboden. Blütezeit: Juli bis September. Die ganze Pflanze riecht eigentümlich stark aromatisch und schmeckt sehr bitter. Man benutzt Kraut, Blüten und Samen sowohl innerlich als äußerlich.

Anbau: Wenn auch vielleicht heute noch keine Veranlassung zum Anbau dieser Pflanze in größerem Maßstabe vorliegt, so kann doch mit dem Verschwinden der Feldraine und der von der Pflanze bevorzugten brachliegenden Flächen bald ein Bedürfnis hierzu sich herausstellen. Man kann den Rainfarn sowohl aussäen, als auch durch Stockteilung vermehren. Er wird nicht leicht durch andere Nachbarpflanzen unterdrückt, leidet nicht durch Hitze oder Dürre infolge seiner tiefgehenden Wurzeln und dauert viele Jahre aus. Man kann geringen sandigen Boden kaum besser ausnützen, als durch Anbau mit Rainfarn. Die Pflanze erfordert nicht die geringste Pflege. Man gibt den Pflanzen einen Abstand von etwa $3/4$ m. Die Aussaat macht man breitwürfig und eggt unter.

Ernte: Das Kraut wird von der blühenden Pflanze geerntet und ebenso wie die Blüten im Schatten getrocknet. Als Kulturort wurde bis jetzt nur Neudorf (Bruchsal) bekannt.

Taraxacum officinale *Wigg.*
Leontodon Taraxacum.
Löwenzahn, Hundeblume.

Compositae.

Allgemeines: Diese auf fast allen Bodenarten (Moor- und Dünensandboden ausgenommen) vorkommende Pflanze beginnt im April zu blühen und ziert im Mai Wiesen, Baumgärten, Grasplätze und Äcker mit großen, goldgelben Blüten. Sie hat einen walzigspindelförmigen dicken milchenden Wurzelstock, der samt dem Kraute unter dem Namen Radix Taraxaci cum herba offizinell ist. Man bereitet aus ihm durch Ausziehen mit Wasser und Alkoholzusatz das braune offizinelle Löwenzahnextrakt (Extractum Taraxaci), das als mild lösendes Mittel bei Stockungen der Unterleibsorgane angewandt wird. Die geröstete Wurzel dient auch als Kaffeeersatzmittel ähnlich der Zichorie. Der Wurzelstock treibt einen Büschel schrotsägeförmiger Blätter sowie nackte hohle rötliche Blütenschäfte, welche je ein Blütenkörbchen tragen. Die Blätter werden im ersten Frühjahr auch als Gemüse und Salat benutzt, zu letzterem auch hier und da die zarten Blütenröhren. Auf Äckern und besonders auf Grasplätzen ist der Löwenzahn ein lästiges, sich vermittels seiner fallschirmartigen Flugsamen weithin verbreitendes, schwer ausrottbares Unkraut.

Anbau: Da die Wiesenwurzeln schwach sind, und das Ausstechen ohne Beschädigung der Wiesen nicht möglich ist, so ist bei dem großen Verbrauch der Anbau doch zu empfehlen und sicherlich auch lohnend. Nur in gut gedüngtem, gelockertem, durchlässigem, möglichst etwas kieshaltigem Boden erreichen die Wurzeln eine ansehnliche Größe. Man sät den Samen in Reihen aus, derselbe keimt in 14 Tagen, dann verdünnt man die Pflanzen auf etwa 10 cm und behackt ab und zu den Boden zwischen den Pflanzen. Man läßt den Samen nicht reifen, sondern pflückt stets die Blüten ab, damit nicht die ganze Umgebung übersät wird.

Ernte: Die Wurzeln werden im Herbst des zweiten Jahres gegraben, wo sie gewöhnlich einen Durchmesser von 1,5 cm erreicht haben. Dieselben werden abgewaschen und samt den Blättern getrocknet, soweit sie nicht in frischem Zustand Verwendung finden.

Die Droge enthält den Bitterstoff Taraxacin sowie Taraxacerin, Inulin und Zuckerarten. Festzuhalten ist, daß die Bestandteile je nach der Jahreszeit in sehr wechselnder Menge in der Droge enthalten sind. Diese schmeckt bald mehr süßlich, bald mehr rein bitter (dies ist bei der vom Arzneibuch geforderten Zeit des Einsammelns das Normale) und ist geruchlos.

Als Salat können die Blätter nur gebleicht genossen werden, da grüne hart und bitter schmecken. Das Bleichen geschieht in der Weise, daß man die Pflanzen mit einer etwa 10 cm hohen Schicht Sand, lockerer Erde oder Sägespäne bedeckt und so die Ausbildung des grünen Chlorophyllfarbstoffes verhindert.

Tormentilla erecta L.
Tormentill, Blutwurz, Ruhrwurz.
Rosaceae.

Allgemeines: Diese Pflanze ist weit verbreitet und in Deutschland häufig zu finden, besonders auf Triften und in trockenen Wäldern. Tormentill ist ein aufrechtes, 15—20 cm hohes Kraut mit dreizähligen sitzenden oder kurzgestielten Blättern mit großen Nebenblättern und langgestielten, einzelnstehenden gelben Blüten. Medizinisch ist die Wurzel. Dieselbe bildet zylindrische oder unregelmäßig knollige, häufig gekrümmte, sehr harte, bis fingerdicke Stücke, welche außen rotbraun und mit vertieften Wurzelnarben versehen sind. Der Bruch ist braunrot oder dunkelrot. Der Geschmack ist stark zusammenziehend, von einem beträchtlichen Gerbstoffgehalt herrührend, weshalb auch die Droge adstringierend wirkt; sie enthält einen in Alkohol und Äther löslichen roten Farbstoff, sog. Tormentillrot, und wird vielfach in Branntwein ausgezogen als magenstärkendes Hausmittel und gegen Durchfall verwendet, vor allen Dingen in der Veterinärpraxis.

Anbau: Die Pflanze verlangt wenig feuchten Boden und sonnige Lage; frisch gedüngter Boden eignet sich nicht dazu. Die Vermehrung kann durch Zerteilung alter Wurzelstöcke geschehen, besser aber wohl durch Samen, den man im Frühjahr aussät und, ohne mit Erde zu bedecken, nur einwalzt. Die Wurzel wird im Herbst gegraben.

Triticum repens *L.* (Aprogyrum repens *PB*).
Quecke.
Gramineae.

Allgemeines: Sie ist wegen ihres weit umherkriechenden, vielfach verzweigten, den Boden in allen Richtungen durchziehenden Rhizoms, dessen kleinste im Boden verbleibende Stücke neue Pflanzen zu entwickeln vermögen, ein sehr schwer auszurottendes Unkraut; doch gewähren die Quecken auch einigen Nutzen als gesundes Futter und als Düngemittel. Die süß schmeckenden Wurzelsprosse der Quecken waren früher als Rhizoma Graminis nebst dem daraus bereiteten Extractum Graminis offizinell. Die Wurzelstöcke sind sehr lang, ästig, stielrund, von strohgelber Farbe und bilden lange, innen hohle glatte Glieder, welche durch geschlossene, mit häutigen weißen Scheiden und dünneren Wurzeln versehene Knoten getrennt sind. Bestandteile der Droge sind Zucker, Schleim und eine gummiartige Substanz „Triticin" genannt. Ein Vorteil der Quecken besteht außerdem noch darin, daß sie in Küstengegenden den Flugsand schnell befestigen, mit der Zeit verbessern und dann eine gesunde Weide gewähren.

Der Anbau ließe sich durch Legen von Rhizomstücken sowohl als auch durch Saat wie bei Wiesen vermehren. Der Same ist durch alle größeren Samenhandlungen zu beziehen. Keimdauer beträgt 14 Tage.

Ernte: Man sammelt die Wurzel im Herbst oder zeitigen Frühjahr, wo sie am zuckerreichsten ist. Die Aufbewahrung hat trocken und luftig zu geschehen, da sie leicht Feuchtigkeit aus der Luft anzieht und der Schimmelbildung unterworfen ist.

Valeriana officinalis *L.*
Gemeiner wilder Baldrian, Katzenkraut.
Valerianeae.

Allgemeines: Der Baldrian, welcher fast über ganz Europa und das gemäßigte Asien verbreitet ist, stellt eine stattliche, bis

1,5 m hohe Pflanze mit hellroten Blütendolden und gefiederten Blättern dar. Der Stengel ist nach unten vierkantig, oben rund und gefurcht. Je nach der Blattform unterscheidet man drei Varietäten: den hohen (exalta) mit breiten, eirunden und eilanzettförmigen gezähnten oder eingeschnitten sägigen Blattzipfeln und mit mehrstengeligem, nicht kriechendem Rhizom, den mittleren (intermedia) mit lanzettförmig sägigen Blattzipfeln (die gewöhnlichste Form) und den schmalblättrigen (angustifolia) mit schmalen, oft fast ganzrandigen Blattzipfeln. Das Rhizom wird 4—5 cm lang und 2—3 cm dick, nach unten zugespitzt, innen oft schwach gekammert, oben mit Stengelknospen und seitlich mit zahlreichen, bis 2 mm dicken, über 20 cm langen, bräunlichen Wurzeln besetzt. Die Farbe wechselt je nach dem Standort und Produktionsort. Baldrianwurzel besitzt einen eigenartig kräftigen Geruch und einen gewürzhaften süßlichen und zugleich schwach bitteren Geschmack. Sie enthält 1% ätherisches Öl, welches aus Estern der Baldriansäure, Ameisensäure, Essigsäure und einem Terpen besteht. Man stellt daraus die Baldriantinktur her; außerdem benutzt man den durch Aufguß auf die zerschnittene Wurzel gewonnenen Baldriantee vielfach als krampfstillendes und nervenberuhigendes Mittel. Erwähnt sei auch die Vorliebe der Katzen für den Geruch des Baldrians. Von wildwachsenden Pflanzen werden fast nur im Harz beschränkte Mengen der Wurzel gesammelt, welche im Handel besonders geschätzt sind. Die Hauptmenge (für Deutschland) geht aus den Kulturen von Cölleda, Jena, Gebesee, Ringleben, Neuhausen, Frohndorf, Orlishausen, Büchel, Schneeberg, Jenalöbnitz, Aschersleben, Pansfelde, Schweinfurt usw. hervor. Verwechslungen mit den Wurzeln anderer Valerianaarten wie V. Phu und V. dioica kommen, seitdem die Droge fast nur von kultivierten Exemplaren gewonnen wird, kaum mehr vor; auch die Wurzeln von Asclepias vincetoxicum und Veratrum fehlten früher nicht unter der in den Handel gebrachten Ware. Der Baldrian wächst an feuchten Orten sowie auch auf steinigen Bergabhängen und blüht im Juni und Juli.

Anbau: Der Anbau dieser wichtigen Arzneipflanze kann nicht genug empfohlen werden. Die Nachfrage ist in den letzten Jahren sehr gestiegen und dürfte dies auch weiterhin so bleiben, wie mir auf meine spezielle Anfrage bei mehreren Großvegetabilienhandlungen beschieden wurde. Es bedarf zu einer Kultur durchaus keines besonderen Bodens, vielmehr lassen sich schlechte Felder recht gut dazu verwerten; jeder trockene steinige Bergabhang oder Hohlweg eignet sich zum Anbau von Baldrian. Die Pflanze liebt zwar feuchten Boden, doch ist die Wurzel am besten und geschätztesten, wo die Pflanze im trockenen, leichten Höhenboden angebaut wird. Die Vermehrung kann sowohl durch Samen als durch Wurzelteilung bzw. durch die beim Ausgraben als zu schwach befundenen ausschlagfähigen Wurzeln erfolgen. Am zweckmäßigsten wählt man die Aussaat. Der Same wird im Frühjahr auf das flach geackerte oder behackte Feld gestreut und, ohne untergeeggt zu werden, festgewalzt und feucht gehalten. Man säe nicht zu dicht; die Reihensaat ist wie in den meisten Fällen auch hier vorzuziehen. Das Feld wird von Unkraut reingehalten, doch nicht behackt. Einmal angebaut, pflanzt sich der Baldrian leicht von selbst fort an geeignetem Standort; doch damit die Sorte echt bleibt, empfiehlt es sich, die Kultur ab und zu durch Samen von wilden Pflanzen aufzufrischen, um so einer Entartung vorzubeugen. Man sät ihn auch im Herbst in Mistbeetkästen an, bringt die Pflänzchen im Frühjahr auf das Beet und erntet das Rhizom im September des zweiten Jahres. Die Keimdauer beträgt 4 Wochen.

Wie schon erwähnt, ist der Harzer Baldrian ganz besonders geschätzt. Es geschieht dort der Anbau in folgender Weise: Die Anbauer verwenden für die Bestellung nur wilde Pflanzen, die sie sich auf den feuchten Harzwiesen und an der unteren Bode suchen und ausstechen. Diese ergeben die erforderliche Wurzelbildung und das beste Aroma.

Ernte: Die Wurzeln werden gewöhnlich im zweiten, manchmal aber schon im ersten Jahre (wie dies bei den Kulturen von Cölleda der Fall ist) gegraben, und zwar meist im Herbst. Man wäscht sie, befreit sie mittels eiserner Kämme von den feinen Wurzelzweigen und breitet sie alsdann auf abgemähten Wiesen zum Trocknen aus. Mancherorts werden sie auch auf Fäden gereiht zum Trocknen gebracht. Erst beim Trocknen entsteht das charakteristische Baldrianaroma, welches der frischen Pflanze vollständig fehlt. Will man Samen ernten, so muß man wegen der ungleichen Reife die Stengel abschneiden, sobald die ersten reifen Samen sich zeigen, und an der Sonne und auf Horden nachreifen lassen.

1 a bringt gegen 25 kg trockene Wurzeln.

Veratrum album *L.*
Weiße Nießwurz, Weißer Germer.

Colchiaceae.

Allgemeines: Diese Pflanze kommt auf feuchten Wiesen der Alpen und des Riesengebirges vor. Es ist eine stattliche, schöne Staude mit dickem Rhizom und hohem, reichblühendem Stengel. Die Wurzelblätter sowie die am unteren Teil des Stengels stehenden sind breit und stark gefaltet, die in der Blütenregion befindlichen schuppenartig. Die große, traubige Blütenrispe trägt grünlichweiße kurz gestielte Blüten. Medizinisch ist der kegelige, fast fingerlange, oben 2—3 cm dicke, nicht selten mehrköpfige und oberwärts verzweigte Wurzelstock. Derselbe hat kräftige Nebenwurzeln und ist innen weißlich und hart. Früher gebrauchte man den Wurzelstock ohne die Nebenwurzeln, doch schreibt die Pharmacopoea Germanica jetzt die ganze Wurzel vor. Die Droge schmeckt anhaltend scharf und bitter; sie enthält eine Anzahl Alkaloide (Jervin, Pseudojervin, Rubijervin, Veratralbin, Veratroidin, Protoveratrin, Protoveratridin). Der bittere Geschmack ist auf das Glykosid Veratremin zurückzuführen; ferner findet sich darin Chelopinsäure. Veratrin ist in der Rhizoma Veratri nicht enthalten, obwohl man dem Namen nach es darin vermuten könnte.

Die gepulverte Wurzel wirkt niesenerregend und findet Anwendung in der Tierheilkunde, weniger innerlich als äußerlich zu Salben gegen Krätze und Abkochungen zu Waschwässern. Offizinell ist die alkoholische Tinctura Veratri.

Wegen ihres Gehaltes an giftigen Alkaloiden ist Radix Veratri vorsichtig aufzubewahren.

Abb. 21. Veratrum album. (Aus Gilg-Schürhoff, Botanik 7. Aufl.)

Anbau: Obwohl die Pflanze recht wohl sich in höher gelegenen Orten kultivieren ließe, hat man noch wenige Versuche damit gemacht. Der Anbau erfolgt ganz ähnlich wie beim gelben Enzian und erfordert auch die gleichen Bodenbedingungen. Die Vermehrung durch Stockteilung ist der aus Samen entschieden vorzuziehen.

Ernte: Die Wurzelstöcke werden im Herbst ausgegraben, von den Blättern und Stengeln, teilweise auch von den Wurzeln befreit und in ganzem Zustand oder zerschnitten getrocknet.

Dritte Abteilung.
Holzartige medizinische Pflanzen.

Aesculus Hippocastanum *L.*
Roßkastanie, gemeine Kastanie.
Hippocastaneae.

Samen von Aesculus wurden vom kaiserlichen Unternuntius Ungnad 1576 aus der Türkei an Clusius nach Wien gesandt, der aus diesen den ersten Baum erzog. Dieser beliebte Baum hat sich fast über ganz Europa verbreitet, angepflanzt namentlich in Gärten und Alleen, jedoch auch in Tiergärten, da die stärkereichen Samen eine gute Äsung für Rot-, Damwild und Wildschweine abgeben. In Nordgriechenland und im östlichen Balkan wächst der Baum wild. Der Name Roßkastanie stammt daher, daß die Türken damit das Husten der Pferde heilen[1]. Die jungen Laubblätter werden abgekocht und zu einem Extrakt verarbeitet, das gegen Keuchhusten der Kinder sich bewährt hat. Die Rinde von 3—5jährigem Holze kann wegen ihres reichen Gerbstoffgehaltes ähnlich wie die Chinarinde als Fiebermittel und gegen Schwäche der Verdauungsorgane sowie in der Gerberei benutzt werden. Man hat auch wiederholt schon Versuche gemacht, die stärkereichen Kastanienfrüchte ähnlich den Kartoffeln zur Branntweinbrennerei zu verwerten, leider aber noch ohne Erfolg. Sollte es einst gelingen, dieses Problem zu lösen, so würden diese Pflanzen sehr wertvoll werden. Vorläufig kann natürlich nur von einer gelegentlichen Nebennutzung die Rede sein.

Arctostaphylos uva ursi (*L.*) *Sprengel.*
Bärentraube.
Ericaceae.

Allgemeines: In Heide- und Gebirgsgegenden des nördlichen Europas, Asiens und Amerikas wächst dieses niedrige Sträuchlein

---

[1] Vgl. Heldreich: Sitzber. d. Brand. Ver. 1879: 139.

wild, besonders an felsigen bebuschten Orten, auch auf Heidewiesen, in moorig-sandigen Kiefernwäldern. Der Preiselbeere ähnlich unterscheidet sich die Bärentraube von dieser durch die zimtbraun berindeten Stämmchen und Äste, durch die weißen, im Schlunde roten Blüten und durch die Steinkerne enthaltenden Beeren. Letztere haben ungefähr die Größe der Preiselbeere und sind auch rot. Die nur 3—5 mm lang gestielten kleinen Blätter sind lederig, steif und brüchig, spatelförmig oder seltener verkehrt eiförmig, am Grunde keilförmig in den Blattstiel verschmälert, oberseits abgerundet und ganzrandig. Dieselben erreichen eine Länge von 1,2—2 cm und eine Breite von 8 mm. Die Oberseite ist glänzend dunkelgrün, kahl, vertieft netzartig, die Unterseite weniger glänzend, blaßgrün und mit schwach erhabener blaßdunkler Nervatur. Die herben, etwas bitter schmeckenden Blätter sind als Folia uvae ursi (Bärentraubenblätter) offizinell, werden getrocknet als Tee oder auch in Pulverform gegen Blasenleiden gebraucht, auch technisch mit Eisenvitriol zum Schwarz-, mit Alaun zum Grünfärben und allein zum Dunkelfärben der Schafwolle benutzt. Die Droge enthält zwei Glykoside: Arbutin und Ericolin, ferner Urson, Gerbsäure und Gallussäure.

Anbau: In vielen Gegenden Deutschlands wird die Pflanze bereits zu Dekorationszwecken an künstlichen Felsenpartien in Gärten kultiviert. Der Anbau in größerem Maßstabe müßte unbedingt lohnen, zumal der Verbrauch dieser Droge eine außerordentliche Zunahme zu verzeichnen hat. Wo Land mit moorigsandigem Boden zur Verfügung steht, sät man im Herbst den Samen auf die gelockerte Erde dünn aus; nach Dr. Gentner, München, zieht sich die Keimung über Jahre hinaus und wird durch Licht begünstigt. Durchfrieren der Samen ist ohne Einfluß. Späterhin ist Pflege nicht mehr notwendig, vielmehr läßt man die Pflanzen verwildern, nur sorgt man dafür, daß dieselben nicht überwuchert werden.

Ernte: Die Blätter werden nur von mehrjährigen Exemplaren im April, Mai und Juni gesammelt. Man trocknet im Schatten, zuletzt im Trockenofen. Vor dem Zerkleinern ist es nötig, die Ware zu verlesen. Eine gute Qualität muß frei von Stengelresten sein.

Artemisia Abrotanum *L*.
Eberreis, Eberraute usw.
Compositae.

Allgemeines: Diese Pflanze wurde aus Kleinasien und Südeuropa zu uns eingeführt und ist heute eine bekannte Gartenpflanze, besonders auf Dörfern, ein kleiner, kaum 50 cm hoher Strauch, mit doppelt gefiederten, schmalen, graugrünlichen Blättchen. Der Blütenstand ist eine einseitige Traube mit zahlreichen winzigen gelben Blütenkörbchen. Blütezeit: August und September. Das Kraut kommt in Wirksamkeit dem Wermut sehr nahe.

Anbau: Dieser Strauch liebt einen sonnigen Standort und mehr trockenen Boden. Die Vermehrung geschieht durch Zerteilung alter Pflanzen. Nicht selten erfriert die Pflanze, schlägt aber aus der Wurzel wieder aus.

Gesammelt wird das Kraut samt Blüten.

Citrus aurantium Risso.
Orangenbaum, Apfelsine, Pomeranze, Zitrone.

Auranteaxeae.

Die verschiedenen Citrusarten sind im tropischen Asien, namentlich Ostindien, sowie in Japan und China heimisch, wurden aber durch die Jahrtausende alte Kultur über alle wärmeren Gegenden der Erde verbreitet (Italien, Südfrankreich, Portugal usw.). In Deutschland freilich lassen sich die Citrusbäume nur in Orangerien ziehen. Wo dies der Fall ist, sei auf ihre Nutzung aufmerksam gemacht. Blätter, Blüten, die unreifen Früchte und die Schalen der reifen Früchte lassen sich in den Apotheken gut verwerten.

Die Pomeranzenblätter sind mit dem geflügelten Blattstiel auffälligerweise durch ein Gelenk verbunden, sind eiförmig, ganzrandig oder entfernt gekerbt, steif und punktiert. Sie enthalten ätherisches Öl und dienen als aromatisches Bittermittel. Die weißen wohlriechenden Blüten enthalten ölreiche Drüsen in Menge und werden zu Tee und Darstellung von Aqua florum aurantii verwendet. Die vor der Reife meist von selbst abfallenden Früchte sind nahezu kugelig von dunkelgraugrüner bis bräunlicher Farbe; ihre Oberfläche ist durch die beim Trocknen eingesunkenen Sekretbehälter vertieft punktiert. Die sehr harten Früchte lassen auf dem Durchschnitt mehrere kreisförmig gruppierte Samen erkennen. Sie riechen und schmecken eigentümlich aromatisch, die äußere Schicht ist bitter. Unreife Pomeranzen sind ein kräftiges Magenmittel und bilden einen Bestandteil der Tinctura amara. Die Fruchtschalen der ausgewachsenen reifen Früchte sind außen gelbrot bis bräunlich, warzig runzelig und grubig vertieft, die innere weiße Fläche grobrunzelig, von gelben Gefäßsträngen durchsetzt. Sie sind von kräftig aromatischem Geruch und stark bitterem Geschmack und finden Anwendung als Cortex aurantii fructus als aromatisches, appetitanregendes und verdauungsbeförderndes Mittel zu Elixir aurantii compositum, Sirup. aurantii corticis, Tinctura aurantii, Tinctura amara, Tinctura chinae cpt. u. a. m.

Cydonia vulgaris *Person* — Pirus Cydon. *L.*
Quitte.
Pomaceae.

Allgemeines: Der gemeine Quittenbaum ist im südlichen Europa heimisch und wird in Deutschland überall unter Kultur genommen. Man zieht ihn durch Veredelung auf Birne. Von der ihr zunächst stehenden Gattung der Apfel- und Birnbäume unterscheidet sich die Gattung Cydonia durch die blattartigen, nach der Blütezeit sich vergrößernden und die Frucht krönenden Kelchzipfel, durch die vielsamigen Fächer der Frucht, durch die knorpelig holzige Beschaffenheit des das Kerngehäuse umgebenden Fleisches und die aus schleimhaltigen Zellen bestehende Schale der Samen. Die Blüten sind groß und stehen einzeln. Die Früchte des gemeinen Quittenbaumes sind entweder apfelförmig (Apfelquitten) oder birnförmig (Birnquitten), zitronengelb, mit einem graulichen lockeren abfallenden Filze bekleidet und haben einen herben und zusammenziehenden süßlichen oder säuerlichen Geschmack und einen angenehmen, etwas an Ananas erinnernden Geruch. Aus den frischen Früchten bereitet man in den Apotheken einen vielbegehrten Saft, die getrockneten dünnen Quittenscheiben werden als Tee verkauft, und die Samen (Quittenkerne), welche in ihrer Schale eine große Menge wasserlöslichen Schleim (sog. Bassorin) enthalten, finden Anwendung bei Augenkrankheiten, besonders in der Tierheilkunde. Zum Küchengebrauch ist die Birnquitte, welche einen milderen Geschmack hat, vorzuziehen, zum medizinischen Gebrauch dagegen die Apfelquitte. Die Quittenbäume lieben einen warmen Standort und guten, etwas feuchten Boden.

Die Anzucht von Quittenbäumen und das Sammeln der Quittenfrüchte kann als gewinnbringend aufs beste empfohlen werden.

Von 50 kg frischer Früchte erhält man rund 10 kg trockener Schnitten und etwa 250 g Kerne.

Daphne Mezereum *L.*
Seidelbast, Kellerhals.
Thymeleae.

Allgemeines: Ein in ganz Europa wachsender kleiner Strauch ziert mit seinen duftenden rosaroten Blüten schon Ende März unsere Bergwälder, bevor noch die Blätter erscheinen. Die scharlachroten einsamigen Beeren enthalten einen brennenden scharfen Saft wie auch die Rinde, welche wegen dieser Eigenschaft als Cortex Mezerei früher offizinell war und heute noch zur Darstellung des Drouotschen Pflasters dient.

Anbau: Wo die Pflanze in der Wildnis nicht vorkommt (in den meisten Gegenden genießt sie Naturschutz), wird man nicht unzweckmäßig für die Verbreitung derselben Sorge tragen, doch nur da, wo ein feuchter, schattiger Laubwald zur Verfügung steht, denn zu einer Feld- oder Gartenkultur eignet sich Seidelbast nicht. Die Vermehrung bezweckt man durch Samen, den man bald nach der Reife in flache humusreiche Gräben zwischen Gebüsch legt, nicht allzutief, ganz ähnlich wie man Samen von Bohnen oder Erbsen zu legen pflegt. Bemerkt man die jungen Pflänzchen, so sorgt man dafür, daß dieselben nicht von Unkraut überwuchert werden, und verzieht die Pflanzen, wo sie zu dicht stehen, so daß mindestens 30 cm Abstand bleibt. Das Wachstum geht langsam vor sich; vor dem 6. Jahre ist an eine Ernte kaum zu denken. Die Zeit zum Ernten ist der Winter, bevor die roten Blüten sich entfalten; alsdann steht das Holz in Saft und läßt sich die Rinde gut abziehen. Die Pflanze verträgt nicht gut das Abschneiden der Äste und schlägt nur schwer wieder aus, was damit zusammenhängt, daß die Augen meist nur an den oberen Zweigspitzen sich befinden. Meist bleiben die Stengel kahl, und erfolgt das Ausschlagen am Wurzelstock. Die in langen Streifen abgezogene Rinde wird, bevor sie ganz trocken ist, in Knäuel gewickelt und kommt so in den Handel.

Eucalyptus globulus *L.*
Blauer Gummibaum, Eisen-, Veilchenbaum.

Myrtaceae.

Allgemeines: Dieser Baum Australiens ist berühmt geworden wegen seiner außerordentlichen Raschwüchsigkeit und seines harten und dauerhaften Holzes und weil er durch seine rasche Entwicklung zur Entwässerung und somit zur Reinigung der Luft sumpfiger Gegenden beiträgt. In Deutschland hält dieser graugrün belaubte, ziemlich stark aromatisch duftende Baum im Freien nicht aus, doch gedeiht er gut in Italien, Spanien und Frankreich. Er wächst so rasch, daß er binnen sieben Jahren eine Höhe von 20 m und einen Stammumfang von 120 cm am Grunde erreichen kann. Für unseren Arzneischatz von Bedeutung sind die länglichen spitzen, kahlen, bläulichgrünen, drüsig punktierten Blätter von dünn lederartiger Konsistenz, mit dem geflügelten Blattstiel durch ein Gelenk verbunden. Während die Blätter ausgewachsener Bäume sichelförmig sind, haben die junger Bäume eine eiförmige, am Grunde herzförmige Gestalt. Die Blätter enthalten ätherisches Öl, Gerbstoff und Harz und sollen ein Mittel gegen Wechselfieber sein, ähnlich Chinin. Man bereitet daraus die Tinctura Eucalypti.

Anbau: Eucalyptus globulus ist leicht zu ziehen, und zwar aus Samen, den man in allen größeren Samenhandlungen erhält, denn abgesehen von seinem medizinischen Wert ist Eucalyptus eine beliebte Zierpflanze unserer Gärten geworden. Man sät den feinen Samen im März in ein Frühbeet und pflanzt Ende Mai, wenn keine Fröste mehr zu erwarten sind, die jungen Pflanzen in das freie Land, sorgt für Feuchtigkeit und gibt ihnen sandige moorhaltige Erde. Im Herbst (Anfang Oktober) muß man die sich schon im ersten Jahre zu stattlichen, etwa 1 m hohen Pflanzen entwickelnden Exemplare in einen helleren frostfreien Raum bringen, am besten in ein sog. Kalthaus mit einer Minimaltemperatur von etwa 3° C, obschon sie 3—4° Kälte vertragen können, ohne zugrunde zu gehen. Im Frühjahr kann man die Bäume alsdann wieder ins Freie bringen. Nach 3—4 Jahren haben dieselben dann eine Höhe erreicht, daß man sie nicht mehr behandeln kann. Die Blätter schneidet man im Herbst vor dem Einwintern ab.

Juglans regia *L*.
Walnußbaum.

Juglandeae.

Allgemeines: Der Nußbaum ist heimisch im südlichen Europa, in den Gegenden um das Kaspische Meer, in Japan und China und wird vorzüglich in der südlichen Hälfte Europas kultiviert, in milden geschützten Lagen auch in Norddeutschland, Norwegen, Schweden usw. Seine Höhengrenze liegt in Südtirol erst bei 1300 m, auf der Südseite der Alpen schon bei 950—1150 m, auf der Nordseite bei 800—1000 m, in den Vogesen bei 650 m. In Siebenbürgen und manchen Gegenden Ungarns findet man Nußbäume verwildert, kleine Wälder bildend.

Der Nußbaum ist ein so prächtiger und zugleich vorzüglicher Nutzbaum, daß er verdiente, viel mehr angepflanzt zu werden, als dies tatsächlich geschieht, und scheint man in letzter Zeit von seiten der Forstverwaltung dem Bedarf an Nußbaumholz endlich mehr Rechnung zu tragen. Seine Früchte (Walnüsse oder welsche Nüsse) werden unreif in Zucker eingemacht gegessen. Die Samen (Kerne) sind wohlschmeckend und enthalten reichlich fettes Öl (Nußöl). Die getrockneten Walnußblätter sind ein altes Volksheilmittel und noch heute offizinell als Folia Juglandis, sie haben frisch einen starken aromatischen Geruch, der sich beim Trocknen teilweise verliert, schmecken etwas kratzend und enthalten Juglon, Inosit und Spuren ätherischen Öles, ferner 5% Mineralbestandteile. Die grüne fleischige Schale der Früchte war früher als Cortex fructus Juglandis offizinell, gibt eine sehr dauerhafte, schwarzbraune Farbe, und wird das daraus hergestellte Extrakt vielfach als Haarfärbemittel benutzt. Der Stamm des Baumes liefert ein schönes hartes, dunkelbraunes Holz, das zu den besten europäischen Tischlerhölzern zählt.

Man vermehrt den Nußbaum durch Aussaat der Nüsse und veredelt die erhaltenen Wildlinge später durch Okulieren. Die Art variiert sehr in Form der Früchte und Blätter. Die Abarten mit ungefiederten (var. monophylla) und geschlitzten Blättern (var. caciniata) sind am auffallendsten. Hinsichtlich der Form der Früchte unterscheidet man die Riesen- oder Pferdenuß mit sehr großen, dafür weniger schmackhaften Früchten, die Meisennuß mit sehr dünner, die Kriebelnuß mit sehr harter Schale, die Schlägelnuß mit langgestreckten Früchten.

Die für die Apotheke die meiste Bedeutung besitzenden Blätter sammelt man vor dem völligen Ausgewachsensein im Juni und trocknet sie rasch, um ihnen die grüne Farbe zu erhalten. Durch unachtsames Trocknen braun gewordene Walnußblätter sollen pharmazeutische Verwendung nicht finden.

Juniperus communis *L.*
Gemeiner Wacholder. — Kranawittstrauch.

Coniferae (Cupressineae).

Allgemeines: Der in ganz Europa und Nordasien vorkommende Wacholder wird nur unter günstigen Verhältnissen zu einem 5—7, höchstens 10 m hohen Baume; meist bleibt er ein 1—2 m hoher Strauch mit linealen, stechenden Blättern, welche zu je 3 in Wirteln an den dreikantigen Ästen stehen. Der Wacholder ist zweihäusig und gebraucht zwei Jahre zum Reifen der Früchte. Dieselben stellen kugelige, erbsengroße, an der Spitze dreihöckerige (herrührend von den drei verwachsenen Karpellblättern), schwarzblau bereifte Beeren (richtiger Beerenzapfen) dar mit drei harten, dreikantigen, mit Öldrüsen besetzten Samen. Der Geschmack ist süßlich bitterlich; Geruch gewürzhaft. Die Früchte sind als Fructus Juniperi offizinell, sie enthalten 0,5—1,2% ätherisches Öl, aus Terpenen und Pinen bestehend, ferner bis gegen 40% Traubenzucker und 5% Eiweißstoffe; ihre Wirkung ist harntreibend, sie bilden auch einen Bestandteil der Species diureticae. — Viel gebraucht werden auch der aus den Früchten ausgepreßte und eingedickte Saft, ,,Succus Juniperi inspissatus", und das ätherische Öl sowohl vom Holz als auch von den Früchten. Zum Räuchern benutzt man die trockenen Zweige, Wurzeln und Beeren. Das gelbrötliche, im Kern bläuliche, harte und wohlriechende Holz wird zum Auslegen feiner Arbeiten gebraucht. Aus knorrigen Wurzeln und Stämmen verfertigt man Gartenmöbel und Stöcke.

Anbau: Unter der fortschreitenden land- und forstwirtschaftlichen Kultur wird der typische Wacholderstrauch immer seltener; am häufigsten findet er sich wohl noch in Ostpreußen und in der Lüneburger Heide, woher auch der Bedarf dieser wichtigen Droge zum Teil gedeckt wird. Weitaus die größten Mengen kommen aber aus Ungarn, Italien und Südfrankreich, und darum sollte man bei uns diesem anspruchslosen und nützlichen Strauch mehr Aufmerksamkeit schenken. Der Wacholder gedeiht in jedem Boden. Sowohl in Gärten wie auf Triften und auf dürren Bergabhängen lassen sich mit Erfolg Anpflanzungen machen. Die Lage muß warm, vor kalten Winden geschützt sein, der Boden darf keine stockende Nässe enthalten. Die Vermehrung nimmt man durch Samen vor, wie es in der Forstkultur mit den übrigen Koniferen geschieht; dieselben bedürfen des Durchfrierens, bevor sie keimen.

Ernte: Die Beeren werden im Herbst des zweiten Jahres ihrer Entwicklung gesammelt und in der Sonne getrocknet. Die noch unreifen, grünen, beim Trocknen grau oder rot werdenden Früchte sind zu verwerfen. Für Apothekerzwecke ist nur ,,handgelesene" Ware zu verwenden. Gute Qualitäten sind sehr gesucht und meist nur in ungenügender Menge zu beschaffen, so daß oft nicht unbedeutende Preissteigerungen zu verzeichnen sind.

Juniperus Sabina *L*.
Sadebaum, Sevenbaum.
Coniferae.

Allgemeines: Der Sadebaum wächst auf den Bergen und in den Tälern der südlichen Alpen und Pyrenäen, der Gebirge Spaniens und im Orient als ein 1—3 m hoher, sehr ausgebreiteter sparriger Strauch, wächst aber auch baumartig heran. Er hat eine bräunlich-rötlichgraue Rinde, schmalpfriemenförmige, stachelspitze, gekreuzt gegenständige oder auch schuppenförmige, vierreihig-dachziegelartig, knapp anliegende Blätter. Auf ihrer Rückseite ist stets ein deutlicher lang verlaufender Ölgang wahrzunehmen. An den Enden der Zweige finden sich (an derselben

Pflanze!) männliche und weibliche Blüten. Die Frucht ist ein fast kugeliger, schwärzlicher ins Rotbraune übergehender, bläulich bereifter Beerenzapfen. — Blütezeit fällt in April und Mai. Die grünen Ästchen des Sadebaumes sind als Sadebaumzweige (Summitates Sabinae) in der Medizin gebräuchlich als ein heftig wirkendes Diuretikum und Abortivmittel. Sie sind nur mit größter Vorsicht anzuwenden, da sie leicht den Tod herbeiführen können. Der Geruch ist eigenartig aromatisch, der Geschmack widerlich. Sie enthalten bis 4% ätherisches Öl von brennendem Geschmack und starker Giftwirkung.

Anbau: Der Sadebaum eignet sich recht gut zum Anbau in Gärten, an Wegen, auf Triften, dürren Bergen usw. Er liebt warme geschützte Lage und begnügt sich mit jedem Boden, sofern derselbe nicht an stockender Nässe leidet. Die Fortpflanzung kann sowohl durch Samen als durch Ableger bewirkt werden.

Lavandula vera *Dec.*

Wahre oder französische Lavendel, Spieke, deutsche Narde.

Labiatae.

Allgemeines: Dieser 1—2 Fuß hohe ästige Strauch ist auf steinigen Bergen und Hügeln Südeuropas heimisch. Er wird zum Zwecke der Blütengewinnung in Mitteleuropa in Gärten kultiviert, hauptsächlich in Südfrankreich, während man dieselbe Pflanze in England vorzugsweise zur Gewinnung des ätherischen Öles anbaut. Die Rutenäste sind krautig, buschig, von dichtgestellten Sternhärchen graugrün; die Blätter schmal lanzettförmig, ganzrandig, am Rande umgerollt, oberseits grün, unterseits gräulich. Die zu einem ährenförmigen Blütenstand vereinigten kurz gestielten Blüten besitzen einen etwa 5 mm langen, walzig-glockigen oder röhrenförmigen Kelch von stahlblauer bis bräunlicher Farbe; er ist durch weiße oder blaue Haare filzig. Die Blumenkrone ist von bläulicher bis tiefblauer Farbe und zweilippig. Die Oberlippe ist groß und zweilappig, die Unterlippe bedeutend kleiner und dreilappig. Die Blumenkronenröhre schließt zwei längere und zwei kürzere Staubgefäße sowie den Griffel ein. Lavendelblüten besitzen einen eigentümlichen angenehm gewürzhaften Geruch und schmecken bitter. Ihr hauptsächlichster Bestandteil ist ätherisches Öl (bis 3%). Sie bilden einen Bestandteil der Species aromaticae und dienen zur Bereitung von Spiritus Lavandulae. Die Blüten der einigermaßen mit Lavendelblüten zu verwechselnden Lavandula spica zeichnen sich durch eine kleinere und hellere Blumenkrone aus.

Anbau: Der Lavendel gedeiht in jedem Boden, doch bevorzugt er leichtes Erdreich. Besonders eignen sich gegen Süden gelegene Bergabhänge und Weinberge zu einer größeren Kultur. Die Fortpflanzung geschieht weniger durch Samen als vielmehr durch Stockteilung, und zwar im August und September und durch Stecklinge im März. Will man die Anzucht durch Samen vornehmen, so bedient man sich eines Mistbeetes und sät im zeitigen Frühjahr dünn aus. In 4—5 Wochen läuft die Saat auf. Die erstarkten Pflanzen werden, wenn keine Nachtfröste mehr zu befürchten sind, ins freie Land gebracht, und zwar macht man die Pflanzung möglichst in Reihen unter Beobachtung eines Abstandes von 30 bis 40 cm. Man tut gut, den Boden vorher tief zu rigolen, und sorge auch immer durch Behackung der Erde für Lockerung des Bodens und Fernhalten des Unkrautes. Jedes Jahr muß der Lavendel beschnitten werden, und zwar nicht später wie Anfang August, da sonst die Pflanzen vor Winter nicht hinlänglich treiben und leicht vom Froste leiden. Eine Lavendelanlage dauert meist viele Jahre ohne besondere Pflege. Kommt es vor, daß nach 5—6 Jahren die Pflanzen schlecht werden, so müssen sie durch Zurückschneiden bis nahe an den Boden verjüngt werden. Mancherseits wird Versetzen der Pflanzen alle drei Jahre empfohlen, doch kann durch geeignete Düngung im Herbst viel nachgeholfen werden. Eine solche Düngung hätte in halbverwestem Mist, Knochenmehl und Komposterde zu bestehen.

Ernte: Die Blütenköpfchen werden vor völliger Entfaltung gesammelt und im Schatten getrocknet. Von Stengelresten und Blättern soll die zur arzneilichen Anwendung gelangende Droge frei sein. Sofern die Lavendelblüten zur Öldestillation verwendet werden sollen, hat die Erfahrung gelehrt, daß die zweijährige Ware die gehaltreichste ist. Die Nachfrage ist immer noch eine sehr rege, so daß zu einem Anbau recht wohl geraten werden kann.

Ononis spinosa L.
Dorniger oder gemeiner Hauhechel, Weiberkrieg, Ochsenbrech.

Papilionaceae.

Allgemeines: Wir finden diesen kleinen, dornigen Halbstrauch nicht selten an Wegrändern, Rainen und auf Triften. Der Stengel ist aufsteigend oder aufrecht, ein- oder zweireihig behaart, mit zahlreichen, oft verzweigten Dornästen. Die Blättchen sind ziemlich kahl, eiförmig-länglich, gezähnelt. Die rötlichweißen Blüten stehen meist einzeln in den Blattachseln und zeigen schmetterlingsartigen Bau. Die Frucht ist eine Hülse. Von medizinischer Bedeutung ist die Wurzel. Dieselbe ist sehr lang, tief längsfurchig, kantig und oft gedreht, vielköpfig und von holziger Konsistenz, von großer Zähigkeit, außen graubraun, innen weiß mit fächerartig gestrahltem Querschnitt. Der Geschmack der Hauhechelwurzel ist kratzend, etwas herb und zugleich süßlich, der Geruch schwach an Süßholz erinnernd. Sie enthält ein Glykosid: Ononin, einen dem Glycyrrhizin ähnlichen Körper: Ononid und einen kristallisierbaren Körper: Onocerin oder Onocol. Seit Mitte des 16. Jahrhunderts ist die Droge in Deutschland gebräuchlich und auch heute noch als Radix ononidis offizinell. Sie wirkt harntreibend und bildet einen Bestandteil der Species diuretica.

Anbau: Bei der zunehmenden Verbesserung der landwirtschaftlichen Bodenverhältnisse nimmt der Ertrag der früher in unkultivierten Landparzellen massenhaft vorkommenden Hauhechelwurzel von Jahr zu Jahr ab, und man ist jetzt zur Befriedigung des Bedarfes fast nur noch auf das Ausland angewiesen, aber auch von dorther ist der Artikel nur noch mit wesentlich höheren Preisanlagen zu beschaffen, weshalb dringend die Kultur dieser Pflanze empfohlen wird. Es eignet sich jeder sonnig gelegene Bergabhang zu einer Anlage, besonders wo letten- oder schieferhaltiger Untergrund vorherrscht. Die Vermehrung kann sowohl durch Stockteilung geschehen, als auch durch Samen, die allerdings wegen ihrer Hartschaligkeit nur langsam keimen. Außer einmaligem Behacken und Säuberung vom gröbsten Unkraut dürfte eine solche Anlage keine besondere Pflege erfordern.

Ernte: Man gräbt im Herbst die Wurzeln von meist vieljährigen Exemplaren aus, wäscht sie und trocknet an der Luft.

Die als Verwechslung dienenden Wurzeln von Ononis repens L. und Ononis arvensis L. sind bedeutend dünner und nicht gefurcht.

Im Jahresbericht der Firma Caesar & Loretz lesen wir folgendes über diesen Artikel: ,,Rad. Ononis spinosa bedarf schon seit einigen Jahren höherer Preisanlagen, da sich zu den früheren billigen Preisen niemand mehr recht mit der Einsammlung dieser nicht mehr so reichlich wie früher vorkommenden Wurzeln befassen will".

Pogostemon Patchouly *Endl.*
Patschulipflanze.

Labiatae.

Allgemeines: Die uns die bekannten Patschuliblätter liefernde Pflanze ist eine im indisch-malaiischen Gebiet heimische Staude und wird dort sowie auch in anderen Tropengegenden (bes. Westindien) vielfach kultiviert. Es wäre durchaus kein allzu verwegenes Unternehmen, diese immer mehr an Bedeutung gewinnende

Pflanze auch bei uns zu kultivieren, wenn es sich auch freilich nur um eine beschränkte Anzahl von Pflanzen handeln könnte, denn eine Freilandkultur ist insofern ausgeschlossen, weil die Pflanze unsere rauhen Winter nicht ohne Schutz überstehen wird, wohl aber können wir sie nach Art unserer Lorbeer- oder Pomeranzenbäume als Kalthauspflanze kultivieren. Die Blätter sind lang gestielt, eiförmig, scharf zugespitzt, am Rande grob gesägt, 8—11 cm lang, 5—7 cm breit und reichlich mit Drüsenhaaren besetzt. Die Patschuliblätter sind durch einen eigenartig lange anhaftenden Geruch ausgezeichnet, enthalten bis 4% ätherisches Öl und sind im Orient zu Parfümeriezwecken viel in Gebrauch. In dieser Beziehung spielt die Pflanze auch bei uns eine recht bedeutende Rolle und wird besonders als Mottenschutzmittel angewandt.

Anbau: Die Patschulipflanze, die wohl in allen größeren Handelsgärtnereien Erfurts zu haben ist, läßt sich durch Stecklinge leicht vermehren, die man im Frühling oder Sommer in feuchten Sand steckt und unter Glas sich bewurzeln läßt. Sie wächst als Topfpflanze leicht und hoch heran und muß fortwährend durch Zurückschneiden verjüngt werden. Während der Sommermonate kann man wohl den Pflanzen im Garten einen sonnigen Standort geben, muß sie aber im Herbst in ein Kalthaus zur Überwinterung bringen.

Prunus Laurocerasus *L.*
Kirschlorbeer.

Amygdaleae.

Allgemeines: Obwohl aus Asien stammend, ist der Kirschlorbeer doch jetzt im ganzen südlichen Europa verwildert und hält auch im südlichen Deutschland und in Tirol im Freien aus. Weiter nördlich allerdings, wo er oft als Zierstrauch in Gärten kultiviert wird, muß er im Winter mit einer schützenden Bedeckung versehen werden. Er wird bald strauch-, bald baumartig angetroffen in einer Höhe bis zu 7 m mit abstehenden, grauschwarzen Ästen. Er hat etwas Ähnlichkeit mit dem Orangenbaum und kann wie dieser in Kugel- und Pyramidenform gezogen werden. Die immergrünen Blätter sind kurz gestielt, lederartig, bis 20 cm lang und 8 cm breit, an der Basis abgerundet, oben kurz zugespitzt, am Rande schwach gesägt. In der Nähe der Basis finden sich auf der Unterseite mehrere (3—7) deutliche Drüsenflecken. Sie entwickeln in frischem Zustande beim Zerreiben mit Wasser Blausäure und Benzaldehyd und dienen zur Bereitung des dem Bittermandelwasser gleichwertigen Kirschlorbeerwassers, Aqua Laurocerasi. Der Blütenstand ist eine kleine, aufrechte Blütentraube, mit weißen Blüten; die Früchte sind großen Kirschen ähnlich, aber eiförmig und schwarz.

Anbau: Die Fortpflanzung geschieht durch Stecklinge, welche an einem schattigen Orte leicht Wurzeln schlagen, und zwar steckt man am vorteilhaftesten kleine Zweige vom vorjährigen oder letzten Triebe im Frühling vor dem Treiben in ein schattiges Mistbeet und hält sie gut feucht, bis sie bewurzelt sind. Die bewurzelten Pflanzen kommen in jedem Boden, auch in schattiger Lage gut fort, doch empfiehlt es sich, vorher gut zu rigolen. In Reihen gepflanzt, etwa 1 m voneinander entfernt, bilden sie eine prächtige Hecke. Vor Eintritt des Winters bedeckt man die Wurzeln mit Laub handhoch, beugt die Sträucher nieder und bedeckt sie leicht mit Tannenreisig. Strohbedeckung ist deshalb zu vermeiden, weil sie den die Rinde abnagenden Mäusen leicht als Schlupfwinkel dient. Sonst verlangt der Kirschlorbeer keine besondere Pflege.

Ernte: Die Blätter sind am gehaltreichsten im Mai. Der Blausäure-Glykosidgehalt nimmt mit dem Alter ab und ist in den lederartigen, vorjährigen Blättern niedriger als in den weichen Blättern des letzten Vegetationsjahres. Nach mehreren Jahren ist entweder das Versetzen der Sträucher in frischen, nahrhafteren Boden oder eine wiederholte Düngung mit verdünnter Mistjauche von großem Nutzen.

Rhamnus Frangula L.
Faulbaum, Pulverholz.

Rhamneae.

Allgemeines: Der Faulbaum ist ein Strauch, der in ganz Europa auf feuchtem und moorigem Boden, in Gebüschen und Wäldern wild wächst mit rutenförmigen Zweigen, abwechselnden, abfallenden, länglichen, ganzrandigen Blättern und weißlichgrünen Zwitterblüten, aus denen sich Beeren entwickeln, welche erst grün, dann rot, zuletzt schwarz sind. Der Strauch wurde früher häufig angebaut, weil die aus seinem Holze bereitete Kohle zur Fabrikation des schwarzen Schießpulvers Verwendung findet. Von medizinischer Bedeutung ist die Rinde (Cortex Frangulae). Sie war schon im Mittelalter, wenigstens in Italien, als Heilmittel bekannt, fand die gebührende Beachtung in Deutschland jedoch erst im Laufe des 19. Jahrhunderts. Faulbaumrinde ist getrocknet fast geruchlos und von schleimigem, etwas süßlichem und bitterlichem Geschmack. Wirksame Bestandteile sind die Frangulasäure und das Pseudofrangulin, ferner Frangulin, als Glykosid an Gerbsäure gebunden, Emodin und Chrysophan. Im frischen Zustande wirkt die Rinde brechenerregend; nach mindestens einjährigem Lagern ist die brechenerregende Wirkung verschwunden; sie wirkt alsdann nur abführend und findet Anwendung bei Leber- und Hämorrhoidalleiden (im Aufguß), zu Teegemischen und zu dem offizinellen dunkelgelbbraunroten Faulbaumrindenextrakt (Extractum Frangulae fluidum). Die offizinelle Cortex Frangulae soll also stets ein oder besser zwei Jahre lang gelagert haben.

Anbau: Der Faulbaum läßt sich leicht durch Stockteilung vermehren. Ufer oder überhaupt feuchte Plätze eignen sich recht gut zu seiner Anpflanzung. Er verursacht absolut keine Pflege. Nach dem Abhauen des Holzes schlagen die Stöcke stets von neuem wieder aus.

Ernte: Im Frühjahr wird das ältere Holz abgehauen und sogleich die Rinde vom Stamm und Ästen abgeschält, was wegen der schrägen Verzweigung des Strauches leicht geht. Das Trocknen findet in der Sonne statt. Die Rinde kommt in 30 cm langen, 1 bis 2 mm dicken Röhren in den Handel.

Rhamnus cathartica *L.*
Kreuzdorn, Purgierwegedorn.

Rhamneae.

Allgemeines: Er ist ein Großstrauch oder kleiner Baum in Manneshöhe, in einem großen Teil Europas an sonnigen, felsigen Hügeln, an Waldrändern und in Hecken vorkommend. Die Zweige sind spitzig, die Blätter gegenständig mit abgerundeter oder eiförmiger Basis und fein gesägt. Die Blüten in der Vierzahl sind grünlich gefärbt. Von medizinischem Wert sind die fast schwarzen, annähernd kugeligen, runzeligen Früchte, von etwas über Erbsengröße. Am Grunde haftet die Kelchscheibe mit dem Stiel fest an, an der Spitze befindet sich die Narbe des Griffels. Die Frucht ist durch vier Fachwände in vier regelmäßige Fächer mit je einem Samen geteilt. Kreuzdornbeeren (auch Baccae Spinae cervinae genannt), schmecken süßlich und später widerlich bitter; neben dem wirksamen Bestandteil, dem Rhamno-Emodin, sind verschiedene gelbe Farbstoffe darin enthalten, sowie etwa 3% Mineralbestandteile. Sie sind als Fructus Rhamni catharticae offizinell, bilden ein drastisches Abführmittel und werden zu dem gleichfalls offizinellen, abführend wirkenden, violettroten Kreuzdornbeerensirup (Sirupus Rhamni catharticae) benutzt. Derselbe wird jedoch nicht aus getrockneten, sondern aus frischen Früchten, und zwar im großen hauptsächlich in der Provinz Sachsen und in der Rheinprovinz gewonnen. Auch der eingedickte Saft (Succus Spinae Cervinae) wird in vielen Apotheken gefordert.

Aus den unreifen Beeren werden zwei als Malerfarben beliebte Farbstoffe, das Saftgrün und Schüttelgelb, bereitet. Das braunrote Kernholz (Kreuzdorn- oder Kreuzholz von stärkeren Kreuzdornstämmen ist von Tischlern sehr gesucht) erhält durch Politur eine prächtige Farbe. Das Kreuzdornreisig eignet sich wegen seiner sparrigen Verästelung vorzüglich zu Gradierhäusern.

Anbau: Die Vermehrung läßt sich durch Samen leicht vornehmen, den man im Herbst sogleich nach der Reife in gutes Gartenland aussät, da er seine Keimfähigkeit bald einbüßt. Im Frühjahr, nachdem die Pflanzen unter Fernhalten von Unkraut kräftig herangewachsen sind, verpflanzt man sie an irgendwelche zur Verfügung stehende Plätze in Reihen, wo sie bald ohne weitere Pflege eine prächtige Hecke bilden. In bezug auf die Bodenart ist der Kreuzdorn nicht wählerisch, selbst auf sonnigen, steinigen Bergen gedeiht er gut.

Rhus Toxicodendron *Michaux*.
Giftsumach.
Terebinthinaceae.

Allgemeines: Der Giftsumach ist ein in ganz Nordfrankreich einheimischer, kletternder oder auf dem Boden liegender Strauch. Man muß ihn unter die stärksten Giftpflanzen rechnen, denn selbst die Berührung der Blätter mit bloßen Händen verursacht heftige Entzündung, vielmehr noch der austräufelnde Milchsaft. Selbst die Ausdünstung der Pflanze wirkt schädlich auf die Gesundheit.

Er spielt eine Rolle in der Homöopathie, indem man aus den frischen Blättern einen alkoholischen Auszug darstellt.

Abb. 22. Rhus Toxicodendron.
(Aus Gilg-Schürhoff. Botanik 7. Aufl.)

Anbau: Die Vermehrung läßt sich leicht

durch Samen bewirken, die man an Ort und Stelle dünn aussät. Jeder Boden in sonniger Lage eignet sich dazu, selbst Steinhaufen. Mit Vorliebe rankt er an Mauern; wo die Pflanze einmal eingewurzelt ist, verwildert sie bald und läßt sich nur schwer wieder ausrotten. Wegen der Giftigkeit erfordert natürlich der Anbau große Vorsicht, und empfiehlt es sich, durch einen Zaun Kinder und Unberufene fernzuhalten. Vorsicht bedarf auch das Einsammeln der Blätter und das Trocknen. Meist werden übrigens die Blätter in frischem Zustand zu Extrakt verarbeitet.

Ribes nigrum *L.*

Schwarze Johannisbeere, Wanzenbeere.

Grossulariae.

Wo die schwarze Johannisbeere in größerer Menge kultiviert wird, sei hier darauf aufmerksam gemacht, daß nicht nur die Früchte, sondern auch die Blätter in letzterer Zeit immer größere Bedeutung für die Pharmazie gewonnen haben. Die Blätter werden zu Teeaufguß verwendet, der ausgepreßte Saft der reifen Beeren wird mit Zucker zu einem Saft verarbeitet, der speziell gegen Keuchhusten viel gebraucht und in Apotheken unter der Bezeichnung Sirupus Ribium nigrorum geführt wird.

Rosa Centifolia *L.*

Gartencentifolie.

Rosaceae.

Allgemeines: Die blaßrötlichen bis dunkelroten wohlriechenden Blumenblätter dieser in Gärten allenthalben gezogenen Zierpflanze finden schon seit alters her Verwendung zu medizinischen Zwecken. Wenn auch der Bedarf hierin vielleicht nicht so bedeutend ist, daß sich lediglich zu diesem Zweck eine Kultur dieser Pflanze lohnen würde, so sollte doch, wo dieselbe in größerer Menge vorhanden ist, die Nebennutzung nicht außer acht gelassen werden.

Man sammelt die Blumenblätter im Juni vor der völligen Entfaltung der Blüten und trocknet sie vorsichtig im Schatten. Das Sammeln hat täglich zu geschehen, wenn der Tau abgetrocknet ist. Sie sind als Flores Rosae offizinell und dienen zur Herstellung des Rosenhonigs, eines mild adstringierenden Mittels gegen die Schwämmchen der Säuglinge, gewöhnlich mit Zusatz von Borax. Getrocknete Rosenblätter enthalten kaum mehr Spuren von ätherischem Öl und verdanken ihre Anwendung zur Bereitung von Mel rosatum wesentlich einem geringen Gehalt an Gerbstoff.

Rosa damascena *Mill.*
Damaszener Rose.
Rosaceae.

Allgemeines: Die Damaszener Rose kam schon im grauen Altertum aus Syrien nach Unteritalien, von wo sie sich später nordwärts ausbreitete. Sie wird ganz besonders in Bulgarien südlich vom Schipkapaß gepflegt, am Südabhang des Balkans, in der Umgegend von Kazanlik in Ostrumelin, und zwar zum Zwecke der Gewinnung von Rosenöl. Diese Rose ähnelt der Zentifolie sehr und zeichnet sich durch einen sehr intensiven Geruch aus.

Anbau: Es hat lange gedauert, bis man bei uns in Deutschland sich daran wagte, die im Balkan getriebene Rosenkultur und die damit verbundene Ölgewinnung nachzuahmen. Wer Gelegenheit hatte, die ausgedehnten, viele Hektar umfassenden Rosenfelder der Firma Schimmel & Co. in Miltitz bei Leipzig zu besuchen, wird die Bedeutung begreifen, welche man der Rosenölgewinnung beimißt. Werden doch in dieser Fabrik etwa 250000 kg Rosenblüten alljährlich verarbeitet. Wenn auch die Rosenölgewinnung erst seit Anfang der 80er Jahre in Deutschland betrieben wird, so hat die oben genannte Firma sie durch rastlose Forschung doch schon zu einer staunenswerten Vollkommenheit gebracht. Es unterliegt keinem Zweifel, daß heute das deutsche Rosenöl dem türkischen weit überlegen ist und zwar aus dem Grunde, weil letzteres selten in reiner Form, sondern meist mit indischem Geraniumöl oder Rosenholzöl verfälscht in den Handel kommt. Die frühere Ansicht, daß nur das Klima des Orients geeignet sei, der Rose genügenden Duft zu verleihen, um technisch verwertbar zu sein, hat sich als irrig erwiesen. Daß dagegen die Pflanze besondere Boden- und Düngungsverhältnisse erfordert, dürfte wahrscheinlicher sein, doch hat die Firma Schimmel hierüber noch nichts verlauten lassen. Jedenfalls wurde mir im Gegensatz hierzu von einem süddeutschen Hofgärtner berichtet, daß seine Versuche, die bulgarische Rose zu kultivieren, von ungleich geringerem Erfolg begleitet waren.

In den Miltitzer Fluren finden wir die Rose auf flach geackertem Felde. Die Pflanzen haben Buschform und die Höhe von etwa 1½ m. Die Rosenbüsche sind in langen Reihen gepflanzt, zwischen zwei Reihen ist je ein etwa 2 m breiter Weg freigelassen für die sammelnden Frauen, hauptsächlich auch, um die gegenseitige Beschattung zu vermeiden. Die Behandlung der Rose ist im allgemeinen dieselbe wie die der übrigen Zierrosen; sie müssen, um eine reiche Blüte zu geben, sachgemäß im Frühjahr beschnitten werden, verlangen auch Schutz vor Kälte usw. Die Blütezeit ist in der

Hauptsache der Juni. Selbstverständlich ist die Witterung von größtem Einfluß auf den Ertrag und die Qualität der Blüten.

Die eben voll entfalteten Blüten werden von Frauen mittels einer Schere kurz unter dem Kelch abgeschnitten und sofort in Körben in die Fabrik geschafft, wo der interessante, ziemlich komplizierte Extraktions- und Destillationsprozeß beginnt. Zunächst werden die Rosenblüten mittels Petroleumäther extrahiert, wobei eine braune, klebrige Flüssigkeit resultiert, welche alsdann noch verschiedene Rektifikationsprozesse durchmachen muß, bis schließlich das bekannte, prächtig duftende Rosenöl zustande kommt, eine blaßgelbliche Flüssigkeit, die schon bei 19—23,5° C kristallinisch erstarrt und aus einem fast geruchlosen Stearopten, gelöst in dem stark und angenehm riechenden flüssigen Anteil (Phenyläthylalkohol, Geraniol, Rhodinol) und anderen Verbindungen mehr besteht. — Es ist wohl leicht einzusehen, daß der hohe Preis des natürlichen, echten Rosenöls (das Kilogramm kostet mehrere Tausend Mark) vielfache Anregung gibt, unabhängig von der natürlichen Rose einen künstlichen Rosenriechstoff auf chemischem Wege herzustellen, zumal ja das Rosenöl auch meist zu Parfümeriezwecken Verwendung findet. Auch diese Aufgabe hat die Firma Schimmel & Co. in Miltitz meisterhaft gelöst, indem sie in jüngster Zeit unter Zugrundelegung eines nach besonderem Verfahren in den Miltitzer Kulturen gewonnenen natürlichen Rosenproduktes einen Rosenriechstoff geschaffen hat, der den Geruch der frischen Rose naturgetreu und vollkommen wiedergibt. Inwieweit diese epochemachende Neuheit mit der Zeit die Kultur der Rose überflüssig macht, bleibt abzuwarten.

Rosa pomifera *Herm.*
Feld- oder Hagebuttenrose.
Rosaceae.

Allgemeines: Diese Rose hat ihre Heimat in Mitteleuropa und findet sich verwildert in Hecken und an Wegen. Die langen, hellroten Früchte werden nicht nur zu einem beliebten Kompott, dem Hagebuttenmark, verwendet, sie spielen auch eine nicht zu unterschätzende Rolle in unserem Arzneischatz. Sowohl die getrockneten, entkernten Früchte als auch die Kerne für sich geben im Aufguß einen wassertreibenden Tee. Die Abkochung der Hagebuttenkörner besitzt starken Vanillegeschmack, so daß es nicht überraschen dürfte, wenn einstmals die Chemie die vanilleähnliche Substanz daraus isolieren und als Ersatz für die ausländische Vanille in den Handel bringen würde. Außerdem läßt sich aus den Hagebuttenfrüchten durch Vergärung mit Zucker nach Art der Obstweinfabrikation ein Wein herstellen, der sowohl in Farbe als Geschmack dem Madeira sehr nahe kommt.

Anbau: Wo unfruchtbare, sonst nutzlose Berge zur Verfügung stehen, kann die Anpflanzung der Hagebuttenrose empfohlen werden. Die Vermehrung kann sowohl durch Stockteilung als durch Aussäen geschehen, und bedarf eine solche Anlage nicht der geringsten Pflege.

Rosmarinus officinalis *L.*
Rosmarin.
Labiatae.

Allgemeines: Dieser immergrüne ästige Halbstrauch von 1½ bis 2 m Höhe mit brauner oder aschgrauer Rinde ist in den Mittelmeerländern heimisch, wo er im dürrsten, der heißen Sonne ausgesetzten, fast alles andere Pflanzenleben ausschließenden Boden vorkommt und oft schon im zeitigen Frühjahr (März bis Mai) seine blaßblauen Blüten hervorbringt. Da er in Deutschland nicht mehr winterhart ist, wird er hier in Töpfen gehalten oder muß wenigstens im Herbst aus dem Lande herauskommen und zur Überwinterung in einen frostfreien, trockenen und hellen Raum gebracht werden. Die Blätter sind 2—3 cm lang, ungestielt, lineal, am Rande stark umgerollt, an der oberen Fläche gewölbt, steif und oberseits glänzend graugrün, unterseits weiß- oder graufilzig. Ihr Geruch ist aromatisch, etwas kampferartig, ihr Geschmack schwach bitter und herb. Sie enthalten ätherisches Öl und Gerbstoffe und sind ein beliebtes Volksheilmittel. Man unterscheidet von diesem Strauche zwei Spielarten, eine mit gold- und eine mit silberbunten Blättern.

Anbau: Der Rosmarin verlangt einen gut gemischten, humusreichen Boden und eine hohe, luftige Lage. Man bereitet den Boden in der Weise vor, daß man denselben schon im Oktober tief umgräbt und mit verrottetem Rindviehmist bedeckt den Winter über liegen läßt. Im Mai pflanzt man alsdann die vom Mutterstock abgetrennten etwa 10 cm langen Stecklinge in Reihen an, wobei ein Abstand von 10 cm genügt, und sorgt anfangs für Feuchtigkeit durch tägliches Begießen mit lauem Wasser. Weniger üblich, doch nicht unmöglich ist die Vermehrung durch Samen. Derselbe wird im Frühjahr gesät, etwa 2 cm hoch mit Erde bedeckt und anfangs gut feucht gehalten. Die jungen Beete sind von Unkraut rein zu halten und öfters zu begießen. Vom September ab kann man die jungen Pflanzen versetzen. Man sorgt anfangs für Schattierung,

gießt erst seltener, später öfters, lockert den Boden und gibt während des Winters gute Bedeckung. Höhere Exemplare bindet man an Stäbe. Rosmarin verträgt ziemlich starke Düngung, ohne von seinem Geruch einzubüßen.
Das Trocknen der Blätter geschieht an der Luft im Schatten.

Rubus Idaeus *L.*
Himbeere.
Rosaceae.

Allgemeines: Die Himbeerpflanze ist ein Halbstrauch. Derselbe findet sich über Europa und das nördliche und mittlere Asien verbreitet, meist am Rande oder in Lichtungen der Wälder, und wird auch vielfach in zahlreichen Varietäten kultiviert. Die Stengel sterben im zweiten Jahre ab, nachdem sie geblüht und Früchte getragen haben, um jungem Nachwuchs aus der ausdauernden Wurzel Platz zu machen. Die Frucht ist ihrer morphologischen Natur nach eine Scheinfrucht. Die Blüte besitzt innerhalb der Kelch-, Blumen- und Staubblätter eine kegelförmige Blütenachse, welche mit zahlreichen (20—30) freien Fruchtknoten besetzt ist. Nach erfolgter Befruchtung wächst der Blütenboden allmählich zu einem spitzkegelförmigen Gebilde heran; er ist vollständig bedeckt von den einsamigen, in ihrem untersten Teil miteinander verwachsenen, fein behaarten Steinfrüchtchen, welche sich bei der Reife leicht in ihrer Gesamtheit als ein fleischiger Körper von der schwammigen Blütenachse loslösen lassen. Die Steinfrüchtchen besitzen ein hartes Endokarp und ein dickes, fleischiges Exokarp; die Zellen des letzteren wie die Härchen der Oberhaut führen bei der Reife einen intensiv roten Zellsaft. Die Farbe variiert übrigens in den Kulturformen in gelblichweiß und fast schwarzrot. Himbeeren besitzen einen sehr angenehmen Geruch und Geschmack, sie geben 70—80% Saft, welcher Zucker, Zitronensäure und Apfelsäure enthält. Seit dem 16. Jahrhundert werden die Himbeeren in Deutschland medizinisch verwendet, und ist der Sirupus Rubi Idaei noch heute offizinell. Er dient als Geschmackskorrigens schlecht schmeckender Arzneien. Außerdem bereitet man aus den Himbeeren auch Himbeeressig und Himbeerwein. Auch die Blätter des Himbeerstrauches sind in Gebrauch und bilden einen Bestandteil des den chinesischen Tee ersetzenden sog. Deutschen Tees. Der Aufguß von Himbeerblättern soll auch wirksam sein gegen Durchfall und Menstruationsbeschwerden der Frauen.

Anbau: Bei dem umfangreichen Gebrauch der Himbeeren, der nicht zum mindesten auf den infolge der Antialkoholbestrebungen sich steigernden Genuß von Himbeerlimonaden zurückzuführen ist, muß es verwundern, daß diese einträgliche, wenig Arbeit und Aufwand verursachende Pflanze nicht noch häufiger angebaut wird. Die Waldhimbeeren decken nur einen minimalen Bruchteil des Bedarfes, auch ist man zur Überzeugung gelangt, daß die kultivierte Gartenhimbeere voll und ganz der wildwachsenden Waldhimbeere ebenbürtig ist, ja sie ist noch ertragreicher und saftreicher, weil man ihr mehr Sonne zuteil werden lassen kann. Unter den Kulturformen gibt es auch solche, die im Herbst oder Spätsommer an den Spitzen der jungen Triebe blühen und Früchte tragen, während sich die darunter befindlichen Knospen erst im folgenden Frühjahr zu Blütentrieben entwickeln; dadurch entstehen die sog. remontierenden oder zweimal tragenden Himbeeren. Somit hat man zu unterscheiden zwischen einerseits einmal tragenden roten, gelben, fleischfarbigen und dunkelroten, anderseits zweimal tragenden roten, gelben, fleischfarbigen und dunkelroten. Die besten Sorten sind: 1. einmal tragende Fastolff, von Türks rote, gelbe Antwerpener, 2. zweimal tragende: neue oder surpasse Fastolff Hornet (rot), neue gelbe Merveille. — Die Vermehrung der Himbeeren erfolgt durch Teilung alter Stöcke. Man pflanzt sie vorteilhaft in Reihen spalierartig an und läßt zwischen den Reihen 2 m breite Gänge, damit das Pflücken leicht möglich ist und man dazwischen durchpflügen kann. Von den Jahrestrieben, die Frucht tragen sollen, läßt man nur die besten 6—8 Stück stehen; sie werden nicht eingekürzt, nur die Stengel der remontierenden werden auf frisches Holz verschnitten. Die Pflanzen lieben halbschattigen Stand und leichte, frische Bodenart. Die Tragfähigkeit wird wesentlich gefördert durch alljährliche Düngung mit verrottetem Stalldünger sowie auch durch flüssiges Nachdüngen. Nach sechs Jahren ist gewöhnlich das Land himbeermüde und ein Fruchtwechsel mit Kartoffeln oder Getreide geboten.

Ein lästiger Schädling der Himbeere ist der Himbeerkäfer (Byturus) und der Himbeerstecher (Anthonomus Rubi), ein seine Eier in die Blüten legender 2 mm langer Rüsselkäfer.

Rubus fruticosus *L.*
Brombeere.

Rosaceae.

Allgemeines: Die Brombeerpflanze ist ein Strauch, der auf steinigen Waldhängen und in lichten Wäldern vorkommt. Die Brombeerpflanze unterscheidet sich von der Himbeere durch den mehrjährigen Stengel; die Sammelfrucht löst sich nicht von dem kugelförmigen Blütenboden ab, wie es bei der Himbeere der Fall ist und ihre Früchte sind schwarz. Die Frucht wird als frisches Obst und zur Bereitung von Saft und Brombeerwein verwendet. Die Herstellung des letzteren gleicht der der übrigen Beerenweine. Brombeerwein kommt dem Bordeauxwein sehr nahe im Geschmack. Ferner werden die grünen Blätter des Strauches in den Apotheken viel gefordert; dieselben bilden einen Bestandteil des deutschen Tees.

Anbau: Weniger die Waldbrombeeren als vielmehr die verschiedenen durch Kreuzung mit anderen Arten entstandenen Mischlingsformen lassen sich mit Gewinn kultivieren. Die am meisten empfohlenen Sorten sind: Lawton (New-Rochelle), Dorchester, Hittatiny, Missouri-Mammut, Wilsons-Early und einige andere. Der Strauch kommt in jedem guten Gartenboden fort, verlangt aber einen warmen Standort. Man zieht die Brombeere in Reihen von etwa 1,5 m Entfernung an Spalieren. Die jungen Triebe werden sorgfältig aufgebunden, das älteste Holz in jedem Jahre ausgeschnitten. Die Vermehrung der Brombeere erfolgt durch Niederlegen der krautigen Triebspitzen in frischen Boden oder durch Wurzelstecklinge unter Glas.

Sambucus nigra *L.*
Holunder, Holderstrauch, Flieder.

Caprifoliaceae.

Allgemeines: Der Holunder ist ein Strauch, kann aber auch als Baum erzogen werden. Er ist über ganz Europa und Mittelasien verbreitet und war als heilwirkende Pflanze schon den Alten bekannt. Seine Blüten und Früchte gehörten ständig zum Arzneischatz der europäischen Völker. Er ist sehr dauerhaft, hält den strengsten Winter aus und kommt selbst bis zu einer bedeutenden Höhe in den Gebirgen fort. Die Blüten sind als Flores Sambuci (Holunderfliederblüten, Fliedertee) offizinell und eines der wichtigsten schweißtreibenden Mittel. Sie besitzen einen eigentümlichen Geruch und einen schleimigen, süßlichen, später etwas kratzenden Geschmack; sie enthalten Spuren eines ätherischen Öles sowie etwas Gerbstoff und Schleim. Sie bilden einen Bestandteil der Species laxantes St. Germain. Auch die schwarzen Beeren werden vielfach als Hausmittel verwendet bzw. das daraus gekochte Mus. Succus Sambuci wird auch in manchen Apotheken noch viel gefordert. Wegen ihres Farbstoffes dienen die Beeren auch zum Färben von Speisen und Wein; auch eine beliebte Suppe läßt sich daraus bereiten. Das Mark der Stämme, bekannt unter dem Namen Holundermark oder Fliedermark, wird zur Herstellung von Kügelchen, allerlei Figuren und elektrischen Experimenten gebraucht, ferner von Uhrmachern und in der mikroskopischen Technik zum Einklemmen und Festhalten kleiner Gegenstände.

Anbau: Der Holunder kommt fast in jedem Boden, in sonniger und schattiger Lage fort, am besten gedeiht er wohl in einem guten, lockeren, nicht zu trockenen Boden, wenigstens trägt er unter diesen Verhältnissen die größten und besten Früchte. Die Fortpflanzung geschieht durch Zerteilung alter Stöcke, durch Schnittlinge und Samen. Zu Stecklingen wählt man im Herbst schöne kräftige Sprosse und steckt diese etwa 20 cm tief in die Erde. Zur Erziehung aus Samen läßt man die Beeren gut ausreifen, drückt den Saft aus und wäscht die Kerne, alsdann sät man dieselben in lockeren Boden und harkt flach ein. Im nächsten Jahr verpflanzt man alsdann die Pflänzchen an ihren Standort. Die beiden ersten Arten der Fortpflanzung führen am sichersten zum Ziel.

Ernte: Die Blüten müssen bei ganz trockener Witterung gepflückt werden, bevor einzelne Blüten abfallen. Die kleinen Döldchen werden von dem gemeinsamen Stiel befreit und schnell im Schatten getrocknet. Durch langes Lagern oder durch unzweckmäßiges Trocknen braun gewordene Blüten sollen nicht pharmazeutisch verwendet werden. Die Beeren dürfen nicht zu lange am Strauche bleiben, weil sie zahlreichen Vögeln zur Nahrung dienen.

Solanum Dulcamara *L.*

Bittersüß, rankender Nachtschatten, Waldnachtschatten, Mäuseholz, Alpranke, Teufelszwirn.

Solanaceae.

Allgemeines: Bittersüß ist eine im ganzen gemäßigten Europa und Asien einheimische kletternde Pflanze. Man findet sie wild an schattigen Ufern in Erlensümpfen, an Waldrändern, Hecken und feuchten Felsen. Die Stengel verholzen mit der Zeit und bilden fingerdicke Stämmchen, rund oder undeutlich fünfkantig, längsrunzelig mit zerstreuten Blatt- und Zweignarben. Die Bittersüßstengel geben beim Zerbrechen einen widerlichen Geruch von sich. Sie schmecken beim Kauen erst bitter, dann süß und waren als ,,Stipites Dulcamarae" offizinell, werden auch noch viel in den Apotheken gebraucht. Sie enthalten geringe Mengen von dem giftigen Alkaloid Solanin sowie einen Bitterstoff: Dulcamarin. Die Blätter sind eiförmig und herzeiförmig, zugespitzt, die oberen spießförmig geöhrt. Die Blüten stehen in Afterdolden. Die Blumenkrone ist tief fünfspaltig, violett, selten weiß, die Beere eiförmig,

Holzartige medizinische Pflanzen. 177

scharlachrot, an der Spitze mit einem Punkt bezeichnet. Die Beeren sind giftig, wirken heftig brechenerregend und purgierend. Die Blütezeit erstreckt sich vom Juni bis September.

Anbau: Da die Pflanze durchaus nicht allzuhäufig in der Natur vorkommt, verspricht ein Anbau derselben in größerem Maßstabe

Abb. 23. Solanum Dulcamara.
(Aus Gilg-Schürhoff, Botanik 7. Aufl.)

guten Nutzen. Am vorteilhaftesten würde man damit Uferdämme bepflanzen, wobei gleichzeitig die tiefgehenden Wurzeln zur Befestigung der Ufer und Dämme beitragen. Die Fortpflanzung geschieht durch Stecklinge oder Samen. Man kann gleich die ganzen Beeren an den bestimmten Standort säen. Eine weitere Pflege erfordern die Pflanzen nicht.

Ernte: Man schneidet im Frühling oder im Herbst die versetzten einjährigen Triebe ohne Blätter und trocknet sie an der Luft oder in künstlicher Wärme.

Teucrium Marum *L.*
Marum verum, Katzengamander, Amberkraut, Katzenkraut.

Labiatae.

Allgemeines: Diese Pflanze wächst in Südeuropa wild und hat in allen Teilen einen starken Kampfergeruch. Sie war früher als Herba Mari veri offizinell. Das getrocknete Kraut wirkt niesenerregend und bildet deshalb gewöhnlich einen Bestandteil des gegen Kopfschmerz empfohlenen Nies-Schnupfpulvers. Innerlich gebraucht man das Kraut als Pulver oder Tee. Der Geruch lockt die Katzen an. Das Katzenkraut gedeiht in jedem Boden, es verlangt viel Sonne und nicht zu viel Feuchtigkeit.

Thuja occidentalis *L.*
Lebensbaum.

Coniferae.

Allgemeines: Der Lebensbaum ist in Nordamerika und im östlichen Kleinasien heimisch; er wird bei uns in Deutschland seit langer Zeit in Gärten kultiviert und ist besonders auf den Friedhöfen zu finden, wo er die Stelle der empfindlicheren Zypressen vertritt. Er wird in Deutschland oft 12—15 m hoch und hält im Freien sehr gut aus. Die schuppenartig vierteilig gestellten Blätter sind den Zweigen dicht angedrückt. Da diese fast alle in einer Ebene liegen und die Verzweigung zweiteilig ist, so erscheinen die Ästchen selbst wie feinzerteilte Blätter. Die blattartige letzte Verästelung ist eirundlich, die Zweige sind mit vielen und kurzen, horizontal ausgebreiteten Ästchen versehen, auf der unteren Seite kaum heller, die Blätter ungleich gestaltet, die oberen und unteren ziemlich flach. Die Beerenzapfen sind länglich, zuletzt überhängend, zimtbraun. Das Holz des Stammes ist fest, zäh und dauerhaft, es gibt poliert ein schön gemustertes, zur Möbelfabrikation gern verwendetes Material. Die Zweigspitzen und Blättchen werden medizinisch als auflösendes, schweiß- und harntreibendes Mittel angewandt. Auch gegen Gicht und Rheumatismus wirken Dampfbäder mit diesen Ingredienzien vorzüglich. Man hat auch verschiedene Präparate in den Handel gebracht, die das wirksame ätherische Öl in Form einer Seife sowie Salbe enthalten. Wenn auch zur Zeit bei uns die Bedeutung des Lebensbaumes für die Apotheke keine allzugroße Rolle mehr spielt, um so mehr ist dies der Fall in seinem Vaterlande Nordamerika.

Anbau: Der Lebensbaum kommt in jedem Boden fort, bevorzugt aber feuchten Standort in schattiger Lage, ohne jedoch von Bäumen überdeckt zu sein. Er verträgt gut den Schnitt; es lassen sich aus ihm Hecken bilden, wovon die abgeschnittenen Zweige nutzbar gemacht werden können.

Thymus vulgaris *L.*

Wahrer, französischer oder Gartenthymian, römischer Quendel.

Labiatae.

Allgemeines: Thymian war den alten Griechen und Römern als Gewürz und Arzneimittel schon bekannt, wurde aber erst im 16. Jahrhundert in Deutschland angebaut. Die Pflanze ist in den europäischen Mittelmeerländern heimisch, wird aber als Gewürzkraut in fast jedem Bauerngarten gezogen, in größerem Maßstabe in Thüringen, der Provinz Sachsen und in Nordbayern. Hauptkulturorte dafür sind Quedlinburg, Greußen, Schweinfurt, Jenalöbnitz, Zanow usw. Der Thymian ist ein kleiner, zwergartiger Strauch von 15—20 cm Höhe. Die verholzten Zweige wurzeln niemals am Boden. Die vierkantigen Äste tragen kreuzgegenständige, bis 9 mm lange, höchstens 3 mm breite, sitzende oder kreuzgestielte, etwas dicke, am Rande zurückgerollte Blätter, von schmal lanzettlichem Umriß. Die Blattspreite ist oberseits dunkelgrün, unterseits heller, beiderseits kurz borstig behaart. Die Blätter zeigen sowohl an der Oberseite als auch an der Unterseite zahlreiche große Drüsenschuppen, mit gelbrotem ätherischen Öl erfüllt. Die weißlichen oder lilafarbigen zweilippigen Blüten sind zu einem scheinquirlenartigen Blütenstand vereinigt. Der borstig behaarte Kelch wird von der Blumenkronenröhre überragt. Thymian ist von kräftig gewürzhaftem Geruch und Geschmack, bedingt durch den Gehalt von etwa 1% thymolhaltigem ätherischen Öl. Das Kraut bildet einen Bestandteil der Species aromaticae und dient als Gewürz.

Anbau: Der Thymian liebt lockeren, nahrhaften Boden und freien Standort in sonniger Lage. Er läßt sich vermehren durch Teilung der Pflanze oder durch Samen. Derselbe wird im April in nahrhafte mit Sand vermischte Erde gesät und nur flach bedeckt, auf 1 a 5 g. Die Sämlinge werden später in einer Entfernung von 20 cm auf gut gelockerte Beete gepflanzt. Thymian hält selten über 2—3 Jahre aus und muß deshalb ein Jahr um das andere aus Samen nachgezogen werden. Oft vermehrt er sich auch selbst durch Samenausfall. Zwecks Samengewinnung läßt man einige

Pflanzen unberührt stehen und schneidet die Stengel erst, wenn die Kapseln braun werden. Zum Nachreifen des leicht ausfallenden Samens werden die Kapseln auf Papier oder Tücher ausgebreitet. Kalten Wintern ohne Schneedecken kann Thymian nicht immer trotzen, weshalb es sich empfiehlt, die Reihen im Herbst mit Erde anzuhäufeln sowie Laub oder Tannenreisig darauf zu decken.

Tilia *L.*
Linde.
Tiliaceae.

Allgemeines: Man unterscheidet die Winterlinde, Tilia ulmifolia *Scop.* (Tilia parvifol. *Ehrh.*), und die durchschnittlich 14 Tage früher blühende Sommerlinde (Tilia platyphyllos *Scop.*, Tilia grandifolia *Ehrh.*). Beides sind bekannte und beliebte, in ganz Europa angepflanzte und hier auch heimische Alleebäume. Von beiden werden die ganzen, voll entwickelten Blütenstände mit den Hochblättern (Bracteen) im Juni und Juli gesammelt. Die Trugdolden beider Arten haben ein gelblichgrünes, dem gemeinsamen Blütenstiel bis zur Hälfte angewachsenes papierdünnes und deutlich durchscheinendes zungenförmiges Hochblatt. Die Blütenstände der Sommerlinde setzen sich aus 3—7, die der Winterlinde aus zahlreichen, bis 15 Blüten zusammen. Die Blüten der Winterlinde sind weißgelb, die der Sommerlinde etwas dunkler (gelblichbraun). Die Winterlinde hat unterseits seegrünliche Blätter, die außer einem gelben Bärtchen in den Nervenwinkeln kahl sind. Die Früh- oder Sommerlinde hat etwas größere, unterseits blaßgrüne, etwas rauh behaarte Blätter, in den Nervenwinkeln hellere Bärtchen. Blüten und Früchte sind etwas größer als bei der kleinblätterigen Linde. Von beiden Arten existieren außerdem noch zahlreiche Varietäten, wie die sog. Kapuzinerlinde usw. Die Linde bilden einen geraden Schaft mit in der Jugend glatter, im Alter flachrissiger Rinde und entwickeln eine starke Pfahlwurzel. Sie erreichen ein sehr hohes Alter, bis zu 1000 Jahren. Lindenblüten werden seit dem Mittelalter arzneilich angewendet, sie sind als schweißtreibendes Mittel sehr beliebt, man schreibt ihnen auch eine blutreinigende Wirkung zu. Trockene Lindenblüten besitzen einen eigentümlichen, aber mit dem Aroma der frischen Blüten nicht mehr identischen Geruch, welcher von Spuren ätherischen Öles herrührt. Sie enthalten außerdem viel Schleim und dienen als Volksheilmittel. — Die Blüten der Silberlinde (Tilia tomentosa), welche aus Österreich zuweilen eingeführt werden, sollen keine pharmazeutische Verwendung finden. Ebenso sind die Blüten anderer Linden, welche zuweilen aus der

Türkei importiert werden, auszuschließen. Die Blüten gewähren den Bienen vorzügliche Nahrung. Das Holz der Linde ist zwar zum Bauen nicht brauchbar, dagegen für Tischler als Blindholz vorzüglich geeignet, ebenso zu den verschiedensten Schnitzarbeiten. Es liefert sehr weißen Holzstoff und eine gute Kohle (Carbo Tiliae). Dieselbe wird benutzt zum Zeichnen (Reißkohle), zum Feinschleifen der Metalle, zur Herstellung von Schießpulver und auch zu einigen pharmazeutischen Präparaten. Die Rinde liefert Bast zu Flechtwerk (Seilen, Tauen, Matten usw.) und zum Binden.

Anbau: Die Linde gedeiht am besten in der Ebene, kommt aber auch noch in gebirgiger Lage gut fort, wie z. B. in den bayerischen Alpen bis zu 1000 m Höhe. Sie nimmt mit jedem Boden vorlieb, bevorzugt aber einen frischen lockeren fruchtbaren Sandboden. Die Vermehrung kann sowohl durch Samen als auch durch Senker vor sich gehen. Den aus Samen erzogenen Pflanzen ist ein besserer Wuchs eigen. Sind die aus Samen erzogenen Lindenstämme etwa 50 cm hoch, so werden sie versetzt, wobei man sie an der Spitze verkürzt.

Anhang.

Zwecks eines rationellen Einkaufes frischer Drogen und Vegetabilien ist es von größter Wichtigkeit, möglichst genau zu wissen, wie groß der Gewichtsverlust ist, welchen die frische Droge beim Trockenprozeß erleidet.

Name	frische Teile	lufttrockene Teile	Name	frische Teile	lufttrockene Teile
Bulbus Colchici	3	1	Fol. Jugland. reg.	4	1
,, Scillae	6	1	,, Melissae	4,5	1
Cort. Hippocastani	5	2	,, Menthae crispae	8	1
,, Mezerei	2	1	,, ,, piperitae	8	1
,, Quercus	5	2	,, Millefolii	7,5	1
,, Salicis	7	3	,, Nicotianae	5	1
Flor. Acaciae	4	1	,, Rosmarini	5	1
,, Arnicae	4	1	,, Rutae	4	1
,, Aurantii	5	1	,, Salviae	4,5	1
,, Calendulae	7	1	,, Stramonii	9	1
,, Chamomillae romanae	7	1	,, Toxicodendri	3,5	1
			,, Trifolii fibrini	4,5	1
,, Chamomillae vulgaris	5	1	,, Uvae ursi	5	1
			,, Verbasci	5	1
,, Cyani	5	1	Fruct. Cydoniae	5	1
,, Farfarae	5	1	,, Cynosbati	2,5	1
,, Lamii alb.	8	1	,, Myrtillorum	7	1
,, Lavandul	3	1	Gemm. Populi	3	1
,, Malvae arboreae	5	1	Herb. Abrotani	4	1
,, ,, vulgaris	5	1	,, Absinthii	5	1
,, Millefolii	4	1	,, Agrimoniae	3,5	1
,, Paeoniae	6	1	,, Artemisiae vulgaris	4	1
,, Rhoeados	9	1			
,, Rosarum	8	1	,, Centaurii minoris	4	1
,, Sambuci	6	1	,, Chelidonii majoris	4	1
,, Tiliae	3	1			
,, Verbasci	8	1	,, Cochleariae	8	1
,, Violae odoratae	5	1	,, Conii	5,5	1
Fol. Althaeae	8	1	,, Euphrasiae	2,5	1
,, Aurantii	2	1	,, Fumariae	5	1
,, Belladonnae	7	1	,, Gratiolae	4	1
,, Cardui benedict.	4	1	,, Hyperici	3	1
,, Digitalis	5	1	,, Hyssopi	4	1
,, Farfarae	5	1	,, Iaceae	5,5	1
,, Hyoscyam	7	1	,, Majoranae	8	1

Name	frische Teile	lufttrockene Teile	Name	frische Teile	lufttrockene Teile
Herb. Marrubii	3,5	1	Rad. Calami	4,5	1
,, Meliloti	4	1	,, Carlinae	4	1
,, Millefolii	7	1	,, Cichorei	5	1
,, Origani	4	1	,, Consolidis m.	3	1
,, Pulsatillae	3,5	1	,, Enulae	4	1
,, Rutae	4	1	,, Filicis	3	1
,, Sabinae	3	1	,, Graminis	2,5	1
,, Serpylli	3,5	1	,, Helleboris nigri	3	1
,, Tanaceti	4,5	1	,, Imperatoriae	4,5	1
,, Taraxaci	3	1	,, Iridis florentinae	3	1
,, Thymi	3	1	,, Levistici	3	1
,, Veronicae	3,5	1	,, Liquiritiae	3	1
,, Violae tricol.	5	1	,, Ononidis spinosae	3	1
Rad. Althaeae	4	1	,, Paeoniae	3	1
,, Angelici	5	1	,, Polypodii	2,5	1
,, Ari	2,5	1	,, Rubiae tinctorum	5,5	1
,, Artemisiae	3	1	,, Saponariae	3	1
,, Asari	4,5	1	,, Taraxaci	4,5	1
,, Bardanae	5	1	,, Tormentillae	2,5	1
,, Belladonnae	3	1	,, Valerianae	5	1
,, Bryoniae	4,5	1	Stipites dulcamarae	3	1

Bezugsquellen für Saatgut und Pflanzenmaterial.

Außer von Spezialzüchtern, deren Angebote von Sämereien und Pflanzen alljährlich zu gegebener Zeit in den pharmazeutischen Fachzeitungen erscheinen, kann echtes Samen- und Pflanzenmaterial zu Neuanlagen bezogen werden:

von Ewald Neumann, Gartenbaubetrieb in Olbersdorf bei Zittau. Diese Firma offeriert in einem Katalog, der gratis versandt wird, eine reiche Auswahl von mehreren hundert verschiedenen Arten und gibt auch die kleinsten Mengen zu Versuchszwecken ab. Was diese Firma selbst nicht auf Lager hat, kann sie bei ihrer vielseitigen Verbindung mit anderen Züchtern leicht verschaffen.

Die Großvegetabilienhandlung Cäsar & Loretz, Halle a. d. S. gibt alljährlich aus ihren eigenen Kulturen einen Übervorrat von Pfefferminz- und Königskerzenpflanzen ab.

Der Reichsverband Deutscher Arzneipflanzenanbauer, Geschäftsstelle München, Königinstr. 36 (Vorsitzender Herr Landesökonomierat Hans Lutzenberger in Franzheim, Post Freising in Bayern) vermittelt die Ankäufe.

Die Hortusgesellschaft München und die Zuchtstation in Stöhna bei Leipzig sind nach der gleichen Richtung hin tätig.

Schließlich kann auch als eine besonders vertrauenswürdige Bezugsquelle gelten die Firma Haage und Schmidt in Erfurt, vor allem auch deshalb, weil sie über ein gut geschultes Personal verfügt, welches seit Jahrzehnten mit diesen Artikeln vertraut ist, und mit den Thüringer Züchtern stets in Verbindung steht.

Blütenkalender.

März.

Alnus glutinosa Gaert.	Leucoïum vernum L.
Amygdalus Persica L.	Petasites officinalis
Anemone nemorosa L.	Moend.
Corylus Avellana L.	Populus tremula L.
Daphne Mezereum L.	Salix-Arten.
Ficaria ranunculoides	Taxus baccata L.
Roth.	Tussilago Farfara L.
Galanthus nivalis L.	Viola canina L.
Hepatica triloba Gil.	„ odorata L.

April.

Anemone pratensis L.	Populus nigra L.
„ Pulsatilla L.	Primula elatior Jacq.
Asarum europaeum L.	Prunus Padus L.
Cochlearia officinalis L.	Prunus spinosa L.
Erophila verna	Sabina officinalis
E. Meyer.	Garcke.
Glechoma hederaceae L.	Tussilago Farfara L.
Hepatica triloba Gil.	Ulmus campestris L.
Leontodon Taraxacum L.	Viola odorata L.

Mai.

Aescul. Hippocast. L.	Iris Pseudocorus L.
Alliaria officinalis. Andrzy.	Juniperus Sabina L.
	„ commun. L.
Amygdal. Persica L.	Lamium album L.
Anemone pratens. L.	Menyanthes trifol. L.
„ Pulsatilla L.	Nasturtium officin. L.
Anthrisc. Cerefolium Hffm. (Scandix Cerefolium L.).	Orchis Morio L.
	Oxalis Acetosella L.
	Paeonia officinalis L.
Anthriscus silvestris Hffm. (Chaerophyll. silvestre L.)	Pinus Abies L.
	„ Larix L.
	„ silvestris L.
Aquilegia vulgar. L.	Polygala amara L.
Arctostaphylos Uva Ursi Spr.	Polypodium vulg. L.
	Potentilla arenaria Borkh.
Arum maculatum L.	
Asperula odorata L.	Primula officin. Jacq.
Berberis vulgaris L.	Pulmonar. officin. L.
Betula alba L.	Quercus robur L.
Caltha palustris L.	„ peduncul. L.
Cardamin. pratens. L.	Rhamnus cathart. L.
Carex arenaria L.	Ribes nigrum L.
Carpinus Betulus L.	Rosmarin. officin. L.
Chelidonium maj. L.	Rubus fruticosus L.
Cochlear. Armorac. L.	Rubus Idaeus L.
„ officinal. L.	Salix pentandrag P.
Convallaria majal. L.	Symphytum officin. L.
Cydonia vulgaris L.	Taraxacum officin. L.
Cynogloss. officin. L.	Taxus baccata L.
Equisetum arvense et hiemale.	Vaccinium Myrtill. L.
	Vinca minor. L.
Fagus silvatica L.	Viola odorata L.
Fragaria vesca L.	„ tricolor. L.
Fumaria officinal. L.	Valeriana officin. L.
Glechoma hederac. L.	Veron. Beccabunga L.
Ilex Aquifolium L.	„ Chamaedrys. L.

Sammelkalender.

März.

Cortex Frangulae.	Cortex Salicis.
„ Hippocastani.	„ Ulmi.
„ Mezerei.	Gemmae Populi.
„ Pruni Padi.	Herba Sabinae.
„ Quercus.	„ Taxi.

April.

Cortex Quercus.	Herba Pulmonariae.
„ Salicis.	„ Pulsatillae.
„ Ulmi interior.	„ Taraxaci c. rad.
Flores Acaciae.	„ Vincae per.-vincae.
„ Farfarae.	
„ Violae.	Lichen Islandicus.
Folia Uvae Ursi.	Rhizoma Graminis.
Gemmae Populi.	„ Tormentillae.
Herba Arboris Vitae.	Summitatis Sabinae.
„ Hepaticae.	

Mai.

Flor. Convallariae.	Herb. Chelidon. maj.
„ Lamii albi.	„ Cochleariae.
„ Paeoniae.	„ Conii maculati.
„ Persicae.	„ Equiseti.
„ Primulae veris.	„ Fragariae vesc.
„ Rorismarini.	„ Fumariae.
„ Violarum.	„ Hederae terrestr.
Fol. Farfarae.	„ Jaceae.
„ Ilicis Aquifolii.	„ Lycopodii.
„ Pulmonariae.	„ Millefolii.
„ Malvae.	„ Polygal. amar.
„ Salviae.	„ Pulmonariae.
„ Thujae occident.	„ Pulsatillae.
„ Trifolii fibr.	„ Rutae.
„ Uvae Ursi.	„ Tanaceti.
Herb. Brancae ursin.	„ Taxi baccatae.
„ Capillor. Vener.	Meloe majalis.
„ Cerefolii.	Rad. Caricis.
„ Chaerophylli silv.	Summitates Sabinae.
	Turiones Pini.

Anhang.   185

Blütenkalender. (Fortsetzung.) Sammelkalender.

Juni.

Achillea Millefolium L.
Aconitum.
Acorus Calamus L.
Allium Cepa L.
Althaea officinalis L.
Anthemis nobilis L.
Apium Petroselinum L.
Aquilegia vulgaris L.
Arctostaphylos Uva Ursi Spr.
Arnica montana L.
Aspidium Filix mas L.
Atropa Belladonna L.
Borago officinalis L.
Calendula officinalis L.
Cannabis sativa L.
Carlina vulgaris L.
Centaurea Cyanus L.
Chelidonium majus L.
Chrysanthemum Leucanthemum L.
Cnicus benedictus Gaertn.
Cochlearia officin. L.
Conium maculatum L.
Daucus Carota L.
Digitalis purpurea L.
Erythraea Centaurium Pers.
Foeniculum vulgare Gaertn.
Fragaria vesca L.
Fumaria officinalis L.
Galium verum L.
Geum urbanum L.
Gratiola officinalis L.
Hyoscyamus niger L.
Imperatoria Ostruthium L.
Knautia arvensis Coulton.
Ledum palustre L.

Linum usitatissimum L.
Lotus corniculatus L.
Lychnis flos cuculi L.
Malva rotundifolia L.
Malva silvestris L.
Matricaria annua L.
Matricaria Chamomilla L.
Ononis spinosa L.
Orchis latifolia L.
Papaver Rhoeas L.
Plantago lanceolata et major L.
Polygala amara L.
Potentilla Anserina L.
,, Tormentilla Schrk.
Pyrethrum Parthenium Smith.
Ranunculus acer L.
Rhus Toxicodendron Michaux.
Rosa centifolia et Gallica L.
Rosmarinus officin. L.
Ruta graveolens L.
Salvia officinalis L.
Sambucus nigra L.
Saponaria officin. L.
Sinapis alba et nigra L.
Spartium scoparium L.
Teucrium Scordium L.
Thymus Serpyllum L.
Thymus vulgaris L.
Tilia Europea L.
Trifolium pratense L.
Veronica Beccabunga L.
Veronica officinalis L.
Viola tricolor L.
Vitis vinifera L.

Juni.

Flores Althaeae.
,, Arnicae.
,, Boraginis.
,, Calendulae.
,, Chamomillae Roman.
Flores Chamomillae vulg.
Flores Cyani.
,, Galii veri.
,, Malvae vulg.
,, Millefolii.
,, Rhoeados.
,, Rosae.
,, Sambuci.
,, Tiliae.
,, Trifolii albi.
,, Trifolii fibrini.
Folia Althaeae.
,, Aurantii.
,, Belladonnae.
,, Betulae.
,, Cichorei (radicalia).
Folia Digitalis.
,, Farfarae.
,, Juglandis.
,, Lauro-Cerasi.
,, Quercus.
,, Melissae.
,, Menthae crisp.
,, Menthae pip.
,, Salviae (plantae non florent.).
Folia Stramonii.
,, Toxicodendri.
,, Uvae Ursi.
Formicae, Fragae.
Herba Absinthii (sine florib.).
Herba Aconiti.
,, Arnicae.
,, Boraginis.
,, Calendulae.

Herba Cannabis-(summit. plant. foemin.).
Herba Capillorum Veneri.
Herba Chaerophylli.
,, Centauri minoris.
Herba Clematidis.
Cochleariae (c. florib.).
Herba Fumariae.
,, Gratiolae.
,, Hyoscyami.
,, Hyssopi.
,, Lapathi acuti.
,, Ledi palustris.
,, Malvae.
,, Marubii albi.
,, Matricariae.
,, Mercurialis.
,, Millefolii.
,, Ononidis spinosae.
Herba Pilosellae.
,, Polygalae amarae.
Herba Rhus Toxicodendri.
Herba Rorismarini.
,, Rutae (vor der Blüte).
Herba Saponariae.
,, Scabiosae.
,, Scolopendrii.
,, Scordii.
,, Serpylli.
,, Taraxaci.
,, Thymi.
,, Veronicae.
,, Violae tricoloris.
Semen Colchici.

Juli.

Achillea Millefolium L.
Aethusa Cynapium L.
Agrimonia Eupatoria L.
Agrostemma Githago L.
Alisma Plantago L.
Althaea rosea Cav.
Anthemis nobilis L.
Apium Petroselinum L.
Archangelica officinalis Hoffm.
Arctium Lappa Willd.
Artemisia Absinthium L.
Ballota nigra L.
Betonica officinalis L.
Carthamus tinctorius L.

Chenopodium ambrosiodes L.
Cichorium Intybus L.
Citrus Aurantium L.
Clematis erecta L.
Cnicus benedictus Gaertn.
Conium maculatum L.
Conyza squarrosa L.
Datura Stramonium L.
Delphinium Consolida L.
Echium vulgare L.
Erythraea Centaurium Pers.
Euphrasia officinalis L.
Foeniculum vulgare Gaertn.

Juli.

Baccae Ribium rubr.
,, Rubi Idaei.
,, Myrtilli.
Flores Aurantii.
,, Carthami.
,, Chamomillae Rom.
Flores Hyperici.
,, Lavandulae.
,, Lilii albi.
,, Malvae arbo; reae.
Flores Nymphaeae albae.
Flores Tanaceti.
,, Tiliae.
,, Verbasci.
Folia Althaeae.
,, Lauro-Cerasi.
,, Juglandis regiae.

Folia Menth. crisp. et pip.
Folia Nicotianae.
,, Rutae.
,, Toxicodendri.
Formicae.
Fructus Juglandis immat.
Fructus Cerasi nigrae.
,, Papaveris immat.
Herba Absinthii florens.
Herba Basilici.
,, Betonicae.
,, Capillor. Veneris.
Herba Cardui benedicti.

Blütenkalender. (Fortsetzung.) Sammelkalender.

Juli.

Galeopsis ochroleuca Lam.
Gnaphalium arenarium L.
Gratiola officinalis L.
Hieraceum Pilosella L.
Hyoscyamus niger L.
Hypericum perforatum L.
Hyssopus officinalis L.
Lactuca Scariola L.
,, virosa L.
Lavandula Spica L.
Levisticum officinale Koch.
Ligustrum vulgare L.
Lilium candidum L.
Linaria vulgaris L.
Marrubium vulgare L.
Melilotus officinalis Willd.
Mentha crispa L.
,, piperita L.
,, Pulegium L.
Momordica Elaterium L.
Nasturtium officinale.
Nuphar leuteum Sm.
Nymphaea alba L.
Ocymum Basilicum L.

Oenanthe Phellandrium L.
Origanum Majorana L.
Origanum vulgare L.
Parietaria officinalis L.
Prunella vulg. L.
Rhus Toxicodendron L.
Rumex Acetosa L.
Ruta graveolens L.
Saponaria officinalis L.
Satureja hortensis L.
Sedum acre L.
Sisymbrium officinale Scop.
Solanum Dulcamara L.
Spartium scoparium L.
Tanacetum vulgare L.
Tilia Europaea L.
Triticum repens L.
Urtica urens L.
Verbascum thapsiforme Schrad.
Verbascum Thapsus Mey.
Verbena officinalis L.

Juli.

Herba Centaurii minoris.
Herba Chenopodii ambros.
Herba Cichorii.
,, Conii.
,, Conyéae.
,, Euphrasiae florens.
Herba Foenikum.
,, Galeopsidis.
,, Genistae.
,, Gratiolae.
,, Hyperici.
,, Lactucae virosae.
Herba Linariae.
,, Majoranae.

Herba Mari veri.
,, Marrubii albi.
,, Meliloti florens.
,, Millefolii.
,, Origani vulg.
,, Parietariae.
,, Pulegii.
,, Saturejae.
,, Scabiosae.
,, Scordii.
,, Tanaceti.
,, Verbasci.
Nuces Jugland. immat.
Nuclei Cerasorum.
Secale cornutum.
Tubera Salep.

August.

Althaea officinalis L.
,, rosea Cav.
Artemisia Absinthium L.
Artemisia vulgaris L.
Calluna vulgaris Sal.
Cirsium arvense Scop.
Convolvulus sepium L.
Erythraea Centaurium Pers.
Foeniculum vulgare Gaertn.
Gratiola officinalis L.
Humulus Lupulus L.

Inula Helenium L.
Lythrum Salicaria L.
Meliotus officinalis Willd.
Origanum Majorana L.
Pimpinella Saxifraga L.
Satureja hortensis L.
Solidago Virga aurea L.
Spilanthes oleracea Jaquin.
Teucrium Marum L.
Urica dioica L.

August.

Baccae Mororum.
,, Myrtill.
,, Rubi frut.
,, Sambuci.
,, Sorbi auc.
Bulbi Allii.
Flores Althaeae.
,, Lavandul.
,, Malv. arbor.
,, Meliloti.
Fol. Lauro-Cerasi.
Formicae.
Fruct. Capsici ann.
,, Carvi.
,, Cerasi acid.
,, Cynosbati.
,, Elaterii.
,, Hippocast.
Glandes Quercus.
Herba Absinthii.
, Artemisiae.
,, Centaur. min.

Herba Gratiolae.
,, Mari veri.
,, Melilot. c. flor.
,, Saturejae.
,, Spilanth. oler.
,, Virgaureae.
Lactucarium.
Lycopodium.
Radix Arnicae.
,, Asari.
,, Colchici.
Secale cornutum.
Semen Cannabis.
,, Conii immat.
,, Coriandri.
,, Hyoscyami.
,, Lini.
,, Melonum.
,, Papaveris.
,, Phellandrii.
,, Sinapis.
Tubera Salep.

September.

Colchicum autumnale L.
Crocus saticus L.

Satureja hortensis L.
Spilanthes oleracea Jacq.

September.

Baccae Berberidis.
,, Sambuci.
Bulbi Colchici.
Cortex Nuc. Juglandis.
Fructus Anisi.
,, Foeniculi.
,, Juniperi.
,, Pruni.
,, Rhamni catharticae.

Herba Spilanthis oleraceae.
Poma acidula.
Radix Angelicae.
,, Arnicae.
,, Belladonnae.
,, Cichorei.
,, Cynoglossi.
,, Enulae.
,, Gentianae.

Anhang.

Blütenkalender. (Fortsetzung.) **Sammelkalender.**

September.

September.

Radix Ononidis.
,, Saponariae.
,, Taraxaci.
,, Valerianae.
Rhizoma Calami.
,, Filicis.
,, Hellebori virid.
Rhizoma Tormentillae.

Semen Cannabis.
,, Conii.
,, Coriandri.
,, Peponis.
,, Petroselini.
,, Phellandrii.
,, Psyllii.
,, Stramonii.
Strobuli Lupuli.

Oktober.

Oktober.

Baccae Ebuli.
,, Sambuci.
Bulbus Colchici.
Cera.
Cortex Nuc. Juglandis.
Crocus.
Fructus Juniperi.
Lignum Juniperi radicis.
Lupulinum.
Poma acidula.
Putamina Nuc. Juglandis.
Radix Althaeae.
,, Apii Petroselini.
Radix Artemisiae.
,, Ari.
,, Asqaragi.
,, Bardanae (2jährig).
Radix Bryoniae.
,, Carlinae.
,, Consolidae mac.

Radix Enulae.
,, Gentianae.
,, Gratiolae.
,, Lapathi.
,, Liquiritiae.
,, Pyrethri.
,, Rubiae tinctor.
,, Saponariae.
,, Taraxaci.
,, Valerianae.
Rhizoma Calami.
,, Filicis.
,, Hellebori viridis.
Rhizoma Imperatoriae.
Rhizoma Iridis florentinae (3jährige).
Secale cornutum.
Semen Cydoniae.
,, Peponum.
,, Petroselini.
,, Sinapis nigrae.
,, Stramonii.
Stipites Dulcamarae.

Inhaltsverzeichnis der lateinischen Namen.

	Seite
Achillea millefolium	86
Aconitum Napellus	86
Acorus Calamus	87
Adonis vernalis	88
Aesculus Hippocastanum	154
Agrimonia Eupatoria	89
Alkanna tinctoria	89
Althaea officinalis	90
Althaea rosea	42
Anacyclus officinarum	44
Anemone pratensis	91
Anemone Pulsatilla	91
Anethum graveolens	45
Anthemis nobilis	92
Archangelica officinalis	45
Arctostaphylos uva ursi	154
Aristolochia	92
Arnica montana	93
Artemisia Abrotanum	155
,, Absynthium	95
,, Dracunculus	96
,, vulgaris	97
Arum maculat	97
Asarum europaeum	98
Asperula odorata	98
Aspidium filix mas	99
Atropa belladonna	100
Brassica nigra	47
Bryonia alba	102
,, dioica	102
Calendula officinalis	48
Capsella bursa pastoris	48
Carlina acaulis	103
Carum Carvi	49
Centaurea cyanus	50
Chenopodium ambrosioides	50
Cichorium Intybus	51
Cicuta virosa	103
Citrus aurantium	156
Cnicus benedictus	52
Cochlearia officinalis	53
Colchicum autumnale	104

	Seite
Conium maculatum	54
Coriandrum sativum	55
Crocus sativus	105
Cucurbita Pepo	56
,, Melopepo	56
Cydonia vulgaris	157
Cynanchum Vincetoxicum	108
Daphne Mezereum	157
Datura Stramonium	56
Delphinium staphisagria	58
Digitalis purpurea	58
Erythraea centaurium	61
Eucalyptus globulus	158
Foeniculum	62
,, officinale	62
,, vulgare	62
Fumaria officinalis	64
Galeopsis ochroleuca	64
Gentiana lutea	108
,, purpurea	108
,, pannonica	108
,, punctata	108
Glycyrrhiza glabra	111
,, echinata	111
Gratiola officinalis	115
Hellebor. niger	115
,, viridis	116
Herniaria glabra	65
Hydrastis canadensis	117
Humulus lupulus	116
Hyoscyamus niger	65
Hyssopus officinalis	118
Imperatoria Ostrathurm	118
Inula Helenium	119
Ipomoea Purga	120
Ipomoea Oryzapensis	121
Iris florentinina	121

Anhang.

	Seite
Juglans regia	159
Juniperus communis	160
Juniperus Sabina	161
Lactuca virosa	66
Lappa major	122
Lappa tomentosa	122
Lavandula vera	162
Levisticum officinale	122
Linaria vulgaris	123
Lobelia inflata	68
Lycopodium clavatum	124
Malva silvestris	68
Marrubium vulgare	125
Matricaria chamomilla	69
,, discoidea	71
Melilotus officinalis	71
Melissa officinalis	125
Mentha crispa	126
,, piperita	127
Menyanthes trifoliata	130
Nicotiana macrophylla	72
,, rustica	73
,, tabacum	72
Nigella sativa	73
Ocimium basilicum	74
Oenanthe Phellandrium	75
Ononis spinosa	163
Orchis fusca	131
,, mascula	131
,, militaris	131
,, morio	131
Origanum majorana	76
,, vulgare	132
Paeonia officinalis	133
Papaver Rhoeas	76
,, somniferum	77
Petroselinum sativum	78
Pimpinella anisum	80
,, magna	134
,, saxifraga	134
Pirus Cydoniae	157
Pogostemon. Patchouly	164
Polygala amara	134
,, senega	135

	Seite
Polygala vulgaris	134
Polygonum Bistorta	136
Prunus laurocerasus	165
Ptarmica moschata	136
Pulmonaria officinalis	137
Pyrethrum roseum	137
,, cinerariaefolium	137
Rhamnus cathartica	167
,, frangula	166
Rheum	139
Rhus toxicodendron	168
Ribes nigrum	169
Ricinus communis	81
Rosa centifolia	169
,, damascena	170
,, pomifera	171
Rosmarinus officinalis	172
Rubia tinctorum	143
Rubus fruticosus	174
,, idaeus	173
Ruta graveolens	143
Salvia officinalis	144
Sambucus nigra	175
,, ebulus	145
Saponaria officinalis	145
Scilla maritima	146
Sinapis alba	81
Solanum Dulcamara	176
Symphytum officinale	147
Tanacetum vulgare	147
Taraxacum officinale	148
Teucrium marum	178
Thuja occidentalis	178
Thymus vulgaris	179
Tilia	180
Tormentilla erecta	149
Trigonella foenum graecum	82
Triticum repens	150
Urginea scilla	146
Valeriana officinalis	150
Veratrum album	152
Verbascum Thapsiforme	83
,, Phlomoides	83
Violo tricolor	84

Inhaltsverzeichnis der deutschen Namen.

	Seite
Ackerveilchen	84
Adonisröschen	88
Alant	119
Alpranke	176
Altheewurzel	90
Ambeerkraut	178
Andorn, weißer	125
Angelikawurzel	45
Anis	80
Apfelsine	156
Aron, gefleckter	97
Astrenz	118
Attich	145
Aurin, wild, weißer	115
Bärenfuß	116
Bärentraube	154
Bärlapp	124
Baldrian, gemeiner wilder	150
Basilienkraut	74
Basilikum	74
Baummalve	42
Beifuß	97
„ bitterer	95
Beinwell	147
Belladonna	100
Bertramwurzel	44
Bibernell	134
Bilsenkraut	65
Bitterklee	130
Bittersüß	176
Blauer Gummibaum	158
Blutwurz	149
Bockshornklee	82
Brombeere	174
Bruchkraut	65
Brustwurzel	45
Canadisches Wasserkraut	117
Cardobenediktenkraut	52
Christuspalme	81
Christwurz	115
Damaszener Rose	170
Deutscher Ingwer	87
Dill	45
Dost, gemeiner	132
Dragun	96
Drudenkraut	124
Eberraute	155
Eberreis	155
Eberwurzel, gemeine, weiße	103
Eibisch	90
Eisenbaum	158
Eisenhut	86
Engelwurz, zahme	45
Enis	80
Enzian	108
Eppich, großer	122
Erdrauch	64
Estragon	96
Fallkraut	93
Farnkraut, männliches	99
Faulbaum	166
Feldkümmel	49
Feldmohn	77
„ wilder	76
Feldrose	171
Fenchel, gemeiner	62
Fieberklee	130
Fingerhut, roter	58
Flieder	175
Florentiner Schwertel	121
Frauenflachs	123
Freisamkraut	84
Froschpeterlein	75
Gartenmajoran	76
Gartenmelisse	125
Gartenmohn, blauer und weißer	77
Gartenraute	143
Gartenthymian	179
Gartenzentifolie	169
Germer, weißer	152
Gichtkraut	115
Gichtrose	133
Gichtrübe	102
Giftiger Salat	66
Giftlattich	66
Giftsumach	168
Gnadenkraut	115
Gottesgnadenkraut	115
Gottvergessen	125
Griechisches Heu	82
Grundkraut	64
Gummibaum, blauer	156
Hagebuttenrose	171
Halsrose	42
Haselwurz	98
Hauhechel	163
Heildistel	52
Helenenkraut	119
Helmerchen	69
Herbstzeitlose	104
Herzfreude	98
Himbeere	173
Hirtentäschel	48
Hohlzahn, großer, gelber	64
Holderstrauch	175
Holunder	175
Honigkraut	136
Hopfen	116
Hühnertod	65
Hundeblume	148
Hundeläufte	51
Hundskürbis	102
Hundsrübe	102
Ingwer, deutscher	87

Anhang.

	Seite
Jaloppe, wahre	120
Jesuitentee	50
Johannisblume	93
Käsepappel	68
Kaiserwurz	118
Kalmus	87
Kamille, edle oder römische	92
Kamille, persische	137
„ strahlenlose	71
Kamille, wahre	69
Kanadisches Wasserkraut	117
Kardobenediktenkraut	52
Kastanie, gemeine	154
Katzengamander	178
Katzenkraut	150, 178
Kellerhals	157
Kirschlorbeer	165
Klapperschlangenwurzel	135
Klatschrose	133
Klette	122
Knabenkraut	131
Königskerze	83
Kolbenbärlapp	124
Koriander	55
„ schwarzer, römischer	73
Kornblume, blaue	50
Kornmohn	76
Kornrose	76
Kornwut, weiße, zottige	64
Kranawitstrauch	160
Krapp	143
Krauseminze	126
Kreuzblume, bittere	134
„ gemeine	134
Kreuzdorn	167
Kreuzwurzel	134
Kuckucksblume	131
Küchenschelle	91
Kümmel	49
Kürbis, gemeiner	56
Lakritzenwurzel	111
Läusekraut	58
Lavendel	162
Lebensbaum	178
Leinkraut	123
Liebstöckel	122
Linde	180
Lobelienkraut	68
Löffelkraut	53
Löwenmaul, gelbes	123
Löwenzahn	148
St. Lucianskraut	93
Lungenkraut	125
Magistrenzwurzel	118
Magwurz	97
Majoran	76
„ wilder	132
Malve, schwarze	42
Männlicher Tüpfel- oder Wurmfarn	99
Männliches Farnkraut	99
Mariendistel	103
Marum verum	178
Mäuseholz	176
Meerzwiebel, gemeine oder echte	146
Meisterwurz	118
Melisse	125
Melonenkürbis	56
Meserig	98
Nachtschatten, rankender	176
Nackte Jungfer	104
Narde, deutsche	162
Natterknöterich	136
Nierenfarn	99
Nießwur, grüne	116
„ schwarze	115
„ weiße	152
Ochsenbrech	163
Odermennige	89
Ölmagen	77
Ölnußbaum	81
Orangenbaum	156
Osterluzei	92
Pappel, weiße	90
„ schwarze	42
Patschulipflanze	164
Persische Kamille	137
Petersilie, gemeine	78
Pfefferminze, gemeine	127
Pfingstrose	133
Pimpinelle	134
Pomeranze	156
Pulverholz	166
Purgierdorn	167
Purgierkraut	115
Purgierwinde, mexikanische	120
Purgierwinde, haarige oder spindelförmige	121
Quecke	150
Quendel, römischer	179
Quitte	157
Rainfarn	147
Rhabarber	139
Ringelblume, gemeine	48
Rosmarin	172
Roßfenchel	75
Roßkastanie	154
Rote Ochsenzungenwurzel	89
Rote Schlangenwurzel	89
Ruhrwurz	149
Sadebaum	161
Safran	105
Salbei	144
Samtveilchen	84
Schafgarbe	86
Scharbocksheil	53
Schierling	54
Schlafkraut	65
Schlangenkraut	136
Schlangenwurzel	92
Schneerose	115
Schwalbenwurz	108
Schwarze Johannisbeere	169
Schwarze Nießwurz	115
Schwarzer Kümmel	73
Schwarzwurzel	147
Schwertel, Florentiner	121
Schwindelkraut	55
Seidelbast	157
Seifenkraut	145

	Seite		Seite		Seite
Senegawurzel	135	Tausendgüldenkraut	61	Wegwarte	51
Senf, schwarzer	47	Teufelsauge	88	Weiberkrieg	163
,, weißer	81	,, giftiges	65	Weihnachtsrose	115
Sevenbaum	161	Teufelsbeere	100	Weinraute	143
Siebenzeiten	82	Teufelszwirn	176	Weiße Pappel	90
Sommermajoran	76	Thymian, wahrer,		Wermut, gemeiner	95
Speichelwurz	145	französischer	179	Wetterdistel	103
Speichelwurzel	44	Tollkirsche	100	Wiesenkümmel	49
Spieke	162	Tollkraut	56	Wilder Nard	98
Spinndistel	52	Tormentill	149	Wohlgemut	132
Stechapfel	56	Totenblume	48	Wohlverleih	93
Steinklee	71	Tüpfelfarn, männ-		Wolfskirsche	100
Steinpeterlein	134	licher	99	Wollblume	83
Steinwurzel	89			Wunderbaum	81
Stephanskraut	58	Veilchenbaum	158	Wurmfarn	147
Sternleberkraut	98	Veilchenwurz	121	,, männ-	
Stiefmütterchen	84			licher	99
Stockrose	42	Wacholder	160	Wurmsamen,	
Strenzwurzel	118	Waldflachs	123	falscher	147
Sturmhut	86	Waldmalve	68	Wüterich	103
Süßholz	111	Waldmeister	98		
		Waldnachtschatten	176	Ysop, gemeiner	118
Tabak, Bauern- od.		Walnußbaum	159		
Veilchen-	73	Wanzenbeere	169	Zaunrübe	102
Tabak, grün blü-		Wasserfenchel	75	Zehrwurz	97
hender	73	Wasserkerbel	75	Zigeunerkraut	65
Tabak, türkischer,		Wasserkraut, kana-		Zitrone	156
ungarischer	73	disches	117	Zitronenmelisse	125
Tabak, virginischer	72	Wasserschierling	13	Zwergflieder	145

Druck von Julius Beltz in Langensalza.

Verlag von Julius Springer/Berlin

Grundzüge der Botanik für den Hochschulunterricht. Bearbeitet von Dr. **Ernst Gilg**, Professor an der Universität Berlin, und Dr. **P. N. Schürhoff**, Professor an der Universität Berlin. S i e b e n t e , umgearbeitete Auflage der ,,Grundzüge der Botanik für Pharmazeuten". Mit 588 Textabbildungen. IX, 395 Seiten. 1931.
Gebunden RM 18.50

Volkstümliche Namen der Arzneimittel, Drogen, Heilkräuter und Chemikalien. Eine Sammlung der im Volksmunde gebräuchlichen Benennungen und Handelsbezeichnungen. E l f t e , verbesserte und vermehrte Auflage bearbeitet von Medizinalrat **G. Arends**, Apotheker, Chemnitz. IV, 298 Seiten. 1930.
Gebunden RM 8.—*

Volkstümliche Anwendung der einheimischen Arzneipflanzen. Von Apotheker **G. Arends**, Medizinalrat, Chemnitz. Z w e i t e , vermehrte und verbesserte Auflage. VIII, 90 Seiten. 1925. RM 2.40*

Arzneipflanzen-Merkblätter, bearbeitet in Gemeinschaft mit dem Arzneipflanzen-Ausschuß der Deutschen Pharmazeutischen Gesellschaft, Berlin-Dahlem.

1. Allgemeine Sammelregeln. 2. Bärentraubenblätter. 3. Herbstzeitlosensamen. 4. Bitterkleeblätter. 5. Arnikablüten. 6. Huflattichblätter. 7. Kamillen. 8. Löwenzahn. 9. Wildes Stiefmütterchen. 10. Kalmuswurzel. 11. Schafgarbe. 12. Ehrenpreis. 13. Stechapfelblätter. 14. Tausendgüldenkraut. 15. Quendel. 16. Hauhechelwurzel. 17. Wollblumen. 18. Rainfarn. 19. Eisenhut-(Akonit-)Knollen. 20. Malvenblüten und -blätter. 21. Wermutkraut. 22. Tollkirschenblätter. 23. Fingerhutblätter. 24. Bilsenkrautblätter. 25. Wacholderbeeren. 26. Bibernellwurzel. 27. Schachtelhalm. 28. Isländisches Moos. 29. Steinkleekraut. 30. Bärlappsporen. 31. Katzenpfötchenblüten. 32. Blätter und Blüten zur Teebereitung. Je RM 0.05; 100 RM 3.—; 1000 RM 25.—

Grundzüge der chemischen Pflanzenuntersuchung. Von Dr. **L. Rosenthaler**, a. o. Professor an der Universität Bern. D r i t t e , verbesserte und vermehrte Auflage. Mit 4 Abbildungen. IV, 160 Seiten. 1928. RM 9.—*

Von Naturwissenschaft zu Wirtschaft. A l l g e m e i n e und a n - gewandte Pflanzenkunde. Von Dr. **Friedrich Tobler**, ord. Professor an der Sächs. Techn. Hochschule Dresden. IV, 44 Seiten. 1926. RM 2.10*

Kleines Praktikum der Vegetationskunde. Von Dr. **Friedrich Markgraf**, Assistent am Botanischen Museum Berlin-Dahlem. (Band IV der ,,Biologischen Studienbücher".) Mit 31 Abbildungen. VI, 64 Seiten. 1926. RM 4.20; geb. RM 5.40*

Kryptogamenflora für Anfänger. Eine Einführung in das Studium der blütenlosen Gewächse für Studierende und Liebhaber. Begründet von Professor Dr. **Gustav Lindau** †. Fortgesetzt von Professor Dr. **R. Pilger**. In 6 Bänden.

E r s t e r B a n d: **Die höheren Pilze** (Basidiomycetes). Mit Ausschluß der Brand- und Rostpilze. Von Professor Dr. **Gustav Lindau** †. In d r i t t e r Auflage völlig neu bearbeitet von Professor Dr. E. U l b r i c h , Kustos am Botanischen Museum der Universität Berlin. Mit 38 Abbildungen im Text, 607 Figuren auf 14 Tafeln und einem Bild von G. Lindau †. XII, 497 Seiten. 1928. Gebunden RM 29.50*

D r i t t e r B a n d : **Die Flechten.** Von Professor Dr. **Gustav Lindau** †. Z w e i t e , durchgearbeitete Auflage. Mit 305 Figuren im Text. VIII, 252 Seiten. 1923.
RM 6.50; gebunden RM 7.50*

---

* Auf die Preise der vor dem 1. Juli 1931 erschienenen Bücher wird ein Notnachlaß von 10% gewährt.

Verlag von Julius Springer/Berlin

Hagers Handbuch der pharmazeutischen Praxis.
Für Apotheker, Ärzte, Drogisten und Medizinalbeamte. Unter Mitwirkung von zahlreichen Fachleuten. Vollständig neu bearbeitet und herausgegeben von Dr. **G. Frerichs**, o. Professor der Pharmazeutischen Chemie und Direktor des Pharmazeutischen Instituts der Universität Bonn, **G. Arends**, Medizinalrat, Apotheker in Chemnitz i. Sa., Dr. **H. Zörnig**, o. Professor der Pharmakognosie und Direktor der Pharmazeutischen Anstalt der Universität Basel.

E r s t e r B a n d : Mit 282 Abbildungen. XI, 1573 Seiten. 1925. Erster berichtigter Neudruck 1930.
Gebunden RM 63.—*

Z w e i t e r B a n d : Mit 426 Abbildungen. IV, 1579 Seiten. 1927. Erster berichtigter Neudruck 1930.
Gebunden RM 63.—*

Mylius-Brieger, Grundzüge der praktischen Pharmazie.
Von Dr. phil. **Richard Brieger**, Apotheker, Berlin. S e c h s t e , völlig neu bearbeitete Auflage der ,,Schule der Pharmazie", Praktischer Teil von Dr. E. M y l i u s . Mit 160 Textabbildungen. VIII, 358 Seiten. 1926. Mit Ergänzungsheft nach dem Stande vom 1. April 1931 (II, 34 Seiten). 1931.
Gebunden RM 16.—*

Grundzüge der pharmazeutischen und medizinischen Chemie.
Bearbeitet von Dr. phil. und Dr. med. h. c. **Hermann Thoms**, o. Professor an der Universität Berlin. N e u n t e , vermehrte und verbesserte Auflage der ,,Schule der Pharmazie, Chemischer Teil". Mit 110 Textabbildungen. VIII, 554 Seiten. 1931. Gebunden RM 28.50

Pharmazeutisch-chemisches Praktikum.
Herstellung, Prüfung und theoretische Ausarbeitung pharmazeutisch-chemischer Präparate. Ein Ratgeber für Apothekerpraktikanten. Von Dr. **D. Schenk**, Apotheker und Nahrungsmittelchemiker. Z w e i t e , verbesserte und erweiterte Auflage. Mit 49 Abbildungen im Text. VI, 223 Seiten. 1928.
RM 10.—; gebunden RM 11.—*

Pharmazeutisch-chemisches Rechenbuch.
Von Professor Dr. **O. Anselmino**, Oberregierungsrat und Mitglied des Reichsgesundheitsamts, und Dr. **R. Brieger**, Berlin. IV, 73 Seiten. 1928.
RM 3.75*

Lehrbuch der Pharmakognosie.
Von Dr. **Ernst Gilg**, Professor der Botanik und Pharmakognosie an der Universität Berlin, Kustos am Botanischen Museum zu Berlin-Dahlem, Dr. **Wilhelm Brandt**, Professor der Pharmakognosie an der Universität Frankfurt a. M., und Dr. **P. N. Schürhoff**, Privatdozent der Botanik an der Universität Berlin. V i e r t e , bedeutend vermehrte und verbesserte Auflage. Mit 417 Textabbildungen. XIV, 530 Seiten. 1927.
Gebunden RM 21.—

Handbuch der Drogisten-Praxis.
Ein Lehr- und Nachschlagebuch für Drogisten, Farbwarenhändler usw. Im Entwurf vom Deutschen Drogisten-Verband preisgekrönte Arbeit. Von **G. A. Buchheister**. In neuer Bearbeitung von **Georg Ottersbach**, Volksdorf-Hamburg. E r s t e r B a n d . F ü n f z e h n t e , neubearbeitete und vermehrte Auflage von G e o r g O t t e r s b a c h , Hamburg. Mit 668 Textabbildungen. XIII, 1516 Seiten. 1928.
Gebunden RM 39.—*

Vorschriftenbuch für Drogisten.
Die Herstellung der gebräuchlichen Verkaufsartikel. Von **G. A. Buchheister**. E l f t e , neubearbeitete Auflage von **Georg Ottersbach**, Volksdorf-Hamburg. (Z w e i t e r Band des Handbuches der Drogisten-Praxis.) X, 773 Seiten. 1933.
Gebunden RM 21.—

---

* Auf die Preise der vor dem 1. Juli erschienenen Bücher wird ein Notnachlaß von 10% gewährt.

MIX
Papier aus verantwortungsvollen Quellen
Paper from responsible sources
FSC® C105338

If you have any concerns about our products,
you can contact us on
ProductSafety@springernature.com

In case Publisher is established outside the EU,
the EU authorized representative is:
**Springer Nature Customer Service Center GmbH
Europaplatz 3, 69115 Heidelberg, Germany**

Printed by Libri Plureos GmbH
in Hamburg, Germany